Kontaktfreie Bahnlaufregelung zur Herstellung funktionaler Mehrlagensysteme in einem kontinuierlichen Laminierprozess

Non-Contact Web Guiding for Manufacturing of Functional Multilayer Systems in a Continuous Lamination Process

Von der Fakultät für Maschinenwesen
der Rheinisch-Westfälischen Technischen Hochschule Aachen
zur Erlangung des akademischen Grades eines
Doktors der Ingenieurwissenschaften
genehmigte Dissertation

vorgelegt von

Martin Priwisch

Berichter/in:

Univ.-Prof. Dr.-Ing. Christian Brecher
Univ.-Prof. Dr.-Ing. Dirk Abel

Tag der mündlichen Prüfung: 08. Dezember 2022

Diese Dissertation ist auf den Internetseiten der Universitätsbibliothek online verfügbar.

ERGEBNISSE AUS DER PRODUKTIONSTECHNIK

Martin Priwisch

Kontaktfreie Bahnlaufregelung zur Herstellung funktionaler Mehrlagensysteme in einem kontinuierlichen Laminierprozess

Herausgeber:
Prof. Dr.-Ing. T. Bergs
Prof. Dr.-Ing. Dipl.-Wirt. Ing. G. Schuh
Prof. Dr.-Ing. C. Brecher
Prof. Dr.-Ing. R. H. Schmitt

Band 1/2023

Bibliografische Information der Deutschen Nationalbibliothek
Die Deutsche Nationalbibliothek verzeichnet diese Publikation in der Deutschen Nationalbibliografie; detaillierte bibliografische Daten sind im Internet über https://portal.dnb.de abrufbar.

Martin Priwisch:

Kontaktfreie Bahnlaufregelung zur Herstellung funktionaler Mehrlagensysteme in einem kontinuierlichen Laminierprozess

1. Auflage, 2023

Gedruckt auf holz- und säurefreiem Papier, 100% chlorfrei gebleicht.

Apprimus Verlag, Aachen, 2023
Wissenschaftsverlag des Instituts für Industriekommunikation und Fachmedien an der RWTH Aachen
Steinbachstr. 25, 52074 Aachen
Internet: www.apprimus-verlag.de, E-Mail: info@apprimus-verlag.de

Druck: CPI Druckdienstleistungen GmbH, Ferdinand-Jühlke-Straße 7 I 99095 Erfurt

ISBN 978-3-98555-139-2

D 82 (Diss. RWTH Aachen University, 2022)

Danksagung

Die vorliegende Arbeit entstand im Rahmen meiner Tätigkeit als wissenschaftlicher Mitarbeiter im Bereich Produktionsmaschinen am Fraunhofer Institut für Produktionstechnologie IPT in Aachen.

Mein Dank gilt meinem Doktorvater Herrn Univ.-Prof. Dr.-Ing. Christian Brecher für die wissenschaftliche Betreuung und das entgegengebrachte Vertrauen bei der Erstellung dieser Arbeit. Ebenso danke ich Herrn Univ.-Prof. Dr.-Ing. Dirk Abel für die Übernahme des Korreferats. Bei Herrn Univ.-Prof. Dr.-Ing. Dr. h. c. Bernd Markert bedanke ich mich für die Übernahme des Vorsitzes der Prüfungskommission.

Die Entstehung der Arbeit wurde auch durch das Umfeld am Fraunhofer IPT ermöglicht. Ein besonderer Dank gilt daher meinen ehemaligen Kollegen Thomas Bastuck, Titus Gotthardt, Sebastian Dormann, Maximilian Kosel, Marvin Berger, Toni Vöbel, Bernd Meiers, Dominik Sensen, Jan Behrens, Sebastian Sauer, Matthias Brozio, Tae Hun Lee, Laurin Blasius, Christoph Baum und Daniel Zontar. Die Zusammenarbeit mit euch hat die gemeinsame Zeit am Fraunhofer IPT zu einer fachlich und menschlich unersetzlichen Bereicherung gemacht. Titus Gotthardt, Daniel Zontar und Toni Vöbel möchte ich für die Bereitschaft zur Durchsicht dieser Arbeit danken.

Mein besonderer Dank gilt auch Christoph Baum für das weitreichende Vertrauen bei der Umsetzung und Entwicklung der Rolle-zu-Rolle Produktionsmaschinen und bei der Übernahme verschiedener Forschungs- und Entwicklungsprojekte. An dieser Stelle möchte ich auch nochmals Thomas Bastuck, Sebastian Dormann und Maximilian Kosel nicht nur für die spannende Zeit bei der Entwicklung der Rolle-zu-Rolle Plattform danken, sondern auch für die vielen fachlichen Diskussionen und die vielen motivierenden Worte.

Darüber hinaus möchte ich mich bei meinen studentischen Mitarbeiterinnen und Mitarbeitern, sowie Bachelor- und Masterarbeiterinnen und -arbeitern bedanken. Hervorheben möchte ich an dieser Stelle Lars Witte, Jonathan Kipp, Felix Kühlbach, Florian Wessels, Caroline Ganzer, Soroor Tafazoli, Viktoria Ehret, Yan Zhao und Nils Deutesfeld. Ihr alle habt mit eurem Engagement und eurem Einsatz einen großen Anteil an dieser Arbeit. Ebenso möchte ich mich bei allen Technikern des Fraunhofer IPT für die Unterstützung und Geduld bei der Umsetzung meiner Ideen bedanken.

Ebenfalls bedanken möchte ich mich bei meinen Eltern Heidi und Frank für den fortwährenden Rückhalt, die Liebe und Unterstützung, die ich in allen Lebenssituationen von euch erfahren durfte und meiner Schwester Nicole für all die Kommas, die so noch ihren Weg an die richtige Stelle gefunden haben. Ohne euch wäre ich nicht zu dem Menschen geworden, der ich heute sein darf.

Schließlich gilt mein ganz besonderer Dank meiner Frau Denise für ihre mir in allen Formen entgegengebrachte uneingeschränkte Unterstützung, sei es durch die vielen aufbauenden Worte, die lieben Gesten oder unsere vielen spannenden, technischen Gespräche. Insbesondere möchte ich mich für das mir entgegengebrachte Verständnis und die Geduld an den zahlreichen Abenden und auch in den Urlauben, die ich mit Schreiben, Nachdenken oder bei der Durchführung von Versuchen verbracht habe, bedanken. Ohne deinen Glauben an mich, hätte ich die vorliegende Arbeit nicht vollenden können.

Seoul, im Dezember 2022 Martin Priwisch

Zusammenfassung

Die Möglichkeiten zur Fertigung folienbasierter Systeme haben in den letzten Jahren zugenommen. Diese Entwicklung beruht auf neuen Verfahren zur Herstellung gedruckter Elektronik und neuen präzisen Methoden zur Einbringung kleinster Struktur-Geometrien. Dazu stellt der R2R-Prozess als kontinuierliches Massenproduktionsverfahren einen wichtigen Faktor bei der Reduzierung der Kosten dar. Eine vertikale Funktionsverknüpfung zur Realisierung einer additiven Fertigung mehrlagiger Folienverbände im kontinuierlichen Prozess findet sich im Stand der Technik nicht. In diesem Kontext wird in dieser Arbeit zunächst der Forschungs- und Entwicklungsbedarf herausgestellt. Für einen funktionalen Schicht-Laminierprozess, basierend auf einer reibungsfreien Bahnlaufregelung und Erfassung der Bahnspannungsverteilung, wurde aufgezeigt, dass weder Dokumentationen zur Konzeption eines solchen Systems verfügbar sind noch Untersuchungen des Bahnverhaltens bei Manipulation durch Verdrehung von Luftlagerrollen existieren.

Das übergeordnete Ziel der vorliegenden Arbeit ist es daher, eine Vorgehensweise zu erarbeiten, die die Konzeption und Umsetzung eines Systems zur Bahnlaufmanipulation mittels reibungsfreier Bahnführung sowie die Erfassung und Korrektur inhomogener Bahnspannungsverteilungen ermöglicht. Anschließend wird das Systemverhalten auf wissenschaftlicher Basis untersucht und charakterisiert.

Ausgehend von existierenden Konzepten für die Bahnmanipulation werden die Auswirkungen der berührungslosen Bahnlaufführung durch die Verwendung von Luftlagern betrachtet. So soll gezeigt werden, dass sich eine berührungslose Bahnlaufmanipulation bereits mit zwei Luftlagern realisieren lässt und zudem die Korrektur der Bahnspannungsverteilung durch eine separate Drehung beider Luftlager umgesetzt werden kann. Das zu Grunde gelegte Modell bedient sich der Euler-Bernoulli-Balkentheorie, um aus den ermittelten Momenten an zwei Messstellen und der Messung der Bahnkanten die laterale Verschiebung der Bahn und den Momentenverlauf zu berechnen. Somit wird die Grundlage für ein Regelungskonzept geschaffen. Zur weiteren Verbesserung der Genauigkeit und um Modellfehler zu kompensieren, wird zudem eine kamerabasierte Positionserfassung integriert, die sich den Moiré-Effekt zunutze macht.

Basierend auf den Ergebnissen der Untersuchung des Bahnlaufverhaltens wird abschließend ein Regelungskonzept entwickelt und in das reale System implementiert. Erstmals wird somit im Rahmen einer Dissertation ein reibungsfreies Bahnmanipulationssystem untersucht und in ein darauf angepasstes Regelungskonzept für einen funktionalen Schicht-Laminierprozess integriert.

Summary

The possibilities for manufacturing foil-based systems have increased in the last years. This development is based on new processes for manufacturing printed electronics and new precise methods for the integration of smallest structural geometries. In addition, the R2R process as a continuous mass production process is an important factor for reducing manufacturing costs. A vertical functional connection across multiple layers for the realization of an additive manufacturing of multilayer systems in a continuous process is not found in the state of the art. Based on this context, the need for research and development is emphasized in this dissertation. For a functional sheet lamination process based on contactless web guiding and detection of web tension distribution it was pointed out that neither documentation for the design of such a system is available nor investigations of web behavior during manipulation by pivoting air bearing rolls exist.

The overall objective of the presented work is therefore to find a method that enables the design and implementation of a system for web guiding optimization by means of contactless web guiding including a method for measuring the web tension distributions. Subsequently the system behavior is investigated and characterized on a scientific basis.

Based on existing concepts for web manipulation, the effects of contactless web guiding by using air bearings are considered. Thus, it will be shown that non-contact web guiding manipulation can be realized with only two air bearings and, moreover, the correction of the web tension distribution can be implemented by a simultaneous rotation of both air bearings. The underlying model makes use of the Euler-Bernoulli beam theory to calculate the lateral displacement of the web and its bending moment by using the measured moments at two measuring points as well as the measurements of the web edges. This method represented the basis for a feedback control concept. To further improve the accuracy and to compensate for model errors, a camera-based position detection is integrated, which makes use of the Moiré effect.

Based on the evaluation results of the web guiding behavior, a feedback control concept is finally derived and implemented in the real system. Thus, for the first time, a contactless web guiding system is investigated in the context of this dissertation and integrated into a feedback control concept to enable a functional sheet lamination process.

Inhaltsverzeichnis

Content

Formelzeichen und Abkürzungsverzeichnis

Formula Symbols and Abbreviations

Lateinische Großbuchstaben

Symbol	Einheit	Bezeichnung
$BK,L1$ / $BK,L2$	-	Position der linken Bahnkante bei LL1un LL2
$BK,R1$ / $BK,R2$	-	Position der rechten Bahnkante bei LL1un LL2
BK,UR / BK,UL	-	Position der rechten und linken Bahnkante der unteren Lage bei UW3
$D_{1\,/\,2}$	m	Koordinaten der Drehpunkte für die Korrektureingriffe
E_B	N/m²	Elastizitäts-Modul der Warenbahn
F_α	N	Kraft für das Balkenmodell bei Verdrehung der Luftlager um den Winkel α.
F_β	N	Kraft innerhalb der Warenbahn durch Verdrehung der Luftlager um den Winkel β.
F_{Diff}	N	Vorgegebene Bahnzugkraftdifferenz zur Regelung der longitudinalen Positionsdifferenz im Lagenverbund
$F_{ist,O\,/\,ist,U}$	N	Aktuelle Bahnzugkraft der oberen und unteren Lage
$F_{KL\,/\,KL1\,/\,LS}$	N	Klemmkraft an den Klemmstellen und der Laminierstelle
$F_{O,L1/O,R1}$	N	Gemessene Kraft auf die linke bzw. rechte Aufhängung bei Luftlager LL1
$F_{O,L2/O,R2}$	N	Gemessene Kraft auf die linke bzw. rechte Aufhängung bei Luftlager LL2
$F_{U,L/U,R}$	N	Gemessene Kraft auf die linke bzw. rechte Aufhängung bei Umlenkwalze UW3 der unteren Lage
F_{LL}	N	Kraft die über den als Feder-Masse-Dämpfer modellierten Luftfilm auf die Walze ausgeübt wird
$F_{O\,/\,U}$	N	Bahnzugkraft der oberen und unteren Lage
F_{Soll}	N	Sollwert für die Regelung der Bahnzugkraft der oberen und unteren Lage
$F_{n\,/\,q1\,/\,q2\,/\,q_U\,/\,B}$	N	Bahnzugkraft in x-Bahnrichtung im Bahnabschnitt
$F_{O\pm1\,/\,U\pm1}$	N	Bahnzugkraft in x-Bahnrichtung im folgenden bzw. im vorherigen Bahnabschnitt
$F_{Tänzer}$	N	Die eingebrachte Kraft der Tänzerwalze bei der Tänzer-Regelung

$F_{q_x\,/\,q_y}$	N	Anteil der Bahnzugkraft im x-y Koordinatensystem des Prüfstandes
$F_{u1\,/\,u2\,/\,v1\,/\,v2}$	N	Anteil der Bahnzugkraft im u-v Koordinatensystem eines drehbaren Luftlagers
F_{VB}	N	Bahnzugkraft im Lagenverbund
$F_{y,err}$	N	Durch einen Versatzfehler y_{err} eingebrachte Kraft
I_n	kg m²	Trägheitsmoment der Antriebsmotoren
I_W	kg m²	Trägheitsmoment der Walzen
I_B	m⁴	Laterales Flächenträgheitsmoment der Bahn
K_α	-	Korrekturfaktor des Modells der Verschiebung bei Drehung mit Drehwinkel α
K_β	-	Korrekturfaktor des Modells der Verschiebung bei Drehung mit Drehwinkel β
K_F	-	Korrekturfaktor zur Beschreibung des proportionalen Verhältnisses zwischen M_β und $M_{\beta,x}$ bzw. $M_{\beta,\tilde{x}}$
$K_{M,\Delta x}$	-	Korrekturfaktor des Modells zur Berechnung des Versatzes beider Lagen in x-Bahnrichtung
M_A	Nm	Moment bei LS der oberen Lage
$M_\alpha(x)$	Nm	Momentenverlauf in x durch Drehung um den α
$M_{\alpha,Korr}$	Nm	Korrekturmoment
M_β	Nm	Moment entlang x durch Drehung um β
$M_{\beta,x}(x)$	Nm	Momentenverlauf in x durch Drehung um β
$M_{\beta,\tilde{x}}(\tilde{x})$	Nm	Momentenverlauf in $\tilde{x}$ durch Drehung um β
$M_{\beta,ist\,/\,\beta,soll}$	Nm	Ist- und Sollwert des durch β beeinflussten Momentes der Bahn
M_{Diff}	Nm	Momenten-Differenz der oberen und unteren Lage
$M_{\gamma\,/\,\gamma,err}$	Nm	Momenten entlang x durch die Winkel γ bzw. γ, err
$M_{M,KL\,/\,M,KL1\,/\,M,LS}$	Nm	Antriebsmoment der Motoren der Klemmstellen und der Laminierstelle
M_{R1}	Nm	Moment um die Aufhängung des rechten Luftlagers
$M_{R,KL\,/\,R,KL1\,/\,R,LS}$	Nm	Reibungsmomente in den Antriebssträngen der Motoren der der Klemmstellen und der Laminierstelle
M_U	Nm	Moment an der Laminierstelle in der unteren Lage

$M_{ist,U}$	Nm	Gemessenes Moment in der unteren Lage
$M_{y,err}$	Nm	Durch y_{err} verursachter Momentenfehler in der oberen Lage
P_{LL1}	-	Drehpunkt der ersten Umlenkwalze im Bahnabschnitt
P_{LL2}	-	Drehpunkt der zweiten Umlenkwalze im Bahnabschnitt
$Q_{\alpha\ /\ \beta}$	N	Querkraft als Randbedingung der Balkenmodelle für die Drehung um α und β
$S_{1\ /\ 2\ /\ U}$	-	Kraftschwerpunkte der oberen und unteren Lage der lateralen Bahnspannungsverteilung bei den Luftlagern
T	m	Gitterperiode des durch den Moiré-Effekt erzeugten Musters
V_0	m³	Anfangsvolumen der Bahn im Bahnabschnitt
$W_{B\ /\ B,U}$	m³	Widerstandsmoment im Bahnquerschnitt der oberen und unteren Lage

Lateinische Kleinbuchstaben

Symbol	**Einheit**	**Bezeichnung**
$a_{q_y\ /\ q_{v1}}$	mm/s²	Beschleunigung der Bahn entlang der Luftlager
$b_{B\ /\ B,U}$	m	Breite der oberen bzw. unteren Bahn
$b_{L,digital}$	mm	Linienbreite nach der Digitalisierung
$b_{L,Real}$	mm	Linienbreite vor der Digitalisierung
c_{LL}	kg/s²	Federkonstante des Luftlagers
d_B	m	Dicke der Bahn
d_k	m	Kantenlänge eines quadratischen Bildpunktes (Pixel)
d_{LL}	kg/s	Dämpferkonstante des Luftlagers
d_{max}	m	Abstand der Bahnkante zu $y_{LL1\ /\ LL2}$
$d_{neutral}$	m	Abstand der neutralen Faser zum Rand der Bahn
$e_{\alpha/\beta}$	rad	Regelabweichungen der Winkel am Regler-Eingang
$e_{y/\Delta x}$	m	Regelabweichungen der Position am Regler-Eingang
$e_{F,O\ /\ F,U}$	N	Regelabweichungen der Kraft am Regler-Eingang
f_k	1/s	Abtastfrequenz der Kamerasysteme
f_{LG}	1/Pixel	Frequenz des Liniengitters

g / g_{LG}	m	Gitterabstand des Liniengitters
gr	-	Grauwert eines Bildpunktes
h_{LL}	m	Flughöhe der Bahn über dem Luftlager
$l_{BK2,A}$	m	Abstand des zweiten Bahnkantensensors der oberen Lage zur Laminierstelle in x-Richtung
$l_{A,KS2/KS1,A/KS3,A}$	m	Abstand der Kamerasysteme zur Laminierstelle
$l_{LL2,A}$	m	Abstand der Laminierstelle zum Drehpunkt des zweiten Luftlagers LL2 der oberen Lage in x-Richtung
$l_{E,1}$	m	Abstand der Eingangsklemmstelle zum Kontaktpunkt mit dem ersten Luftlagers LL1 der oberen Lage
$l_{E,LL1}$	m	Abstand der Eingangsklemmstelle zum Drehpunkt des ersten Luftlagers LL1 der oberen Lage in x-Richtung
$l_{E,LL2}$	m	Abstand der Eingangsklemmstelle zum Drehpunkt des ersten Luftlagers LL2 der oberen Lage in x-Richtung
$l_{E,BK1}$	m	Abstand der Eingangsklemmstelle zum ersten Bahnkantensensor der oberen Lage in x-Richtung
$l_{1,2}$	m	Abstand der Drehpunkte des ersten und zweiten Luftlagers der oberen Lage
$l_{2,3}$	m	Abstand des Drehpunktes und des Mittelpunktes des zweiten und dritten Luftlagers der oberen Lage
$l_{3,A}$	m	Abstand des Mittelpunktes des dritten Luftlagers und der Laminierstelle in x-Richtung
l_B	m	Strecke zwischen Eingangsklemmstelle und Laminierstelle der oberen Lage
$l_{K\,/\,KS}$	m	Strecke zwischen Kameramessstelle und Laminierstelle der oberen Lage
$l_{KL2,UW1}$	m	Strecke zwischen Eingangsklemmstelle KL2 und erster Umlenkwalze UW1 der unteren Lage
$l_{BK,L1\,/\,BK,L2\,/\,L,SU}$	m	Abstand der linken Bahnkante zur linken Messstelle zur Erfassung der Lagerkraft bei den drei Messpositionen LL1, LL2 und UW3
$l_{M,LL1\,/\,M,LL2}$	m	Abstand der Stellantriebspositionen zu den Drehpunkten P_{LL1} und P_{LL2}
$l_{S1\,/\,S2\,/\,SU}$	m	Abstand des Kraftschwerpunktes von der linken Messstelle zur Erfassung der Lagerkraft bei den drei Messpositionen LL1, LL2 und UW3

$l_{W1\,/\,W2\,/\,WU}$	m	Abstand der linken und rechten Messstelle zur Erfassung der Lagerkräfte bei den drei Messpositionen LL1, LL2 und UW3
l_{UL}	m	Umfang der Umlenkwalzen und der Luftlager
$l_{UW1,UW2}$	m	Strecke zwischen erster und zweiter Umlenkwalze der unteren Lage
$l_{UW2,UW3}$	m	Strecke zwischen zweiter und dritter Umlenkwalze der unteren Lage
$l_{UW3,LS}$	m	Strecke zwischen dritter Umlenkwalze UW3 und Laminierstelle LS der unteren Lage
m_B	kg	Masse der Bahn im Bahnabschnitt
$\dot{m}_A$	kg/s	Massenstrom am Ausgang des Bahnabschnitts
$\dot{m}_E$	kg/s	Massenstrom am Eingang des Bahnabschnitts
$q_{L1\,/\,L2\,/\,UL}$	N/m	Querkraft am linken Rand der Bahn bei LL1, LL2 und UW3
$q_{o\,/\,\sigma 1\,/\,u\sigma}$	N/m	Querkraftverlauf lateral zur Bahn
$q_{R1\,/\,R2\,/\,UR}$	N/m	Querkraft am rechten Rand der Bahn bei LL1, LL2 und UW3
$r_{UL\,/\,KL}$	m	Radius der Umlenkwalzen und Klemmstellen
t_D	s	Zeitverzögerung zwischen Modell und Messwert
$u_{/\,M,ES}$	V	Spannung der Antriebsmotoren
$v_{KL\,/\,KL1\,/\,KL2\,/\,LS}$	m/s	Geschwindigkeit der Walzen
$v_{M,ES}$	m/s	Geschwindigkeit der Antriebsmotoren
$v_{x\,/\,B\,/\,VB}$	m/s	Longitudinale Bahngeschwindigkeit
w_α	m	Biegung der Bahn bei Drehung mit Drehwinkel α
w'_α	rad	Steigung der Biegelinie w_α
$w_{\beta,x\,/\,\beta,\tilde{x}}$	m	Biegung der Bahn bei Drehung mit Drehwinkel β
$w'_{\beta,x\,/\,\beta,\tilde{x}}$	rad	Steigung der Biegelinien $w_{\beta,x}$ und $w_{\beta,\tilde{x}}$
$x_{a\,/\,b}$	m	Position in x-Bahnrichtung
$x_{LL1\,/\,LL2}$	m	Position der Drehpunkte der Luftlager in x-Bahnrichtung
$x_{M,LL1\,/\,M,LL2}$	m	Position der Stellantriebe

$x_{O\,/\,U}$	m	Aktuelle Position in x-Bahnrichtung der oberen und der unteren Lage
$x_{V,err}$	m	Aktueller Versatzfehler in x-Bahnrichtung des Lagenverbundes
$\dot{x}_{rel}$	m/s	Relative Geschwindigkeit der oberen und unteren Lage in x-Bahnrichtung
$y_{A\,/\,E}$	m	y-Position der Bahn am Ausgang und Eingang des Bahnabschnitts
y_{err}	m	Aktueller Positionsfehler der oberen Lage in y-Richtung
y_{ist}	m	Aktuelle y-Position der oberen Lage für die Regelungsrückführung
$y_{ist,U}$	m	Aktuelle y-Position der unteren Lage für die Regelungsrückführung
y_k	m	y-Position der nach der Digitalisierung erfassten Linie kante
$y_{k,sub}$	m	y-Position der nach der Digitalisierung erfassten Linie kante nach Anwendung des Subpixelalgorithmus
$y_{L,A\,/\,R,A}$	m	Position der linken und rechten Bahnkante am Ausgange des Bahnabschnitts
$y_{L,E\,/\,R,E}$	m	Position der linken und rechten Bahnkante am Eingang des Bahnabschnitts
$y_{L,Soll\,/\,R,Soll}$	m	Soll-Position der linken und rechten Bahnkante am Ausgang des Bahnabschnittes
$y_{LL1\,/\,LL2}$	m	Position der Bahnmitte über den Luftlagern in y-Bahnrichtung
$y_{O\,/\,U}$	m	Aktuelle Position in y-Bahnrichtung der oberen und der unteren Lage
$y_{U,L\,/\,U,R}$	m	Position der linken und rechten Bahnkante der unteren Lage bei LS
y_{P_M}	m	y-Position der Drehpunkte der beiden Luftlager
$\dot{y}_A$	m/s	Laterale Bahngeschwindigkeit am Ausgang des Bahnabschnitts
$\dot{y}_U$	m/s	Laterale Bahngeschwindigkeit der unteren Lage

Griechische Großbuchstaben

Symbol	Einheit	Bezeichnung
Δh	m	Höhendifferenz bei der Regelung durch eine Tänzerwalze
Δl	m	Durch Dehnung verursachte Längendifferenz
Δl_{max}	m	Maximale Längenänderung an der Bahnkante durch Drehung mit β in Bezug auf Gesamtbahnlänge l_B
ΔF	N	Bahnzugkraftdifferenz zwischen oberer und unter Lage
ΔF_{Sensor}	N	Kleinste messbare Kraftdifferenz
$\Delta q_{1\,/\,2}$	N/m	Bahnspannungsdifferenz an den Messpositionen
Δq_{min}	N/m	Minimale Bahnspannungsdifferenz an den Messpositionen
Δx	m	longitudinale Positionsänderung der Bahn in einem definierten Zeitabschnitt
$\Delta x_{BP,err}$	m	Differenz des Grauwertes eines Bildpunktes in Bezug auf einen Idealwert
Δx_{ist}	m	Gemessene longitudinale Positionsdifferenz zwischen der unteren und oberen Lage
$\Delta x_{ist,M}$	m	Aktuelle longitudinale Positionsdifferenz zwischen der unteren und oberen Lage nach dem Modell
$\Delta x_{O\,/\,U}$	m	Durch Dehnung verursachte longitudinale Längenänderung der oberen und unteren Lage
Δx_{Soll}	m	Sollwert für die Regelung der longitudinalen Positionsdifferenz zwischen der unteren und oberen Lage
Δy	m	Laterale Positionsdifferenz im Bahnabschnitt zwischen der Bahneingang und Bahnausgang
Δy_{VB}	m	Laterale Positionsdifferenz im Lagenverbund
Δy_{ist}	m	Gemessene laterale Positionsdifferenz zwischen der unteren und oberen Lage
$\Delta y_{ist,M}$	m	Aktuelle laterale Positionsdifferenz zwischen der unteren und oberen Lage nach dem Modell
Δy_{Soll}	m	Sollwert für die Regelung der lateralen Positionsdifferenz zwischen der unteren und oberen Lage
$\ddot{\theta}(t)$	1/s²	Winkelbeschleunigung der Antriebsmotoren

Griechische Kleinbuchstaben

Symbol	Einheit	Bezeichnung
α	rad	Winkel zwischen y-Achse und den Mittelachsen der Luftlager LL1 und LL2 mir den Drehpunkten P_{LL1} und P_{LL2}
$\alpha_{M,\beta}$	rad	Durch das Modell berechneter Winkel zur Korrektur der durch β verursachten Verschiebung
$\alpha_{A\,/\,E}$	rad	Ein- und Ausfallswinkel an der ersten Umlenkwalze im Bahnabschnitt
β	rad	Winkeldifferenz zwischen der Mittelachse von Luftlager 1 mit Drehpunkt P_{LL1} und der Mittelachse von Luftlager 2 mit Drehpunkt P_{LL2}
$\beta_{A\,/\,E}$	rad	Ein- und Ausfallswinkel an der zweiten Umlenkwalze im Bahnabschnitt
γ	rad	Winkel zwischen der senkrecht zum Auslauf des Bahnabschnittes verlaufenden Ebene und der Mittellinie des realen Bahnverlaufs
$\gamma_{A\,/\,E}$	rad	Ein- und Ausfallswinkel am Eingang (KL1) und Ausgang (LS) des Bahnabschnittes
γ_{err}	rad	Winkelfehler an der Laminierstelle
γ_{ist}	rad	Aktueller Winkel des Bahnverlaufs
$\gamma_{ist,O\,/\,ist,U}$	rad	Aktueller Winkel des Bahnverlaufs der oberen und der unteren Lage
$\gamma_{ist,V\,/\,ist,M}$	rad	Im Lagenverbund gemessener und nach dem Modell berechneter Winkel zwischen oberer und unterer Lage
$\gamma_{O\,/\,U}$	rad	Winkel zwischen der senkrecht zur Walzenachse der Laminierstelle verlaufenden Ebene und der Mittellinie des gemessenen Bahnverlaufs bei der oberen und unteren Lage
$\gamma_{V,err}$	rad	Winkelfehler bei der Korrektur des Bahnversatzes
δ	rad	Korrekturwinkel
ε		Bahndehnung (elastisch)
η	Pa·s	Dynamische Viskosität
ϑ	rad	Neigung der unteren Lage zwischen der ersten und zweiten Umlenkwalze zur x-y-Ebene
ρ_B	kg/m³	Dichte des Bahnmaterials

$\sigma_{x\,/\,VB}$	N/m	Querkraftverlauf lateral zur Bahn
σ_{max}	N/m	Maximale Differenz der Querkraft in Bezug auf die y-Position der Drehpunkte P_{LL1} und P_{LL2}
φ	rad	Neigung der oberen Lage beim Einlauf in die Laminierstelle zur x-y-Ebene

Abkürzungen

Abkürzung	**Bedeutung**
DMS	Dehnungsmessstreifen
FFT	Fast-Fourier-Transformation
KL	Klemmstelle
LOAC	Lab-on-a-chip
LS	Laminierstelle
LL	Luftlager
MKD	Monokristalliner Diamant
MLC	Motion Logic Control
MLPI	Motion Logic Programming Interface
NFC	Near Field Communication
OLED	Organic light emitting diode
PET / PET25	Polyethylenterephthalat / mit einer Dicke von 25µm
PMMA	Polymethylmethacrylat
POCT	Point-of-care testing
PS	Polystyrol
R2R	Rolle-zu-Rolle
RFID	Radio-Frequenz Identifikation
REM	Rasterelektronenmikroskop
SPS	Speicherprogrammierbare Steuerung
UL	Umlenkwalzen Luftlager
UW	Umlenkwalze
UP	Ultra-Präzision
UV-NIL	Ultraviolett-Licht basierte Nanoprägelithografie

1 Einleitung

In verschiedenen Branchen ist ein Trend hin zu dünnen, flexiblen, leichten und kosteneffizienten Produkten und Produktkomponenten zu beobachten, welcher mit einer erhöhten Nachfrage nach geeigneten kontinuierlichen Produktionsanlagen einhergeht [FROS17]. Zu den auf solchen Anlagen gefertigten Produkten gehören unter anderem flexible organic-light-emitting-diode (OLED) Bildschirme [STAN16], flexible Solarzellen [GALA11; SØND12] sowie Batterien und Brennstoffzellen [CHEN20; CHEN16]. Zusätzlich werden Produktkomponenten wie flexible, gedruckte Elektronik [WONG09; HU10] und Lichtleiter [WANG13; WANG09] immer häufiger in neuen Produktentwicklungen verwendet. Ein Grund für diese Entwicklung sind die hohen Kosteneinsparungen durch die kosteneffiziente Herstellung dieser neuen Produkte und Produktkomponenten durch das Rolle-zu-Rolle (R2R) Produktionsverfahren, welches sich aufgrund der realisierbaren hohen Produktionsgeschwindigkeiten bei Verwendung von flexiblen Materialen hervorhebt.

Beim R2R-Produktionsverfahren wird Material (die Warenbahn) von einer Rolle abgewickelt und kontinuierlich durch verschiedene Prozessschritte geführt. Nach der Bearbeitung kann das Substrat wieder auf eine Rolle gewickelt oder direkt vereinzelt werden. Das R2R-Verfahren wird in der Industrie seit dem 19. Jahrhundert im Zeitungsdruck verwendet [GERH75] und wurde seither stets weiterentwickelt. Der Fokus der Weiterentwicklung richtete sich auf höhere Produktionsgeschwindigkeiten und eine störunanfällige Handhabung der Warenbahn.

Die wachsenden Möglichkeiten zur Funktionalisierung der flächigen Warenbahnen und die gleichzeitig immer geringere Dimensionierung der Funktionselemente erfordern eine zunehmend präzisere Handhabung der Warenbahn. Daraus ergeben sich neue Anforderungen an die Fertigung neuer Produkte und Produktkomponenten. Der Fokus bei der Weiterentwicklung des Produktionsverfahrens verlagert sich in Richtung einer höheren lateralen Genauigkeit bei der Bahnlaufführung sowie einer stabilen und konstanten Bahnzugkraft. Hinzu kommt der Bedarf, mehrere Funktionen in einem kontinuierlichen Laminierprozess miteinander zu verbinden [BREC15]. Beim Verbinden mehrerer Warenbahnen in einem kontinuierlichen Laminierprozess muss berücksichtigt werden, dass zur Vermeidung von Falten im Lagenverbund eine homogen verteilte Spannung in beiden beteiligten Lagen gegeben sein muss. Die Problematik der gängigen Verfahren für die Regelung der lateralen Warenbahnposition liegt darin, dass die Bahnzugspannung inhomogen in der Warenbahn verteilt wird. Dies geschieht beispielsweise bei balligen Walzen zur mechanischen Zentrierung [EGGE08] der Warenbahn und auch bei Drehrahmen [ERH20; BST20a] (vgl. Bild. 1.1). Insbesondere die Reibung zwischen der Warenbahn und den Walzen führt zu unerwünschten Verzerrungen des Bahnmaterials, die erst nach einer geschwindigkeitsabhängigen Einlaufphase angeglichen werden.

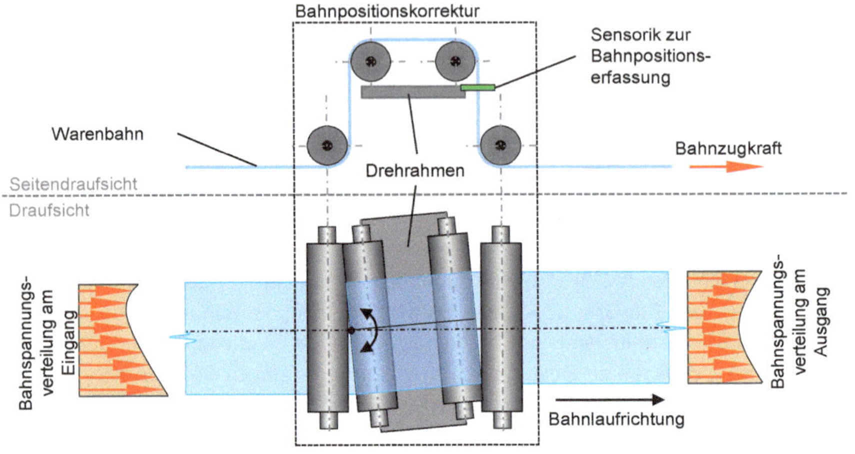

Bild 1.1: Funktionsweise eines Drehrahmens der Firma E+L nach [ERH20]

Bei der Regelung der lateralen Warenbahnposition, die einer Solltrajektorie folgt, wird durch die Änderung der Stellgröße eine Änderung der lateralen Bahnspannungsverteilung der Bahn hervorgerufen, welche eine laterale Positionsverschiebung der Bahn bewirkt. Bei empfindlichen Materialien kann diese Änderung bereits zu Beschädigungen führen. Daher soll im Rahmen dieser Arbeit ein Verfahren erforscht werden, das eine Positionsregelung durch eine kontaktfreie Bahnlaufführung wesentlich dynamischer macht und Änderungen in der Bahnspannungsverteilung bei der Positionsregelung überflüssig macht. Somit können auch die Fertigungstoleranzen für einen mehrlagigen Laminierprozess deutlich verringert und Beschädigungen bei empfindlichen Materialien vermieden werden.

Dabei wird der Positions- und Bahnspannungsfehler am Eingang durch geeignete Aktoren und Sensoren kompensiert und so am Ausgang eine homogene Bahnspannungsverteilung und eine konstante Position beibehalten. Zusätzlich wird die Bahnspannungsverteilung in beiden Lagen erfasst und durch eine Folgeregelung aufeinander angepasst. Auf diese Weise sollen relative Versatzfehler der beiden beteiligten Lagen vor ihrer Entstehung vermieden werden. Das Ziel ist die genaue Ausrichtung beider Lagen basierend auf eingebrachten Funktionsmerkmalen (vgl. Bild 1.2). Durch die genaue Ausrichtung beider Lagen soll eine Verknüpfung der in die Bahn eingebrachten Funktionen der beteiligten Lagen ermöglicht werden. Die notwendige Genauigkeit für die Verknüpfung wird basierend auf den aktuell erreichbaren Fertigungstoleranzen bei der Funktionalisierung der einzelnen Lagen bestimmt.

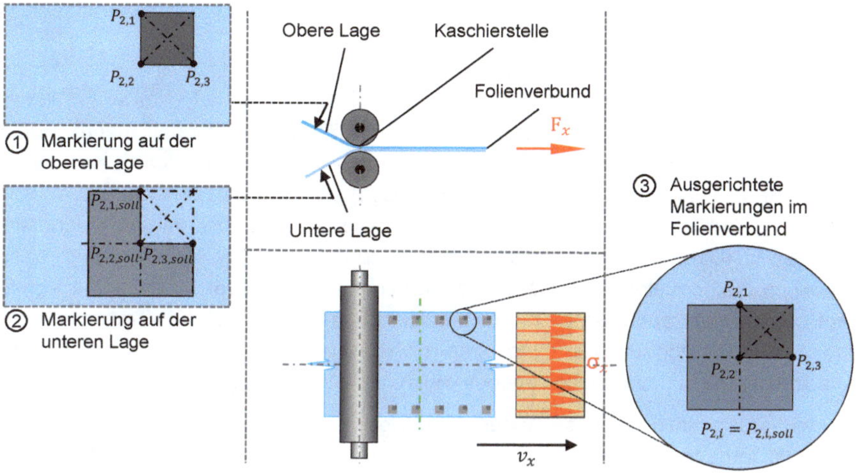

Bild 1.2 Angestrebtes Verhalten der laminierten Warenbahnen nach der Laminierstelle

Die wissenschaftlichen Aspekte dieser Arbeit lassen sich dabei in die folgenden Abschnitte aufteilen:

- Konzeption und Aufbau eines Laminiermoduls zur funktionalen Schichtlaminierung mit einer reibungsfreien Bahnlaufführung und Manipulation unter Berücksichtigung verschiedener Fehlerszenarien
- Herleitung eines geeigneten Modells zur Beschreibung des Einflusses der Stellgrößen auf die Bahnspannungsverteilung und die Bahnposition basierend auf den gegebenen Messgrößen zur Bestimmung der lateralen Verschiebung und der Bahnspannungsverteilung an der Laminierstelle
- Validierung des Modells und Identifikation der Modellparameter am realen Systemverhalten
- Konzeption und Implementierung eines geeigneten Regelungskonzeptes für die Realisierung des kontinuierlichen funktionalen Schichtlaminierprozesses
- Verifizierung des entwickelten Regelungs- und des Systemkonzeptes anhand von Untersuchungen der Fertigungsgenauigkeiten bei der Durchführung von Prozessversuchen

Ausgehend von den in dieser Arbeit gewonnen Erkenntnissen werden weiterführende Ansätze für künftige Forschungsarbeiten im Bereich der kontinuierlichen R2R-Fertigung aufgezeigt.

Introduction

A trend towards thin, flexible, lightweight and cost-efficient products and product components can be observed in various industries, which is connected to an increased demand for suitable continuous production facilities [FROS17]. Products manufactured on such systems include flexible organic-light-emitting-diode (OLED) displays [STAN16], flexible solar cells [GALA11; SØND12] as well as batteries and fuel cells [CHEN20; CHEN16]. In addition, components such as flexible printed electronics [WONG09; HU10] and light guides [WANG13; WANG09] are being increasingly used in new product developments. One of the reasons for this development is the significant cost savings achieved by the cost-efficient manufacture of these new products and product components due to the roll-to-roll (R2R) production process, which is characterized by the high production speeds which can be achieved using flexible materials.

In the R2R production process, material (the web) is unwound from a roll and continuously fed through a series of process steps. After processing, the substrate can be rewound onto a roll or be separated directly. In industry, the R2R process has been used in newspaper printing since the 19th century [GERH75] and has been continuously further developed since then. The focus of further development was directed towards higher production speeds and a stable handling of the web.

The growing possibilities for functionalization of the webs and the simultaneously decreasing dimensions of the functional elements require an increasingly precise handling of the web. This results in new requirements for the manufacturing of new products and product components. The focus in the further development of the production process is shifting in the direction of higher lateral accuracy for web guidance and stable and constant web tension. In addition, there is a need to combine several functions in a continuous lamination process [BREC15]. When joining several webs in a continuous lamination process, it must be taken into account that a homogeneously distributed tension must be present in both involved layers in order to avoid folding. The problem of the common methods for the control of the lateral web position is that the web tension is distributed inhomogeneously in the web. This occurs, for example, with convex rollers for mechanical web centering [EGGE08] and also with pivoting frames [ERH20; BST20a] (see Fig. 1.1). Especially the friction between the web and the rollers leads to unwanted distortions of the web material, which will only be adjusted after a velocity-dependent start-up phase.

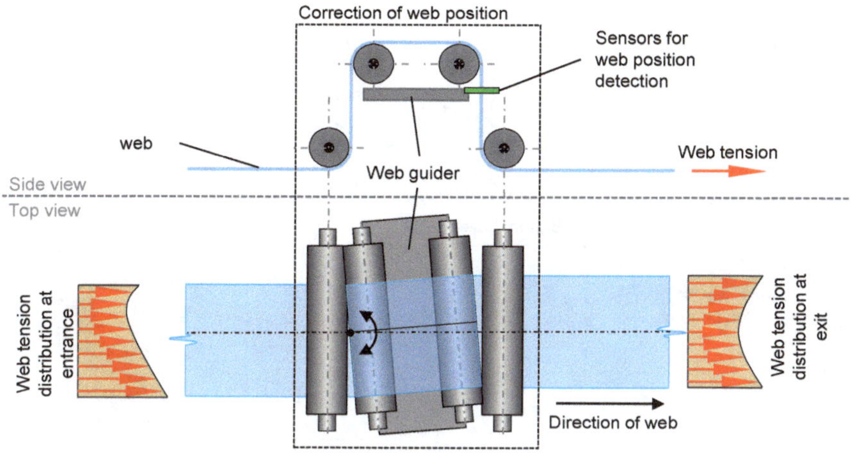

Figure 1.1: Principle of web guiding frame from E+L after [ERH20]

When controlling the lateral web position, which follows a nominal trajectory, the change of the control variable causes a change of the lateral web tension distribution of the web, which causes a lateral position shift of the web. For sensitive materials this change can already lead to damage. For this reason, a method is to be researched in this thesis which allows for a much more dynamic position control by eliminating the friction in the system and which makes changes in the web tension distribution during the position control superfluous. Thus, the manufacturing tolerances for a multilayer lamination process can be significantly reduced and damage to sensitive materials can be avoided.

The position and web tension error at the input is compensated by suitable actuators and sensors, thus maintaining a homogeneous web tension distribution and a constant position at the output. In addition, the web tension distribution in both layers is recorded and adjusted to each other by a follow-up control. In this way, relative offset errors of the two layers involved are to be avoided before they occur. The main objective is the precise alignment of both layers based on integrated functional features (see figure 1.2). The precise alignment of both layers shall enable a connection of the functions of the involved layers which have been introduced into the web. The necessary accuracy for the connection is determined based on the currently achievable manufacturing tolerances during the functionalization of the individual layers.

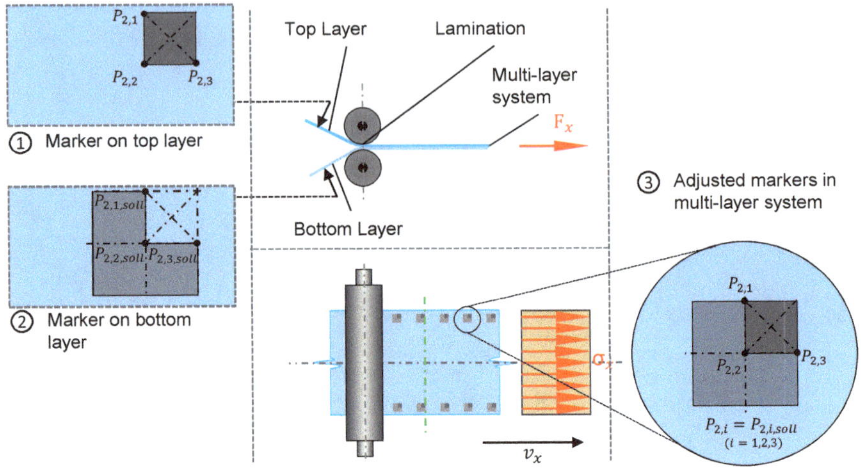

Figure 1.2: Intended behavior of laminated multi-layer system after lamination

The scientific aspects of this work can be divided into the following sections:

- Conception and design of a lamination module for functional lamination with frictionless web guiding and web manipulation under consideration of different error scenarios
- Derivation of a suitable model to describe the influence of the control variables on the web tension distribution and the web position based on the given measurement variables to determine the lateral displacement and the web tension distribution at the lamination point
- Validation of the model and identification of the model parameters in the real system environment
- Design and implementation of a suitable control concept for the realization of the continuous functional lamination process
- Verification of the developed system and control concept based on investigations of the manufacturing accuracy during real processing tests

Based on the results of this thesis, further aspects for future research in the field of continuous R2R production are presented.

2 Stand der Technik in Forschung und Industrie

State of the Art in Research and Industry

Das Bahnlaufverhalten in einem R2R-Prozess kann anhand des zeitlichen Verlaufs der Bahnposition beschrieben werden. Hierbei werden die laterale (quer zur Bahnlaufrichtung) und die longitudinale (in Bahnlaufrichtung) Bahnposition unterschieden. Die longitudinale Bahnposition wird maßgeblich durch zwei Faktoren bestimmt, zum einen von der Materialdehnung, verursacht durch die Bahnzugkraft, und zum anderen von der Bahngeschwindigkeit. Eine Verschiebung der lateralen Bahnposition ist das Resultat einer Änderung der lateralen Bahnspannungsverteilung.

Zur Sicherstellung einer hohen Fertigungsgenauigkeit werden verschiedene Regelungssysteme mit entsprechenden Messmitteln zur Erfassung und Korrektur des lateralen und longitudinalen Bahnlaufs eingesetzt. Zur Optimierung der Regelungssysteme wurden verschiedene Modelle zur Beschreibung des Bahnlaufverhaltens aufgestellt und Regelungskonzepte erarbeitet.

Die Genauigkeit bei der Fertigung von Mehrlagensystemen ist zudem gebunden an die Fertigungstoleranzen des Fertigungsprozesses einer einzelnen Lage.

Aus dem Verständnis des Bahnlaufverhaltens werden Einflüsse von Störgrößen auf die Fertigungsgenauigkeiten sichtbar. Die verschiedenen R2R-Prozesse stellen zudem unterschiedliche Anforderungen an das Bahnlaufverhalten und als Konsequenz auch an die Regelung der Bahnzugkraft, Bahnposition und Bahngeschwindigkeit.

Zum Verständnis der vorliegenden Arbeit wird in diesem Kapitel ein Überblick über den Stand der Technik im Bereich der Bahnlaufmanipulation in R2R-Prozessen gegeben. Es soll aufgezeigt werden, welche Genauigkeiten für die Fertigung von Mehrlagensystemen im R2R-Verfahren notwendig sind und wie sich die Fertigungsgenauigkeit einer einzelnen Lage auf das Mehrlagensystem auswirkt. In Kapitel 2.1 wird daher zunächst die Fertigung von Mehrlagensystemen behandelt und ein Überblick über die Anwendungsbereiche gegeben, bevor in Kapitel 2.2 R2R-Prozesse zur Funktionalisierung einzelner Lagen thematisiert werden. Hier liegt der Schwerpunkt auf den erreichbaren minimalen Strukturgrößen, um die Anforderungen einer präzisen Bahnlaufregelung in der Laminierung zu definieren.

Die Grundlagen für die mathematische Beschreibung des Bahnlaufverhaltens werden zu Beginn von Kapitel 2.3 eingeführt. Die Methoden zur Regelung des longitudinalen und lateralen Bahnlaufverhaltens werden im Anschluss vorgestellt. Dabei werden ihr Einfluss auf die Fertigungsgenauigkeit und die Auswirkungen der Regelungen auf die Bahnzugkraftverteilung betrachtet. Die verschiedenen Messmethoden zur Erfassung der Bahnposition werden im Anschluss vorgestellt.

2.1 Anwendungen und Fertigung flexibler Mehrlagensysteme

Applications and manufacturing of multilayer systems

Die Motivation hinter der Entwicklung mehrlagiger Systeme sind die umfangreichen Möglichkeiten zu Funktionalisierung einzelner Lagen im kostengünstigen R2R-Verfahren. Die einzelnen Lagen sind flexibel und können großflächig hergestellt und verarbeitet werden. Das Verbinden mehrerer Lagen ermöglicht somit die Kombination verschiedener Funktionalitäten in einem System, stellt jedoch hohe Anforderungen an die Genauigkeit bei der Ausrichtung der einzelnen Lagen zueinander. Daher wird dieser Prozessschritt meist im Batch-Betrieb durchgeführt. Betrachtet man die Anwendungsgebiete und das damit verbundene Potential von Mehrlagensystemen, zeigt sich, dass vor allem der geringere Kostenfaktor ihre Entwicklung begünstigt.

2.1.1 Anwendungsbereiche von Mehrlagensystemen

Applications of multilayer systems

Anwendungsbeispiele gibt es bereits in den Bereichen der gedruckten Elektronik und den Lab-on-a-chip Systemen. Um einen Eindruck von den Möglichkeiten zu bekommen, werden im Folgenden Anwendungsbereiche aus diesen beiden Gebieten vorgestellt.

Mehrlagige gedruckte Elektronik

Unter gedruckter Elektronik werden elektronische, meist flexible, Bauteile verstanden, die durch geeignete Druckverfahren hergestellt werden. Dabei werden leitfähige Kunststoffe und Tinten in flüssiger oder pastöser Form verwendet. In Bild 2.1 sind zwei Beispiele aus dem Stand der Technik für gedruckte Elektronik abgebildet. Eine genaue Betrachtung der gängigen Druckverfahren erfolgt in Kapitel 2.2.2.

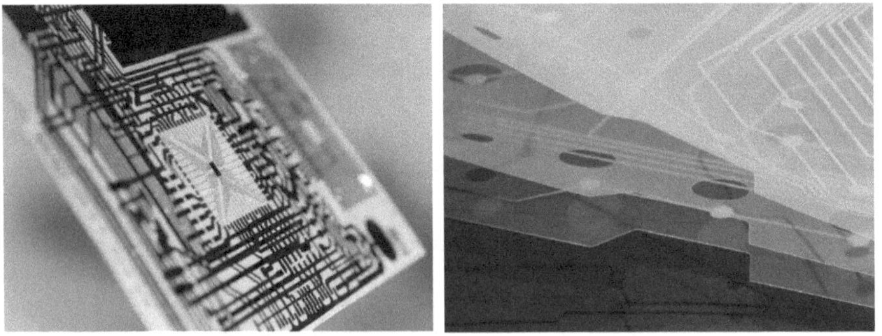

Bild 2.1: *Links:* Flexibles mehrlagig gedrucktes Sensorsystem zur Überwachung der Raumluftqualität [Fraunhofer EMFT]; *rechts:* Aufbau einer mehrlagigen Folientastatur [Fraunhofer IPT]

Left: Flexible printed multilayer sensor system for surveillance of the air quality in a room [Fraunhofer EMFT]; right: Structure of multilayer membrane keyboard [Fraunhofer IPT]

Die Möglichkeit, kontinuierliche Druckverfahren zur Anwendung zu bringen, führt zu einer Reduzierung der Herstellungskosten im Vergleich zur konventionellen Herstellung im Ätzverfahren. Neben den Herstellungskosten bietet das Herstellungsverfahren die Möglichkeit, großflächige und flexible Substrate zu bedrucken und damit neue Anwendungsfelder zu erschließen. Beispiele sind gedruckte Solarzellen, RFID-Antennen und flexible Sensorsysteme [SØND12; CHOI10a; KHAN15].

Mehrlagige gedruckte Systeme erweitern das Funktionsspektrum nochmals. Neben Mehrschichtaufbauten mit mehreren übereinander gedruckten Funktionsschichten, sind Systeme aus mehreren bedruckten Lagen realisierbar. Ein bekanntes Beispiel hierfür sind Folientastaturen [CHAR84].

Die Kombination aus kontinuierlich gefertigten Lichtleiterpanelen und gedruckten Solarzellen zeigt, dass die Verbindung verschiedener funktionalisierter und kontinuierlich gefertigter Oberflächen ein weites Anwendungsspektrum hat und eine kontinuierliche Verbindung die Herstellungskosten aufgrund niedrigerer Handhabungskosten nochmals senken kann.

Mehrlagige Lab-on-a-chip Systeme

Neben Anwendungsgebieten, die vor allem die Möglichkeiten zur Herstellung großflächig funktionalisierter Oberflächen des R2R-Verfahrens nutzt, zeigen Lab-on-a-chip (LOAC)-Systeme, dass auch die Möglichkeit zur kostengünstigen Massenproduktion von miniaturisierten Systemen R2R-Verfahren als Zukunftstechnologie ein großes Potential besitzt. LOAC-Systeme erlauben es, Laborgeräte zu miniaturisieren und Laborprozesse vollständig zu automatisieren. Dabei kann die medizinische Laboranalytik meist schneller und mit weniger Personalaufwand durchgeführt werden. Dies erklärt, warum LOAC-Systeme insbesondere in Fällen, bei denen ein zentrales Labor nicht verfügbar ist, zum Einsatz kommen und eine zentrale Bedeutung beim „point-of-care testing" (POCT) einnehmen [DRES19].

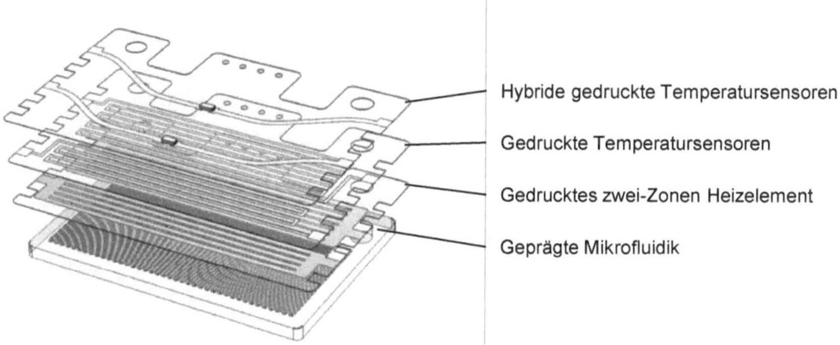

Bild 2.2: Aufbau eines mehrlagigen LOAC-Systems für eine Polymerase-Kettenreaktion nach [BREC15]

Composition of a LOAC-system for polymerase chain reaction in [BREC15]

Die Zahl der Einsatzmöglichkeiten von LOAC-Systemen hat in den letzten Jahren deutlich zugenommen. Ein Hauptgrund ist die zunehmende Entwicklung kostengünstiger Fertigungsverfahren wie z.B. die Replikationstechniken Mikrospritzgießen und Mikroheißprägen mikrofluidischer Systeme aus Kunststoffen [PETR10]. Die Fertigung von mikrofluidischen Systemen im R2R-Prozess mittels kontinuierlicher Heißpräge-Verfahren und der kontinuierlichen UV-Nano-Imprint-Lithografie (UV-NIL) fügt sich in diese Entwicklung nahtlos ein.

Während Strukturierungsverfahren zur Einbringung der mikrofluidischen Kanäle optimiert werden, wird die Einbringung von Sensoren in die LOAC-Systeme untersucht. Dabei ist das Herstellungsverfahren ein entscheidender Faktor, denn LOAC-Systeme sind meist als Einwegprodukt konzipiert und die Kosten für die Herstellung der Sensoren muss entsprechend gering sein. Die Kombination mit gedruckter Elektronik bietet hier ebenfalls ein hohes Potential.

2.1.2 Verfahren zum Verbinden mehrerer Lagen

Method of joining multiple layers

Betrachtet man die Verfahren zum Verbinden mehrerer Lagen, findet man zwei Begrifflichkeiten: Kaschieren und Laminieren. Man spricht von einem Kaschier- oder Laminier-Prozess, wenn zwei oder mehr Lagen verbunden werden. Als Kaschieren bezeichnet man dabei einen Prozess, bei dem zwei bahnförmige Werkstoffe vollflächig zu einem fertigen Produkt zusammengefügt werden [GIES10]. Kaschieren und Laminieren werden in der Literatur nicht eindeutig getrennt. Eine Möglichkeit, die beiden Begriffe zu unterscheiden ist die Materialstärke, wobei bei flexiblen Materialien von Kaschieren und bei unflexiblen und plattenartigen Materialien von Laminieren die Rede ist [HABE09]. Im Folgenden wird der Begriff Kaschieren verwendet, um das Fügen zweier flexibler Bahnen zu beschreiben, wobei eine Bahn zum Schutz der anderen aufgebracht wird und keine weitere Funktion hat. Für das Fügen zweier Bahnen, bei denen beide eine Funktion mit einbringen, wird im Folgenden der Begriff des funktionalen Schichtlaminierens verwendet.

Der Aufbau einer Kaschierung besteht aus zwei Walzen, der Kaschierwalze und der Presseurwalze. Die Presseurwalze wird durch ein Andrucksystem, meist pneumatisch oder hydraulisch, auf die Kaschierwalze gedrückt. Andere Methoden ermöglichen das Einstellen eines Spaltes zwischen den beiden Walzen oder das Andrücken allein durch das Eigengewicht der Presseurwalze. Weitere Walzen vor und nach der Kaschierstelle halten die Materialien in Position [GIES10].

Durch die Kaschierstellen können sowohl vereinzelte Lagen oder Platten geführt werden als auch eine kontinuierliche Warenbahn. Lagen, die vereinzelt vorliegen, können vor der Kaschierung bereits passend ausgerichtet und als Stapel der Kaschierstelle zugeführt werden.

Für die Kaschierung im R2R-Verfahren muss neben der Bahnposition auch die Bahnspannung beachtet werden, da Differenzen in den Bahnspannungen der Lagen zu

Wölbungen im Verbund führen können. In Tabelle 1 sind die drei grundlegenden Fehlerszenarien eines R2R-Kaschierprozesses dargestellt. Szenario 1 zeigt eine an einer Klemmstelle schief einlaufende Substratbahn. Der Winkel γ bewirkt im weiteren Prozessverlauf eine zunehmende Verschiebung der Bahn. Für den Verbund folgt daraus eine falsche Ausrichtung der Bahnen zueinander. In Szenario 2 läuft die Substratbahn mit einer inhomogenen lateralen Bahnspannungsverteilung ein. Im Verbund führt dies zu Wölbungen und Verzerrungen der Funktionselemente. In Szenario 3 läuft die Substratbahn von einem Versatz zur Sollposition. Wie im ersten Szenario führt dies zu einer falschen Ausrichtung der Bahnen.

Tabelle 2.1: Fehlerszenarien in einem R2R-Prozess und die Auswirkungen auf den Verbund

Error scenarios in R2R-process and its consequences for the laminate

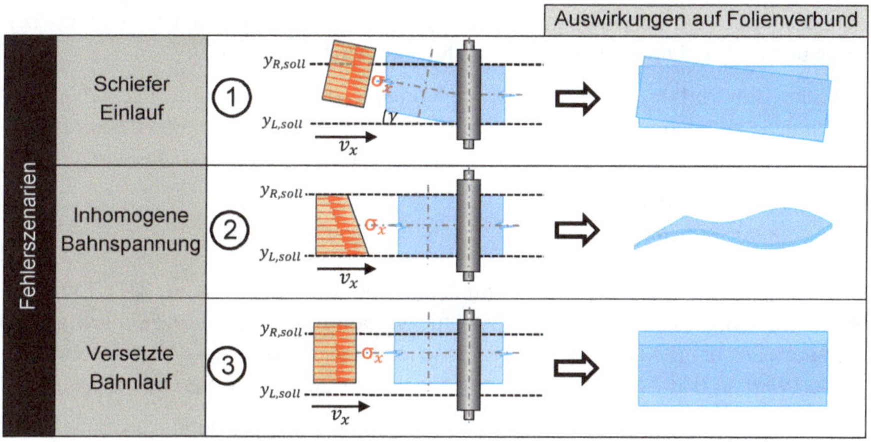

In der Realität treten diese drei Fehlerszenarien in Kombination auf und müssen entsprechend den Anforderungen der Anwendung vor der Kaschierung korrigiert werden. Die Verfahren zur Korrektur werden in Kapitel 2.3 betrachtet. Das Verbinden der Lagen kann mittels verschiedener Verfahren realisiert werden. Dies kann mit Hilfe einer zusätzlichen Materialschicht geschehen oder durch direktes Fügen. Es werden drei Arten von Kaschieren unterschieden:

Trockenkaschieren

Bei der Trockenkaschierung wird ein trockener Klebstoff verwendet. Der Klebstoff kann sich beim Aufbringen auf eine Bahn im flüssigen Zustand befinden und wird vor der Kaschierung vorgetrocknet. Ein Anwendungsbereich der Trockenkaschierung ist das Verkleben zweier Bahnen mit eingebrachten Strukturen, die nicht verschlossen werden sollen. In der Kaschierung werden die beiden Bahnen zusammengeführt, und mittels Druck oder Wärme wird der Klebstoff aktiviert [GIES10].

Nasskaschieren

Im Gegensatz zum Trockenkaschieren wird beim Nasskaschieren ein flüssiger oder pastöser Klebstoff auf eine der beteiligten Bahnen aufgetragen. Eine Vortrocknung findet nicht statt. Anschließend werden die beiden Bahnen kaschiert. Der Klebstoff fließt hierbei auch in Strukturen der zweiten Bahn und verschließt oder füllt diese aus. Das Kaschieren erfolgt durch Druck oder Wärme. Bei Einbringung von Wärme bleibt diese unter dem Schmelzpunkt der beiden Bahnmaterialien. [GIES10]

Thermokaschieren

Thermokaschieren zeichnet sich durch den Verzicht auf eine weitere Material-Komponente zum Fügen aus. Ein thermoplastischer Kunststoff wird aufgeschmolzen und durch den Spalt zweier gegenläufig laufenden Walzen geführt. Der entstehende Film wird über eine Andruckwalze auf die zweite Bahn gefügt. Im Anschluss kühlt das Material aus und wird der weiteren Verarbeitung zugeführt. [HABE09]

Bei allen drei Verfahren werden die zugeführten Warenbahnen kontinuierlich der Kaschierstelle zugeführt. Im Gegensatz dazu wird beim Schichtlaminieren die kontinuierliche Zuführung nur einer Warenbahn vorgenommen.

2.1.3 Schichtlaminieren

Sheet lamination

Das Laminieren mehrerer Lagen ist auch aus dem Schichtlaminieren [DEUT17a] bekannt. Es handelt sich dabei um ein 3D-Druckverfahren, bei dem die gewünschte Form im Anschluss an den Laminierprozess geschnitten wird, bevor die nächste Schicht laminiert wird. In Bild 2.3 ist das Funktionsprinzip des Schichtlaminierens dargestellt.

Das Bauteil wird auf einer Bauplattform aufgebaut, die nach jedem Laminier- und Schneideprozess um die Schichtdicke nach unten gefahren wird. Die einzelnen Schichten werden mittels Thermokaschieren miteinander verbunden.

Eine Ausrichtung des zugeführten Bahnmaterials ist nicht notwendig, da die Kontur erst im Schneideprozess eingebracht wird. Hierfür befindet sich die Bahn im Stillstand bis der Schneide- und Laminierprozess abgeschlossen ist.

Eine Kombination von Schichtlaminieren mit den etablierten R2R-Fertigungsprozessen bietet die Möglichkeit, Funktionen in jede Schicht einzubringen und diese miteinander zu verknüpfen. Wird die Funktion oder Form bereits vor dem Laminieren eingebracht, ist ein System erforderlich, welches die Schichten zueinander ausrichtet. Aus der Betrachtung der Herstellungsverfahren zur Funktionalisierung einzelner Lagen eines Mehrlagensystems lassen sich die Anforderungen an ein Ausrichtsystem zur kontinuierlichen funktionalen Schichtlaminierung bestimmen.

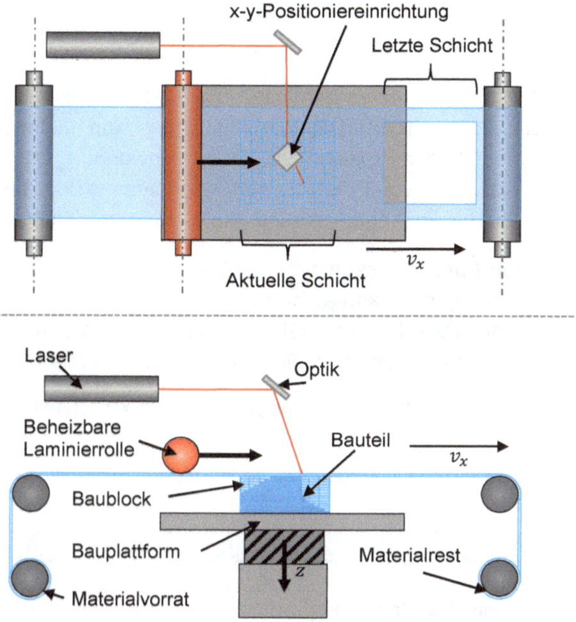

Bild 2.3: Funktionsprinzip des Schichtlaminierens nach [WIMP03]

Principle of sheet lamination according to [WIMP03]

Zusammenfassend lässt sich festhalten, dass Mehrlagensysteme bereits weit verbreitet sind. Begünstigt durch die Kosteneinsparung bei der Fertigung im R2R-Verfahren, setzt sich der positive Trend der Entwicklung auch weiterhin fort [CHEN20, FROS17]. Für die weitere Entwicklung hin zu höheren Genauigkeiten und höheren Produktionsgeschwindigkeiten stellen sich im Gegenzug auch neue Anforderungen an die R2R-Produktionsanlagen.

2.2 Herstellung und Funktionalisierung einzelner Lagen

Manufacturing and functionalization of single layers

Zur Herstellung funktionaler Folien haben sich verschiedene R2R-Produktionsverfahren etabliert. Diese lassen sich in Beschichtungs-, Druck- und Prägeverfahren aufteilen. Im Folgenden werden die gängigsten Prozesse aus diesen drei Bereichen vorgestellt. Die Betrachtung der Herstellungsverfahren erfolgt im Kontext der Anforderungen an den Bahnlauf und der realisierbaren Strukturdimensionen. Hinsichtlich des Aufbaus eines Mehrlagensystems werden dadurch die Anforderungen an die Systeme zur Bahnlaufmanipulation und Bahnpositionserfassung deutlich. Ein Abgleich der Anforderungen mit den verfügbaren Systemen zur Bahnmanipulation und Bahnpositionserfassung erfolgt in Kapitel 2.3.

2.2.1 Kontinuierliche Beschichtungsverfahren

Continuous coating processes

Beschichten beschreibt das Aufbringen eines formlosen Stoffes auf ein Substrat, um eine fest haftende Schicht zu erzeugen [DEUT03]. Beschichtungen sind häufig ein Bearbeitungsschritt in einer mehrschrittigen Prozesskette. Zu den Anwendungsbereichen gehören unter anderem das Auftragen von Fotolacken in Ätzprozessen oder das Aufbringen UV-härtender Lacke für das kontinuierliche UV-NIL-Verfahren [KOOY14].

Neben einem breiten, flächigen Auftrag, lassen sich durch intermittierende Schlitzdüsen gezielt mehrere Streifen entlang der Bahn aufbringen, was für die Herstellung gedruckter Batterieelektroden genutzt werden kann [GLAW15]. Die Wahl des Verfahrens erfolgt anhand des jeweils am besten geeignetem fluidmechanischen Wirkprinzips.

Tabelle 2.2: Funktionsweise der gängigen Beschichtungsverfahren und Darstellung einer Realisierung für R2R-Verfahren

Principle of the standard coating processes and visualization of their realization in a R2R process

Beschichtungsprinzip	Beschreibung
Schlitzdüse	
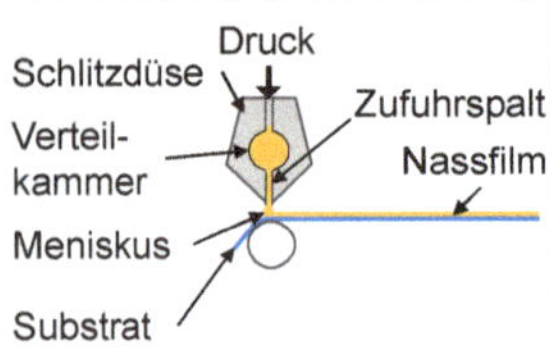 Prinzip nach [DING16].	Beim herkömmlichen Schlitzdüsen-Beschichtungsverfahren wird eine Flüssigkeit durch einen festen Schlitzabstand auf ein sich bewegendes Substrat abgegeben, um den Spalt zwischen der Schlitzdüse und dem Substrat zu füllen. Die Flüssigkeit im Beschichtungsspalt, der durch den Ober- und Unterminiskus begrenzt ist, bildet den Beschichtungsfilm. Eine Flüssigkeitsschicht auf dem beweglichen Substrat wird vom stromabwärts gelegenen Meniskus weggetragen. Nach der Verdampfung oder Verfestigung entsteht ein gleichmäßiger Trockenfilm auf dem Substrat. Da es sich um einen vordosierten Prozess handelt, kann die Schichtdicke voreingestellt und präzise gesteuert werden, basierend auf dem Durchfluss der Flüssigkeit im Spalt und der Substratgeschwindigkeit [DING16]. Für eine homogene Schichtdicke bei der Schlitzdüsen-Beschichtung ist eine konstante Bahngeschwindigkeit erforderlich.
Rakel	
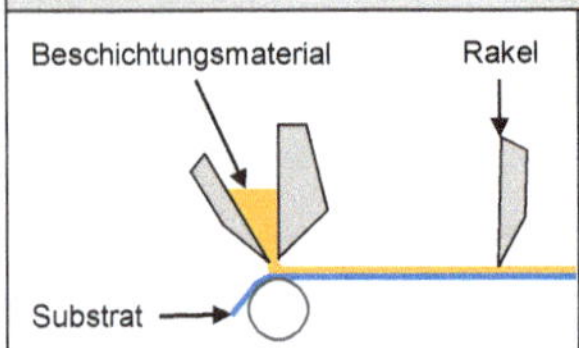 Prinzip nach [GIES10]	Dünne Flüssigkeitsfilme mit definierter Schichtdicke können auch mittels Rakelbeschichtung auf kontinuierliche Substratmaterialien aufgetragen werden. Der Abstand zwischen der Rakel, einer Art Abstreichkante in Form eines Messers, und dem Substratmaterial bestimmt die aufgetragene Schichtdicke. Die Rakel arbeitet hierbei gegen eine Unterlage, zum Beispiel eine Walze oder das Substrat selbst, und ist über die Gesamtbreite der Warenbahn fixiert. [GIES10]

Sprühbeschichtung	
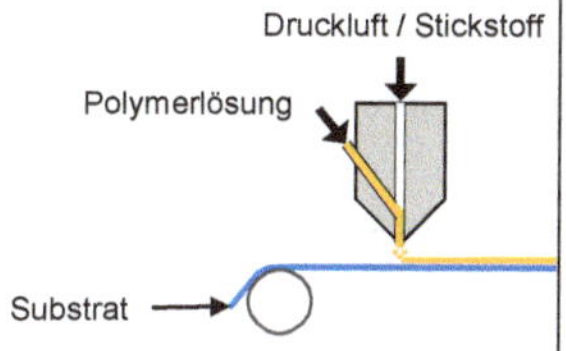 Prinzip nach [NOEB14]	Bei der Sprühbeschichtung wird eine Polymerlösung mit Stickstoff oder Druckluft und zerstäubt und auf die Oberfläche aufgesprüht. Die Wirkprinzipien der Sprühbeschichtung basieren sowohl auf dem Satz von Bernoulli, der besagt, dass eine Erhöhung der Geschwindigkeit eines Gases oder einer Flüssigkeit zu einem Druckabfall führt als auch auf der Vernebelung von Flüssigkeiten durch die Erhöhung der Oberflächenenergie. Das Gas passiert einen Engpass, was zu einer Erhöhung der Geschwindigkeit führt. Die Reduzierung des Luftdrucks durch das beschleunigte Gas zieht die Lösung aus ihrem Behältnis zum Mischpunkt, der sich an der Spitze des Sprühsystems befindet. An dieser Stelle findet die Vernebelung der Polymerlösung statt, da die Oberflächenenergie der Lösung steigt und so kleine Tröpfchen erzeugt werden. [NOEB14]

2.2.2 Druckverfahren

Printing processes

Drucken bezeichnet das Vervielfältigen von Informationen in Bild und/oder Text, wobei Druckfarbe mittels eines Druckbildspeichers auf einen Bedruckstoff aufgebracht wird. Bei den hierfür notwendigen Druckbildspeichern kann es sich um physikalische Druckformen oder um virtuelle Speicher, die durch eine temporäre generierte Adressierung punktuell Elemente aktivieren. [DEUT17b]

Damit unterscheidet sich das Drucken vom Beschichten durch die übertragene Information. Bei kontaktbasierten Druckverfahren wird eine physikalische Druckform verwendet, wohingegen bei den Digitaldruckverfahren ein virtueller Druckbildspeicher verwendet wird. Die Auswahl der im Folgenden vorgestellten Verfahren ist mit dem kontinuierlichen Rolle-zu-Rolle Prozess kompatibel.

Kontaktdruckverfahren

Die klassischen Druckverfahren, die eine physikalische Druckform verwenden, werden in die vier Kategorien Durchdruck, Tiefdruck, Flachdruck und Hochdruck unterteilt. [DEUT17b] In Tabelle 2.3 werden die Funktionsweisen dieser Kontaktdruckverfahren einander gegenübergestellt.

Die Verfahren benötigen unterschiedliche Methoden zur Herstellung und Fertigung der jeweiligen Druckform. Die minimale Strukturgröße für das Druckverfahren ist mit davon abhängig, welche Genauigkeiten für die Druckformen erreicht werden.

Bedingt durch die aufwendige Herstellung der Druckformen, finden sich die Anwendungsgebiete in Bereichen mit hohen Stückzahlen und Durchsatz. Dazu zählen unter anderem der Buch- und Zeitungsdruck, sowie das grafische Bedrucken von Verpackungen. [BÖHR11]

Tabelle 2.3: Funktionsweise der vier Kontaktdruckverfahren und Darstellung einer Realisierung für R2R-Verfahren

Principle of the four contact printing processes and visualization of a their realization in a R2R process

Durchdruck	**Tiefdruck**	**Flachdruck**	**Hochdruck**
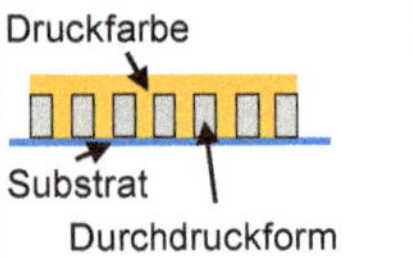	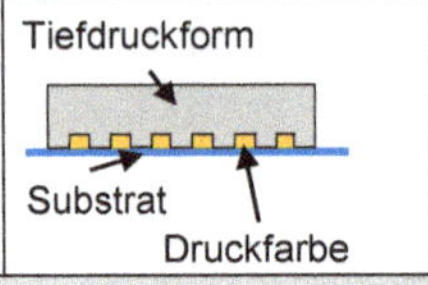	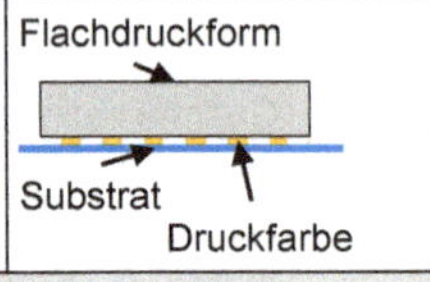	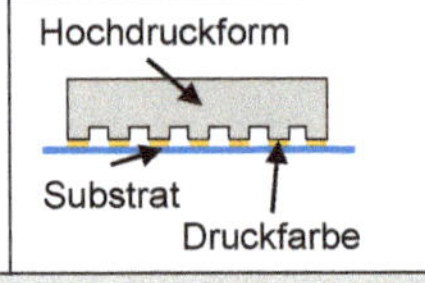
Varianten			
• Siebdruck	• Gravurdruck • Tampondruck	• Offsetdruck • Lichtdruck • Steindruck	• Stempeldruck • Flexodruck
R2R-Prinzip Darstellung			
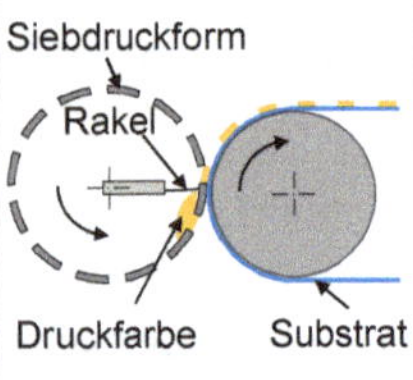	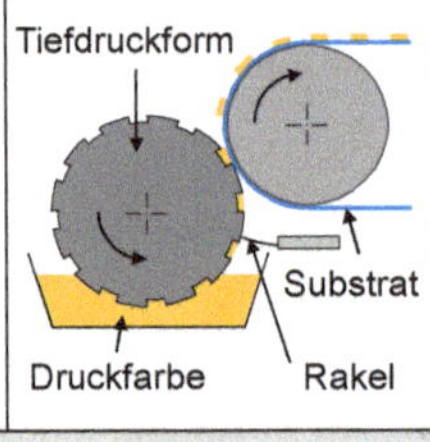	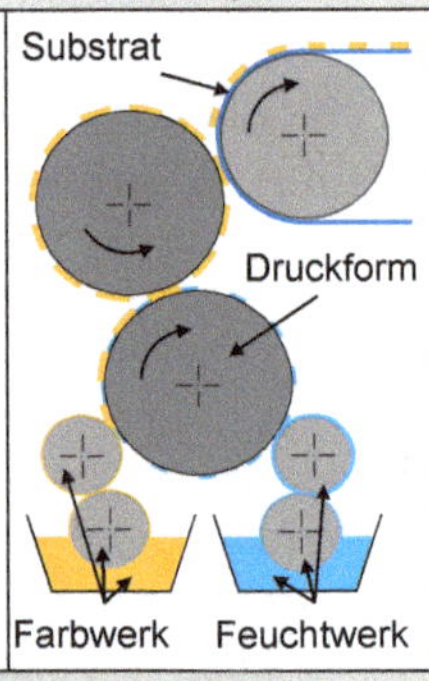	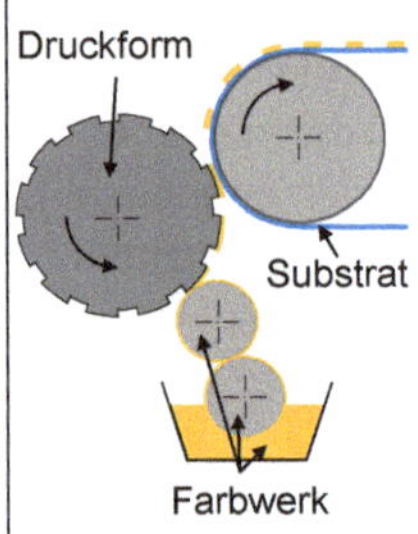
Minimale Strukturauflösung			
30-100 µm [HÖSE13; NUMA09]	5-50 µm [GRAU16]	10-50 µm [GRAU16]	20-50 µm [HÖSE13]

Digitaldruckverfahren

Das bekannteste Verfahren, bei dem ein virtueller Druckbildspeicher zum Einsatz kommt, ist der Tintenstrahldruck. Die Verwendung eines virtuellen Druckbildspeichers ermöglicht die Herstellung eines Druckbildes ohne aufwendige Fertigung einer Druckform. Das Druckbild kann nach jedem Druck geändert werden und die Kosten der Fertigung sind nicht mehr an die Stückzahl gebunden. Neben geringen Fertigungskosten ermöglicht die Kombination von Digitaldruckverfahren und dem R2R-Verfahren die Entkopplung eines Druckbildes von der Größenbegrenzung durch die Oberfläche einer physischen Druckform. Anwendungen finden sich auch im Bereich der gedruckten Elektronik zur Herstellung elektronischer Bauteile. Die in Tabelle 2.4 gelisteten Druckprinzipien stellen die zwei gängigsten Verfahren dar.

Tabelle 2.4: Funktionsweise zweier Digitaldruckverfahren mit Beispiel ihrer kontinuierlichen Umsetzung

Principle of the three digital printing processes and an example of its realization in continuous processing

Druckprinzip	Beschreibung
Tintendrucker (Drop on Demand)	
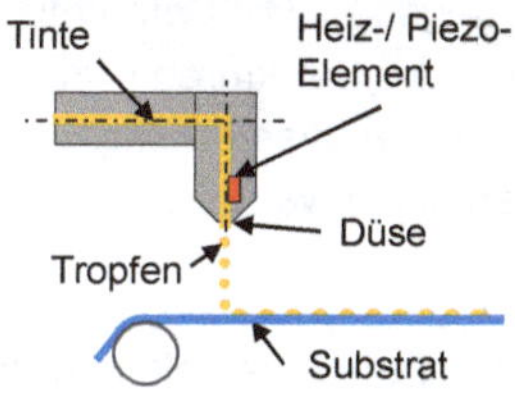	Beim Single-Pass-Tintendruck wird für jeden Punkt auf dem Substrat eine eigene Düse vorgesehen. Das Substrat bewegt sich in eine vorgegebene Richtung, ohne dass der Druckkopf bewegt wird. Die Auflösung des Druckes ist durch die Anzahl und den Abstand der Düsen bestimmt. Die realisierbaren Strukturgrößen sind abhängig von der Tropfengröße und der Oberflächenspannung des Tropfens und der Oberflächenenergie des Substrats. Aktuelle Single-Pass-Inkjet-Systeme erreichen bei geeigneter Tinten- und Substratwahl Strukturgrößen kleiner 50 µm. Jedoch kommt es bei diesen Systemen immer wieder zur Verstopfung einzelner Düsen. Bei kleinen Strukturgrößen führt dies besonders im Bereich der gedruckten Elektronik zu Funktionsausfällen. Dennoch findet das Verfahren vermehrt Einsatz in diesem Bereich, da sich Schichtdicken im einstelligen µm-Bereich realisieren lassen [YIN10]. Bei mehrschichtigen gedruckten Sensoren bleibt die Gesamtaufbauhöhe gering und die Flexibilität der Sensoren gewährleistet. [LAU17]
Laserdruckverfahren	
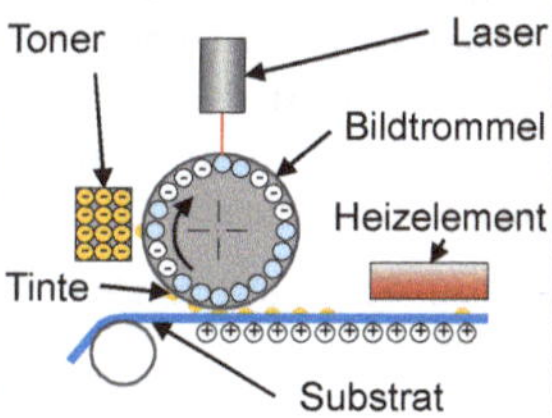	Das Laserdruckverfahren ist vergleichbar mit dem Flachdruck. Im Unterschied zu diesem wird das Druckbild nicht vorab gefertigt, sondern kann kontinuierlich während des Drucks geändert werden. Anstatt Haftung und Abstoßung der Druckfarbe durch hydrophile oder lipophile Flächen zu erzeugen, werden diese durch positive und negative Ladung hervorgerufen. Eine Bildtrommel wird mittels einer Corona negativ geladen. Anschließend werden die Ladungen an den Punkten durch einen Laser neutralisiert, die eine Bildinformation enthalten. Ein Heizelement trocknet nach dem Auftrag auf das positiv geladene Substrat die Tinte. [KIPP00]

2.2.3 Präge- und Strukturierungsverfahren

Imprint and structuring processes

Neben dem Aufbringen von Material existieren Verfahren zum Einbringen von Strukturen in die Oberflächen von kontinuierlich geförderten Materialien. Die Verfahren unterscheiden sich hinsichtlich ihrer erreichbaren minimalen Strukturgröße, sowie den prozessierbaren Materialien. In diesem Abschnitt wird ein Überblick über die wichtigsten Umformverfahren in kontinuierlichen Fertigungsanlagen gegeben. Die Betrachtung unterteilt sich in Verfahren, die ein nachträgliches Einbringen der Strukturen ermöglichen, wie das Heißprägen, die UV-Nanoimprint Lithografie und die Laserdirektstrukturierung, sowie dem Extrusionsprägen, bei dem die Strukturen direkt während des Herstellungsprozesses der Bahn in diese eingebracht werden.

Mit Ausnahme der Laserdirektstrukturierung sind die erreichbaren Genauigkeiten der vorgestellten Verfahren abhängig von den Genauigkeiten, die für die Herstellung der Prägewalze gelten. Die realisierbaren Strukturgrößen bei der Herstellung der Prägewalzen liegt jedoch bereits im nm-Bereich. Für die aktuelle Betrachtung ist von Interesse, welche Qualität bei der Abformung der Strukturen erreicht wird. Diese bilden in einem Mehrlagensystem eine Funktionsebene ab.

Tabelle 2.5: Übersicht über Prägeverfahren im Stand der Technik

Two concepts for continuous hot embossing

Prinzip	Beschreibung
Heißprägen	
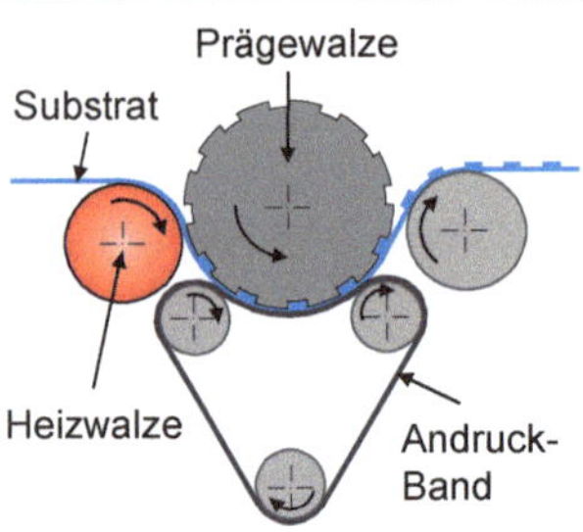 Konzept nach [SHAN12]	Das Heißprägeverfahren zum Einbringen von Strukturen in Polymersubstrate hat sich aufgrund der einsetzbaren Materialvielfalt und der erreichbaren Genauigkeit etabliert. Die im Vergleich zu anderen Präge- und Strukturierungsverfahren langen Zykluszeiten sind ein Hauptgrund für die geringe Verbreitung in der industriellen Produktion. Der Ablauf eines Heißprägeprozesses besteht im Wesentlichen aus zwei Schritten: 1. Das zu prägende Polymer oder die Prägeform werden über die Glasübergangstemperatur erwärmt. 2. Das Polymer und die Prägeform werden mit Druck zusammengepresst, sodass das Polymer in die Kavitäten der Prägeform fließt. Das Polymer und die Prägeform werden voneinander getrennt. Vor der Entformung werden zur Vermeidung von Fließeffekten das Polymer und die Prägeform abgekühlt. Eine aktive Kühlung wird eingesetzt, um die Zykluszeit zu verringern. [YUN13]

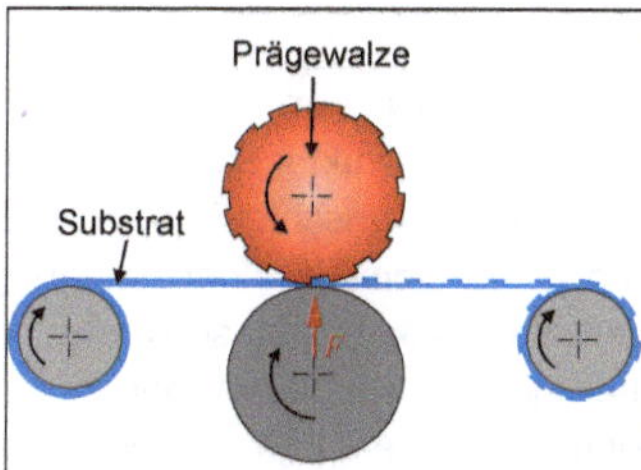

Konzept nach [YUN13]

Die zwei dargestellten Konzepte für den Aufbau eines kontinuierlichen Heißprägesystems unterscheiden sich durch die Kontaktfläche für die Einbringung der Prägekraft.

Da beim Heißprägen keine weiteren Materialkomponenten benötigt werden, zählen die medizinische Diagnostik und biofunktionale Oberflächen zu ihren Anwendungsbereichen, da die Anforderungen für die Materialwahl hier besonders hoch sind und zusätzliche Materialien, wie sie beispielsweise in der UV-NIL notwendig sind, nicht benötigt werden. Für die Abformung sind die Aspekt-Verhältnisse der Strukturen zu beachten. Bei geeigneten Aspekt-Verhältnissen, sind Strukturgrößen im nm-Bereich abformbar. [KOOY14]

UV-Nanoimprint-Lithografie (UV-NIL)

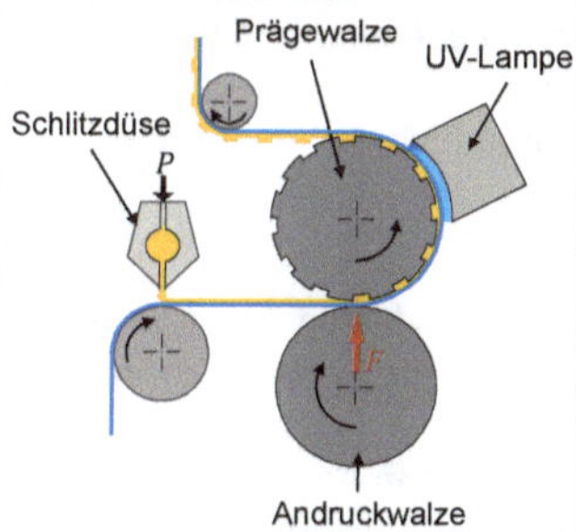

Im Gegensatz zum Heißprägen wird bei der UV-NIL die Struktur nicht direkt in das Substrat eingeprägt, sondern in ein zuvor aufgebrachtes Resist.

Das Prinzip basiert auf einer Polyreaktion des Resists mittels UV-Licht als externer Initiator. Das Resist befindet sich beim Einprägen im flüssigen Zustand, wodurch die Kavitäten vollständig ausgefüllt werden. Das Resist kann sich bereits beim Aufbringen auf das Substrat im flüssigen Zustand befinden oder es wird erst kurz vor dem Prägeprozess durch den externen Initiator verflüssigt.

Im UV-NIL Verfahren können auch Strukturen im nm-Bereich mit hoher Qualität abgeformt werden. Es eignet sich daher besonders in Bereichen, in denen optische Oberflächen benötigt werden. Auch bei der UV-NIL ist das Aspekt-Verhältnis zu beachten. Der Nachteil der UV-NIL ist, dass es sich bei dem Erzeugnis um ein Zwei-Komponenten System handelt. Das Resist und das Substrat müssen zuvor aufeinander abgestimmt werden. [AHN06]

<table>
<tr><th colspan="2">Laserdirektstrukturierung</th></tr>
<tr><td>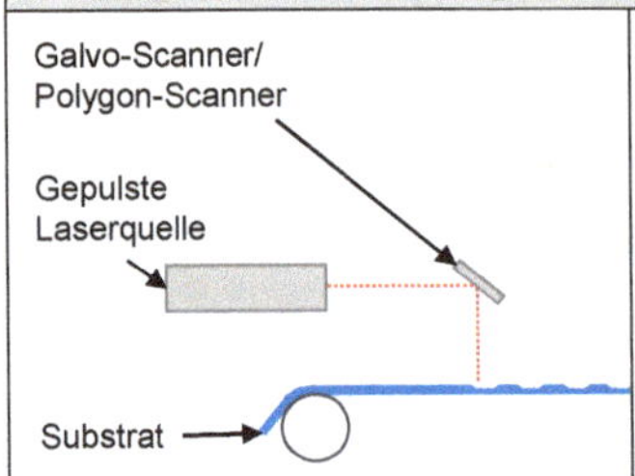
</td><td>Neben dem Einsatz von Prägeformen zum Einbringen von Strukturen, gibt es die Laserdirektstrukturierung, bei der durch Ablation des Materials die gewünschte Form erzeugt wird. Das Verfahren kann zum Beispiel bei der Fertigung von flexiblen organischen Solarzellen eingesetzt werden [GEBH13]. Das Strukturierungsverfahren bietet gegenüber den anderen vorgestellten Verfahren den Vorteil, dass keine Prägeform benötigt wird. Die Struktur wird vor dem Prozess virtuell erstellt und in ihrer von der Länge nicht begrenzt. Die realisierbare Strukturgröße ist abhängig vom gewählter Strahldurchmesser und der Wellenlänge des Lasers. Strukturen <10 µm sind realisierbar. Ist jedoch gleichzeitig eine hohe Auflösung erforderlich, führt dies beim R2R-Verfahren zu einer niedrigen Bahngeschwindigkeit und damit zu langen Produktionszeiten und hohen Kosten. Neue Entwicklungen erhöhen den Durchsatz durch den Einsatz und die Synchronisierung mehrerer Polygonscanner [PRIW19].</td></tr>
<tr><th colspan="2">Extrusionsprägen</th></tr>
<tr><td>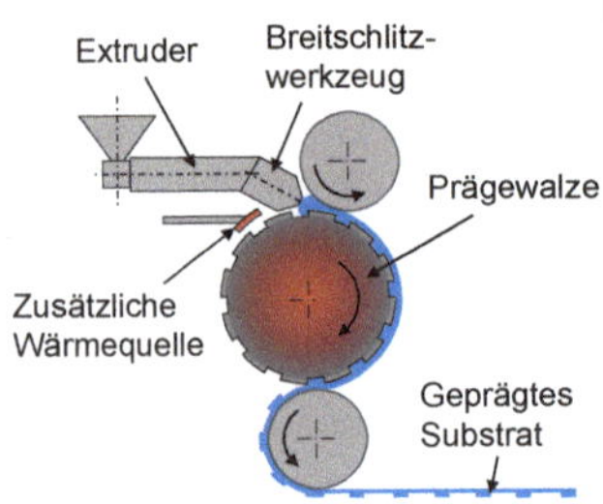

nach [HOPM18]</td><td>Beim Extrusionsprägen wird das Material nicht erneut aufgeschmolzen, sondern direkt beim Herstellungsprozess auf die Prägeform gebracht. Die aufgetragene Schmelze fließt in die Strukturen und kühlt im Anschluss aus. Der Vorteil gegenüber dem Heißprägeverfahren ist, dass kein Verzug innerhalb des Materials entsteht. Beim Heißprägen wird das Material einseitig aufgeschmolzen. Durch thermische Ausdehnung kann Verzug entstehen. Beim Extrusionsprägen ist das Material gleichmäßig erwärmt und wird ohne innere Spannung geprägt. [HOPM18]</td></tr>
</table>

2.3 Methoden der Bahnlaufmanipulation in Rolle-zu-Rolle Prozessen

Methods for web manipulation in roll-to-roll processes

Die vorgestellten R2R-Verfahren sind Beispiele für die Möglichkeiten zur Funktionalisierung von flächigen und flexiblen Substraten und zeigen die vielfältigen Möglichkeiten dieser Technologie. Die Handhabung der Substrate ist entscheidend, sowohl für die Kombination verschiedener funktionalisierter Lagen zu komplexen Mehrlagensystemen als auch für die vorgestellten Herstellungsverfahren einer Lage. Aus diesem Grund existieren bereits verschiedene Methoden, die sich unterschiedlich auf das Verhalten des Substrats auswirken und abhängig von der benötigten Regelungsgenauigkeit einsetzen lassen. Eine definierte Position auf dem Substrat wird in longitudinaler Richtung von der Bahnzugkraft und der Bahngeschwindigkeit bestimmt und in lateraler

Richtung durch die Ausrichtung und Geometrie der Walzen innerhalb eines Bahnabschnitts.

Im Folgenden werden die gängigsten Methoden zur Bahnzugkraftregelung und Bahnpositionsregelung vorgestellt. Hierfür werden zunächst die grundlegenden physikalischen Zusammenhänge betrachtet, um das Bahnlaufverhalten bei den angewandten Regelungsmethoden zu beschreiben.

2.3.1 Grundlegende physikalische Zusammenhänge für die Bahnmanipulation

Basic physical correlations for web manipulation

Bei den in R2R-Prozessen zum Einsatz kommenden Materialien handelt es sich zumeist um flexible und dünne Substratbahnen. Dazu gehören neben Papier auch verschiedene Arten von Polymerfolien. Für ihre Handhabung ist ein Verständnis ihres rheologischen Verhaltens notwendig. Im Folgenden werden die physikalischen Zusammenhänge und die gemäß dem Stand der Technik gängigen Modelle für das Verhalten von kontinuierlichen Warenbahnen betrachtet.

Dehnungs- und Spannungsdefinition

Die in gängigen R2R-Anlagen verarbeiteten Substratbahnen können als biegeschlaff angenommen werden. Für ihre Verarbeitung muss während des Prozesses eine äußere mechanische Zugspannung σ_x auf die Substratbahn wirken. Dadurch wird eine Verschiebung $u(x)$ aller differenziellen Elemente der Bahn bewirkt wie in Bild 2.4 dargestellt.

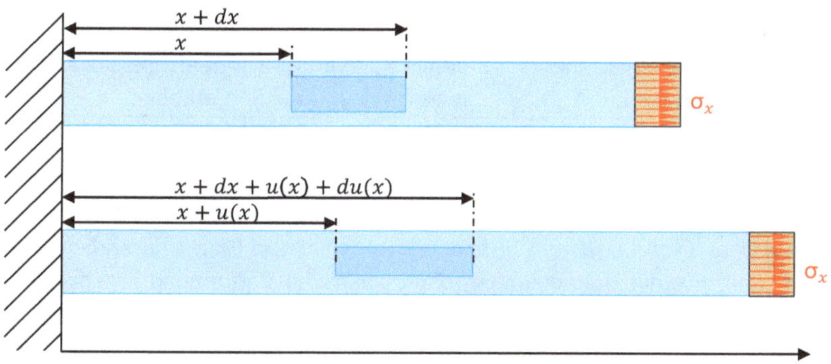

Bild 2.4: Darstellung der Dehnung für ein differenzielles Element $\boldsymbol{dx}$ nach [GROS07]

Visualization of strain for a differential element dx nach [GROS07]

Für die örtliche Dehnung ε gilt hierbei

$$\varepsilon(x) = \frac{du}{dx} \quad (2.1)$$

Während die Verschiebung $u(x)$ eines Abschnitts messtechnisch schwer zu erfassen ist, lässt sich die Änderung der Länge Δl meist gut erfassen. Die Längendifferenz Δl kann durch

$$\Delta l = \varepsilon \cdot l \tag{2.2}$$

beschrieben werden. [GROS07]

Der Zusammenhang zwischen der äußeren Zugspannung und der Dehnung kann durch verschiedene Modelle beschrieben werden. Abhängig von den Materialeigenschaften wurden verschiedene Modelle entwickelt, die die jeweiligen rheologischen Eigenschaften beschreiben. Die entwickelten Modelle bestehen aus drei Grundelementen: dem Hooke-Element für ideal elastisches Verhalten, dem Newton-Element für ideal viskoses Verhalten und dem St.-Venant Element für ideal plastisches Verhalten. Die mathematische Beschreibung sowie die symbolische Darstellung der drei Elemente sind in Tabelle 2.6 dargestellt.

Tabelle 2.6: Die drei Grundmodelle zur Beschreibung rheologischen Verhaltens [KRAW86]

The three fundamental models for description of rheological behavior [KRAW86]

	Hooke-Element	Newton-Element	St.-Venant Element
Formel	$\sigma = E \cdot \varepsilon$	$\sigma = \eta \cdot \dot{\varepsilon}$	$\varepsilon = \begin{cases} 0 & f\ddot{u}r\ \sigma < \sigma_F \\ \varepsilon(t) & f\ddot{u}r\ \sigma \geq \sigma_F \end{cases}$
Symbol			
Beschreibung	Ideal elastisches Verhalten	Ideal viskoses Verhalten	Ideal plastisches Verhalten
Eigenschaften	• Zeitunabhängig • Reversibel	• Zeitabhängig • Irreversibel	• Zeitunabhängig • Irreversibel

Durch Kombination dieser drei Grundelemente lassen sich verschiedene Modelle bilden, mit denen das Dehnungs- und Spannungsverhalten von Elastomeren beschrieben werden kann. Für die Betrachtungen ohne plastische Verformung ergeben sich genau zwei 2-Parameter-Modelle zur Beschreibung des Spannungs-Dehnungs-Verhaltens realer Körper. Eines basiert auf der Reihenschaltung des Hooke- und des Newton- Elements und das andere auf deren Parallelschaltung.

Eine zusätzliche Erweiterung der 2-Parameter-Modelle um ein Hooke-Element führt zu den beiden Modellen für lineare Standardfestkörper, dem 1. und dem 2. Poynting-Thomson-Körper (benannt nach J.H. Poynting und J.J. Thomson [GROS09]) Der Vollständigkeit halber soll an dieser Stelle erwähnt sein, dass eine Erweiterung um ein Newton-Element zu den beiden Modellen für lineare Standardflüssigkeiten führt: Letherisch-Körper und Jeffreys- Körper. [KRAW86]

Eine universelle Beschreibung stellt das 4-Parameter Burger Modell dar, aus welchem sich die einzelnen Körper herleiten lassen. In Tabelle 2.7 ist das Ersatzschaltbild und die Formel des Burger-Modells aufgeführt.

Tabelle 2.7: Ersatzschaubild des 4-Parameter Modells von Burger nach [KRAW86]

Equivalent diagram of Burges 4-parameter model after [KRAW86]

	Burger-Modell
Formel	$\sigma = \left(\frac{E_1\eta_1 + E_1\eta_2 + E_1\eta_1}{E_1E_2}\right)\dot{\sigma} + \frac{\eta_1\eta_2}{E_1E_2}\ddot{\sigma} = \eta_1 \cdot \dot{\varepsilon} + \frac{\eta_1\eta_2}{E_2}\ddot{\varepsilon}$
Ersatzschau-bild	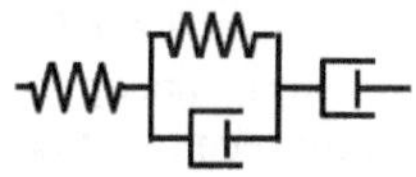

Die vorgestellten Modelle werden abhängig vom verwendeten Material und den zu betrachtenden Zuständen gewählt. Basierend auf diesen Modellen können die im nächsten Abschnitt behandelten Methoden zur Bahnzugkraftregelung beschrieben werden.

2.3.2 Methoden für die Regelung der Bahnzugkraft

Methods for web tension control

In diesem Abschnitt wird die Eignung gängiger Methoden der Bahnregelung zur Entwicklung eines Laminierprozesses mit homogener Bahnzugkraftverteilung und eine Positioniergenauigkeit beider beteiligter Lagen zueinander behandelt.

In Abschnitt 2.3.1 ist beschrieben, dass an der Substratbahn für die Verarbeitung permanent eine Zugspannung anliegen muss. Schwankungen dieser Zugkraft führen zu Verschiebungen der longitudinalen Position, Verzerrungen oder zur Beschädigung des Substrats. Eine Regelung der Bahnzugkraft ist daher in jeder R2R-Anlage integriert. Die Regelung lässt sich auf verschiedene Weisen realisieren und bei mehreren Abschnitten durch Klemmstellen auch entkoppeln.

Die Entwicklung geeigneter Regelungskonzepte und die theoretische Betrachtung des Bahnzugkraftverhaltens ist im Stand der Technik bereits Bestandteil vieler Arbeiten gewesen. Im Fokus stand dabei die Optimierung des Bahnzugkraftverhaltens für Rotationsdruckmaschinen. Mit der Entwicklung neuer Anwendungen, wie der gedruckten flexiblen Elektronik, sind die Anforderungen an die Bahnzugkraftregelung gestiegen. [HYUN10]

In Tabelle 2.8 wird eine Übersicht über eine Auswahl an Beiträgen zum Thema der Bahnzugkraftregelung gegeben. Dabei stehen zu Beginn die Entkopplung der Bahnzugkraft zum Rest des Systems und der Einfluss von Störgrößen im Fokus. Die aktuellen Beiträge fokussieren sich auf die Reduktion von Vibrationen in der Bahn unter anderem durch den Einsatz von Luftlagern.

Tabelle 2.8: Chronologisch geordnete Auswahl von Beiträgen zur Bahnzugkraftregelung

Chronological sorted excerpt of contributions related to web tension handling

Jahr	Beitrag	Umsetzung der Bahnzugkraftregelung im Beitrag
1973	[TRÖN73]	In seiner Dissertation untersucht Tröndle das dynamische Verhalten einer elastischen Warenbahn zwischen zwei Klemmstellen. Allgemein wird beschreiben, dass im stationären Fall die Bahngeschwindigkeit der Umfanggeschwindigkeit der hinteren Klemmstelle entspricht.
1976	[BRAN76]	Im Rahmen dieser Arbeit werden die Probleme, die bei der Registerregelung von Rotationsdruckmaschinen zu dieser Zeit existierten, behandelt und ein erweitertes Prozessmodell für die Bahnzugkraft, die Bahnspannung und die Bahndehnung abgeleitet. Basierend auf diesem neuen Prozessmodell werden neue Regelungskonzepte entwickelt und miteinander verglichen.
2004	[ANNE04]	Die Arbeit beschäftigt sich mit Verbesserung dezentraler Mehrgrößenregelung. Die Entkopplung der Teilsysteme durch Störgrößenaufschaltung wird durch Erweiterung um Prädiktionsmodelle verbessert. Die Validierung erfolgt am Beispiel kontinuierlicher Fertigungsanlagen. Die Teilsysteme werden durch die Bahnabschnitte dargestellt, die durch Klemmstellen entkoppelt werden. Die Regelung eines Bahnabschnitts beeinflusst die angrenzenden Abschnitte. Diese Beeinflussung wird mit dem Modell bei der Regelung berücksichtigt.
2011	[KANG11]	Für die Bahnzugkraftsregelung wird in diesem Beitrag eine Kombination aus aktivem und passivem Tänzersystem untersucht und modelliert, um Schwingungen der Bahn zu reduzieren. Bei Versuchen mit einer Bahngeschwindigkeit von 470 m/min konnte die Abweichung auf einen 50 N Sprung am Eingang unter ±2 % gehalten werden.
2013	[GÖB13]	In diesem Beitrag wird das dynamische Bahnzugkraftverhalten unter rheologischen, klimatischen und regelungstechnischen Aspekten betrachtet. Hierbei werden bei schlupfenden Klemmstellen neben rein Coulombscher Reibung auch weitere Reibungsanteile und die longitudinale Nachgiebigkeit des Materials berücksichtigt. Die Ergebnisse zeigen eine verbesserte Regelungsdynamik für das Spannungs-Dehnungs-Verhalten in mehreren Bahnzugkraftabschnitten bei rheologischen und klimatischen Störeinflüssen. Dazu wird das dynamische Verhalten mit rheologischen Modellen abbgebildet.
2015	[IBS15]	Der Hersteller von Luftlagern, IBS Precision Engineering BV, stellte die Ergebnisse einer Testreihe mit Luftlagerrollen (engl.: „air turns") vor. Diese erlauben es, die Warenbahn reibungsfrei zu führen und reduzieren die Vibrationen in der Bahn.

Die Methoden und Systeme, die in den Beiträgen eingesetzt wurden, um die Bahnzugkraft zu regeln, werden im Folgenden näher betrachtet.

Wickelbasierte Bahnzugkraftregelung

In einer R2R-Anlage befinden sich die Rollen mit der verarbeiteten und zu verarbeitenden Substratbahn auf angetriebenen Rollen, den Wicklern. Dazwischen befindet sich die zu regelnde Substratbahn der Länge l. Eine Längendifferenz kann durch Veränderung der Wickelgeschwindigkeit eingebracht werden. Sie entspricht dann der Längendifferenz der abgewickelten und der aufgewickelten Warenbahn. Der Kraft-Istwert für die Regelung kann mit separaten Kraftmessdosen erfasst werden oder aus dem Drehmoment des Antriebs selbst berechnet werden. Eine wickelbasierte Bahnzugkraftregelung kann zwischen zwei Wicklern oder gegen eine Klemmstelle realisiert werden.

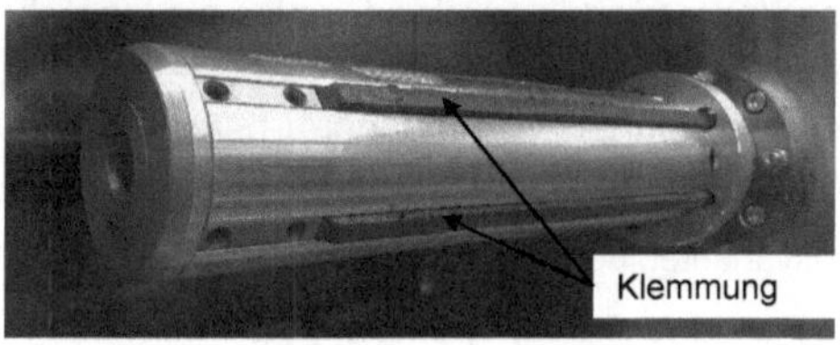

Bild 2.5: Wickeldorn mit pneumatischer Klemmung

Winding roller with pneumatic clamping

Entkopplung der Bahnzugkraft mittels Klemmstellen

Zwischen Wicklern können Abschnitte erzeugt werden, in denen eine andere Bahnzugkraft herrscht oder diese entkoppelt wird, um Störeinflüsse aus anderen Prozessbereichen zu vermeiden. Solche Abschnitte lassen sich mit Hilfe von Klemmstellen umsetzen. Dabei verhindert die Klemmung des Materials ein Durchrutschen an den Antriebswalzen. In verschiedenen Arbeiten sind Regelungskonzepte untersucht worden, um das Verhalten der Bahnzugkraft in den einzelnen Abschnitten weiter zu optimieren und Einflüsse aus vorausgehenden Bahnzugabschnitten von darauffolgenden zu entkoppeln.

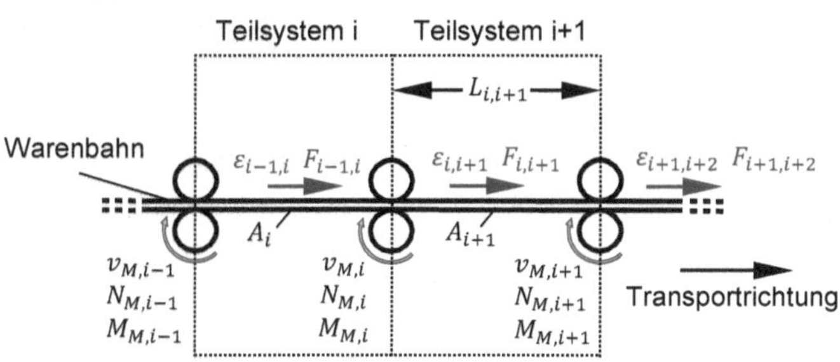

Bild 2.6: Entkopplung der Bahnzugkraft mittels Klemmstellen nach [ANNE04]

Decoupling of web tension using Nip-rollers after [ANNE04]

In Bild 2.6 ist die Aufteilung der Bahn durch Klemmstellen dargestellt. Die relevanten Größen der Klemmstelle sind dabei die Geschwindigkeit, die Drehzahl und das Drehmoment. Durch diese können die Bahneigenschaften, Bahnzugkraft und Bahndehnung beeinflusst werden. Dazu müssen der Querschnitt der Bahn und der Abstand der Klemmstellen voneinander bekannt sein. Mit der Kontinuitätsgleichung kann der zufließende und abfließende Massenstrom betrachtet werden und über die Geschwindigkeiten der Klemmstellen die Bahneigenschaften verändert werden.

Für die Änderung der Bahneigenschaften kann die Eingangs-, die Ausgangs-, oder beide Klemmstellen genutzt werden. Die drei Varianten werden in drei Regelungskonzepte unterteilt. In Tabelle 2.9 sind diese dargestellt. Welches Konzept für einen Prozess geeignet ist, ist von der Anwendung und der vorliegenden Problemstellung abhängig. In einem Laminierprozess stellt die Laminiereinheit selbst eine Klemmstelle dar. Da die Laminiereinheit beide der ihr zugeführten Warenbahnen beeinflusst, ist eine Upstream- oder Differenz-Regelung nicht möglich.

Tabelle 2.9: Übersicht möglicher Regelungsvarianten der Bahnzugkraft nach [GÖB13]

Overview of possible control concepts for web tension after [GÖB13]

Downstream-Regelung	Upstream-Regelung	Differenz-Regelung
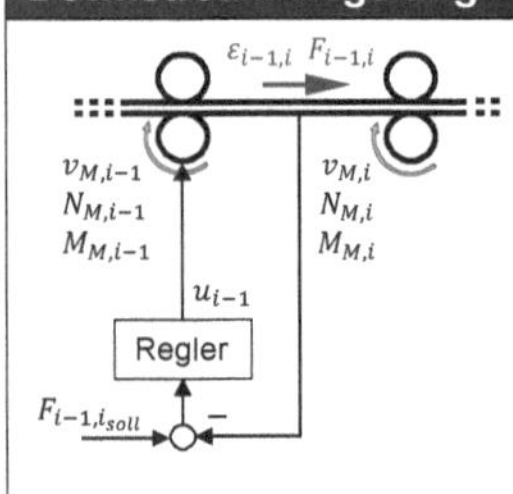	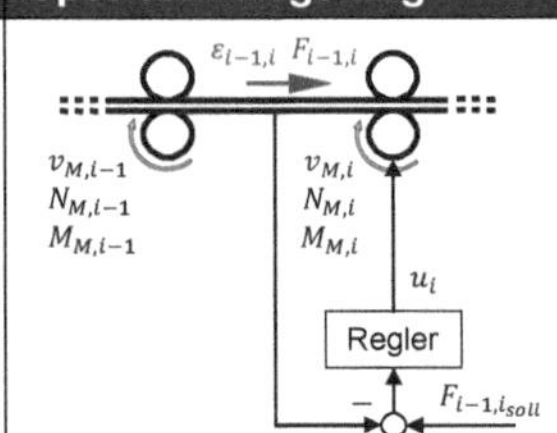	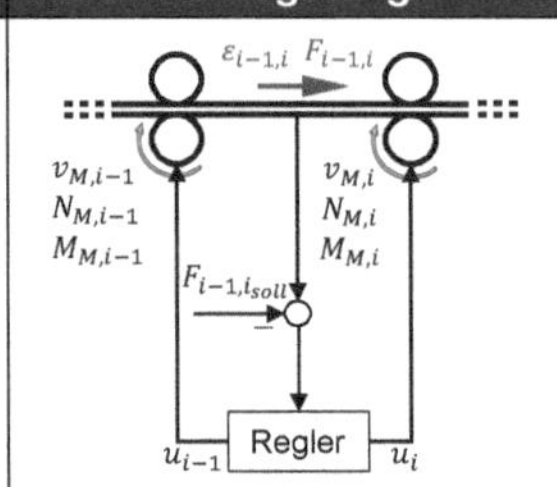
Bei der Downstream-Regelung wird die in Transportrichtung <u>später</u> folgende Klemmstelle als Stellglied zur Regelung der Bahnzugkraft genutzt.	Bei der Upstream-Regelung wird die in Transportrichtung <u>früher</u> folgende Klemmstelle als Stellglied zur Regelung der Bahnzugkraft genutzt.	Bei der Differenz-Regelung werden <u>beide</u> begrenzenden Klemmstellen als Stellglied zur Regelung der Bahnzugkraft genutzt

Neben der Regelung der Bahnspannung mittels der Drehgeschwindigkeit der Klemmstellen kann eine Tänzerwalze in den Bahnabschnitt eingebracht werden. Dadurch kann vermieden werden, dass die Klemmstellen selbst mit unterschiedlichen Geschwindigkeiten bewegt werden, da häufig die Bahngeschwindigkeit konstant gehalten werden muss.

Tänzerregelung

Ist eine Regelung der Bahnspannung mittels Veränderung der Geschwindigkeiten der Klemmstellen nicht möglich, ist der Einsatz einer Tänzerregelung eine Alternative. Dabei handelt es sich um eine Walze, die von der Warenbahn zu 180° umschlungen wird. Die Bewegung der Tänzerwalze erfolgt entlang der Bahn wie in Bild 2.7 dargestellt.

Auf diese Weise kann Bahnspannung auf- und abgebaut werden, indem die Gesamtlänge l in dem betreffenden Bahnabschnitt um $2 \cdot \Delta h$ verändert wird.

Auch bei Bahnabschnitten, deren Bahnzugkraft entkoppelt ist, beispielsweise durch Klemmstellen, kann eine Tänzerregelung eingesetzt werden, um die Bahnspannung in diesem Abschnitt zu stabilisieren. Der Vorteil der Tänzerregelung ist, dass der vorangehende bzw. der nachfolgende Abschnitt nicht beeinflusst werden.

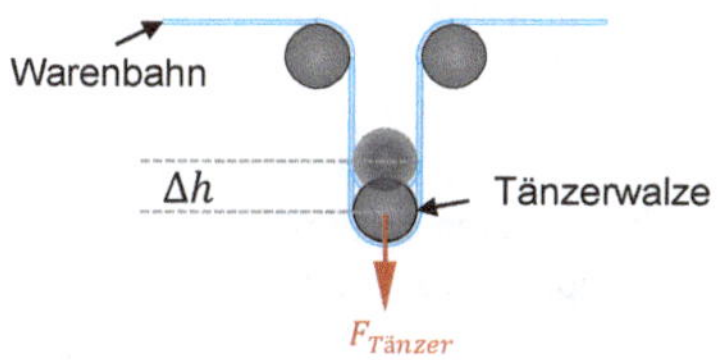

Bild 2.7: Funktionsweise einer Tänzerregelung

Principle of a dancer control

Entsprechend dem Hook'schen Gesetz wird die Position des Tänzers verändert und die mittlere Bahnspannung somit beeinflusst. Die Regelung wird auf das verwendete Material abgestimmt. Für eine dynamische Regelung bei hohen Bahngeschwindigkeiten wird für die Regelung zusätzlich noch die Schwingung des Bahnmaterials berücksichtigt. Bei aktivem Tänzersystem werden für den Regler-Entwurf die vorgestellten Körpermodelle verwendet, um das Bahnverhalten modellieren zu können. Passive Tänzersysteme verwenden hingegen eine mechanische Feder zur Dämpfung der Bahnschwingung.

2.3.3 Methoden für die Regelung der lateralen Bahnposition

Methods for lateral web position control

In Abschnitt 2.3.2 wurde dargestellt, wie die longitudinale Position einer Warenbahn über die Bahnzugkraft geregelt werden kann. In diesem Abschnitt werden die Regelungssysteme für die laterale Bahnpositionsregelung vorgestellt und ihr Einfluss auf die Bahnspannung betrachtet.

Während der Bewegung der Bahn entlang der Walzensysteme kann sich die Bahn lateral zur Bahnlaufrichtung bewegen. Ursachen für laterale Bewegungen sind unter anderem die Ausrichtung der Walzensysteme, Änderungen und Fehler im Material, sowie äußere Einflüsse, wie Temperatur und Feuchtigkeit. Für die Regelung des lateralen Bahnlaufs wird ausgenutzt, dass die an einer Walze anliegenden Bahnspannungsvektoren während des Bahnlaufs stets eine tangentiale, zur Walzenachse gerichtete Resultierende anstreben.

In Tabelle 2.10 wird ein chronologischer Überblick über die relevanten Beiträge gegeben, die die bisherige Entwicklung aufzeigen.

Tabelle 2.10: Chronologische Übersicht der relevanten Beiträge zum lateralen Bahnlauf

Chronological overview of relevant contributions related to lateral web handling

Jahr	Beitrag	Modellierung der lateralen Bahnverschiebung im Beitrag
1968	[SHEL68]	In seiner Dissertation modelliert Shelton die laterale Dynamik einer kontinuierlichen Warenbahn anhand eines Euler-Bernoulli-Balkens. Die in dieser Arbeit entwickelten Erkenntnisse werden in den folgenden Arbeiten häufig als Grundlage herangezogen.
1971	[SHEL71b]	In diesem Beitrag werden die Materialeigenschaften bei der lateralen Bahnlaufregelung nicht berücksichtigt und die Winkel zwischen Bahnlauf und den Walzen des Manipulationssystems betrachtet. Dazu wird die Übertragungsfunktion für das Manipulationssystem hergeleitet und analysiert.
1971	[SHEL71a]	In Ergänzung zu der Betrachtung des Systems ohne die Materialeigenschaften werden diese nun berücksichtigt und die Biegung der Bahn betrachtet. Die Betrachtungen werden mit den Ergebnissen aus [SHEL71b] verglichen. Es kann gezeigt werden, dass die Berücksichtigung der Materialeigenschaften und der Biegung für eine genaue Regelung notwendig sind.
1987	[SIEV87]	In dieser Dissertation wird die Warenbahn als Timoshenko-Balken modelliert. Insbesondere wird hier zusätzlich zu den Biegespannungen die Schubspannung innerhalb der Bahn betrachtet.
2007	[SHIN07]	Dieser Beitrag beschäftigt sich mit dem Einfluss der Bahnspannung auf die laterale Bahnregelung. Es konnte beobachtet werden, dass sich die laterale Bahnregelung bei verschiedenen Bahnspannungen anders verhält. Es wurde ein Faktor eingeführt, der die Bahnspannung für die Regelung berücksichtigt.
2009	[HO09]	Es wird die Entwicklung eines mathematischen Modells und die Simulation und Implementierung eines Fuzzy-Reglers für die Regelung der lateralen Bahnposition beschrieben. Das Konzept wurde bis 100 m/min erfolgreich getestet.
2010	[SESH10]	Basierend auf den dynamischen Analysen des lateralen Bahnlaufverhaltens und den dazu entwickelten dynamischen Modellen wird ein Linear-quadratischer Optimal-Regler entwickelt und untersucht. Mit zwei kommerziell erhältlichen Drehrahmen und einer Bahnkantenerfassung konnten Genauigkeiten von ±0,3818 mm bei 2,54 m/s erzielt werden.
2013	[BRAN13]	Neben der bereits bekannten Modellierung durch Balkenmodelle wird das laterale Bahnlaufverhalten in dieser Arbeit als Faden modelliert und eine theoretische Betrachtung durchgeführt.
2018	[CHEN18]	In diesem Beitrag wird die Möglichkeit des Einsatzes von Luftlagern für die laterale Bahnpositionsregelung untersucht. Einflüsse durch Fehlertoleranzen bei der Zylindrizität und Parallelität bei Walzensystemen werden durch den Einsatz von Luftlagerwalzen vermieden und Vibrationen in der Warenbahn reduziert.

Durch Änderung der Ausrichtung der Walzen oder eine geeignete Walzengeometrie kann die laterale Bahnposition beeinflusst werden. Um ein Verständnis für das laterale Bahnlaufverhalten infolge der Änderungen der Ausrichtung der Walzen oder der Walzengeometrie zu erhalten, wurden bereits in den 1960er Jahren erste Modelle zur Beschreibung aufgestellt, in denen die Bahn als Faden modelliert wurde. In späteren Betrachtungen wurde die Bahn als zwischen zwei Walzen gespannter Balken betrachtet. Die Ursache der lateralen Bewegung ist darin durch das Biegemoment der Bahn – modelliert als Euler-Bernoulli-Balken – beschrieben [SHEL68; SHEL71b; SHEL71a]. Die Auswirkungen von Scherkräften wurde in [SIEV87] untersucht. Basierend auf den Untersuchungen sind Regelungssysteme entwickelt und untersucht worden. Mit zunehmend höheren Anforderungen an die Positioniergenauigkeit nehmen mechanische Zwangsführungen als passive Regelung eine untergeordnete Rolle ein, während Dreh- und Schwenkrahmen aktive Regelungssysteme darstellen und in der Industrie am weitesten verbreitet sind.

Mechanische Zwangsführung

Durch geeignete Geometrien der Walze wird die Bahn ohne aktiven Aktor in Position gebracht. Laufbänder tendieren im Betrieb immer in die Richtung mit dem größten Durchmesser. Ballige Walzen werden daher bei hohen Drehzahlen für eine mechanische Zentrierung genutzt. In kontinuierlichen Fertigungsanlagen werden ballige Walzen hingegen zum Ausgleich der lateralen Bahnspannungsverteilungen genutzt und vorwiegend bei der Bandsteuerung eingesetzt [EGGE08; BELT18].

Drehrahmen

Der Drehrahmen ist zur Regelung der lateralen Bahnposition am weitesten verbreitet. Er besteht aus einem feststehenden Unterrahmen und einem beweglichen Oberrahmen. Das Schwenken der Walzenanordnung erfolgt mit einer geeigneten Aktorik um einen Drehpunkt, welcher mittig über der Einlaufebene der Bahn angeordnet ist, wie in Bild 2.8 dargestellt, oder mittig zwischen den beiden Walzen des Walzenrahmens.

Ein Drehrahmen ermöglicht eine Korrektur des lateralen Bahnlaufs bei begrenztem Bauraum. Durch die Drehbewegung um den imaginären Drehpunkt wird eine inhomogene Bahnspannungsverteilung in der Bahn hervorgerufen. Für empfindliche Materialien begünstigen einseitige Bahnspannungsspitzen Beschädigungen wie Mikrorisse, welche sich auf die Funktionalität auswirken können.

Kommerziell verfügbare Drehrahmen erzielen eine Ausrichtungsgenauigkeit von bis zu 0,1 mm. Werden die an der Bahnlaufführung beteiligten Walzen präzise ausgerichtet, werden auch Bahnlaufgenauigkeiten von 0,02 mm erzielt [TSAI12]. Ein weiterer wichtiger Aspekt sind die Kräfte, die durch eine Manipulation der Bahnrichtung in die Bahn eingebracht werden. Zudem sollte darauf geachtet werden, dass die Spannungsunterschiede über den Bahnquerschnitt nicht zu groß sind, da sich gelaserte, gedruckte oder auch geprägte Strukturen darauf befinden können. Durch zu große Spannungsunterschiede werden diese Funktionsstrukturen gestreckt und fallen gänzlich aus dem Toleranzfeld. Im Extrem-Fall werden die Strukturen beschädigt.

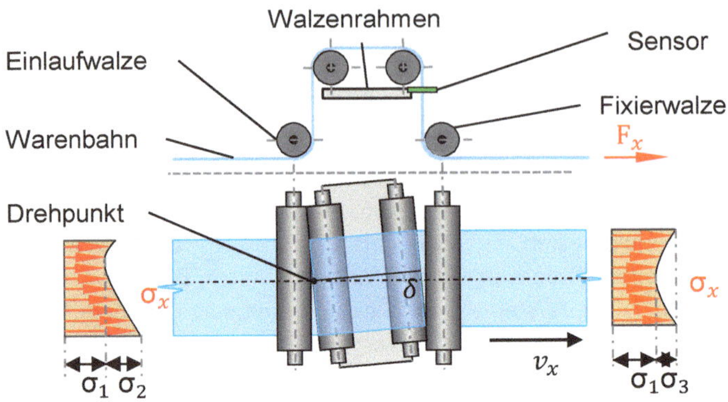

δ = Korrekturwinkel
σ_1 = Spannungsgrundverteilung
σ_2 = Spannungsverteilung durch Schwenkbewegung des Walzenrahmens am Eingang
σ_3 = Spannungsverteilung durch Schwenkbewegung des Walzenrahmens am Auslauf

Bild 2.8 Funktionsweise eines Drehrahmen nach [ERH20]

Principle of a web guiding system [ERH20]

Je größer die Bahnkraft, das Elastizitätsmodul oder die Korrekturen werden, desto größer müssen die Ein-, Auslauf- und Übergabelängen dimensioniert werden. Die Sensortechnik für den Bahnversatz wird kurz hinter dem Drehrahmen positioniert, um ein schnelles Ansprechverhalten zu gewährleisten. Existierende Systeme zur Kaschierregelung bestehen aus einem Drehrahmen, der als Positionsvorgabe die Position der zweiten Bahn erhält [BST20a].

Schwenkrollenführung

Schwenkrollenführungen basieren auf dem gleichen Funktionsprinzip wie Drehrahmen. Der Drehpunkt befindet sich im Vergleich zu Drehrahmen in einem größeren Abstand zur Einlaufwalze und Schwenkrollenführungen werden eingesetzt, wenn ein langer Zulauf gegeben ist und können auch bei begrenztem Bauraum verwendet werden. Der Aufbau einer Schwenkrollenführung ist in Bild 2.9 gezeigt. Bei Schwenkrollenführungen handelt es sich um ein proportionales Stellwerk und sie werden zur Korrektur bei einem kontinuierlichem lateralen Drift der Warenbahn eingesetzt. [BST20a]

Gegenüber dem Drehrahmen ist die Materialbeanspruchung bei der Bahnlaufkorrektur höher. Ein hoher lateraler Versatz führt zu einer starken einseitigen Belastung des Materials. Vor dem Einsatz einer Schwenkrollenführung sind daher die zulässigen Belastungen zu prüfen.

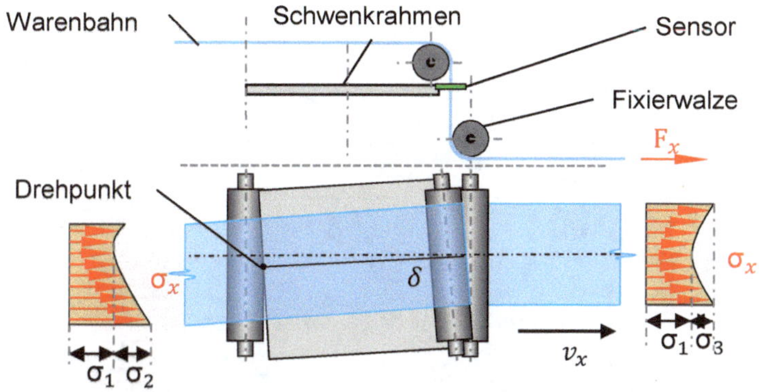

δ = Korrekturwinkel
σ_1 = Spannungsgrundverteilung
σ_2 = Spannungsverteilung durch Schwenkbewegung des Walzenrahmens am Eingang
σ_3 = Spannungsverteilung durch Schwenkbewegung des Walzenrahmens am Auslauf

Bild 2.9 Funktionsweise Schwenkrollenführung nach [BST20a]

Functional principle of swivel roll guide after [BST20a]

Gesteuerte Auf- und Abwickeleinheit

Drehrahmen kommen zum Einsatz, um die laterale Position der Warenbahn zwischen den Ab- und Aufwickeleinheiten zu korrigieren. Eine weitere Möglichkeit, das Material ohne lateralen Versatz zuzuführen oder aufzuwickeln, ist der Einsatz gesteuerter Wickeleinheiten. Diese lassen sich durch Linearantriebe lateral zur Warenbahn verfahren und verschieben so den Materialwickel in die korrekte Position [ERH20]. Das Prinzip ist in Bild 2.10 dargestellt.

Mit dieser Vorgehensweise kann die Warenbahn in die vorgegebene Position gebracht werden, ohne das Material mit hohen Bahnspannungsdifferenzen zu belasten.

Durch die geringe Materialbelastung werden gesteuerte Auf- und Abwickeleinheiten insbesondere bei empfindlichen Materialien eingesetzt. Durch die im Vergleich zum Drehrahmen und zur Schwenkrollenführung hohen zu bewegenden Massen sind für eine schnelle Regeldynamik geeignete Antriebe zu wählen.

Die Erfassung des Fehlers in der Bahnposition kann für die vorgestellten Systeme mittels Bahnkantenerfassung oder Registermarkenerkennung erfolgen. Für beide Methoden gibt es verschiedene Sensoren.

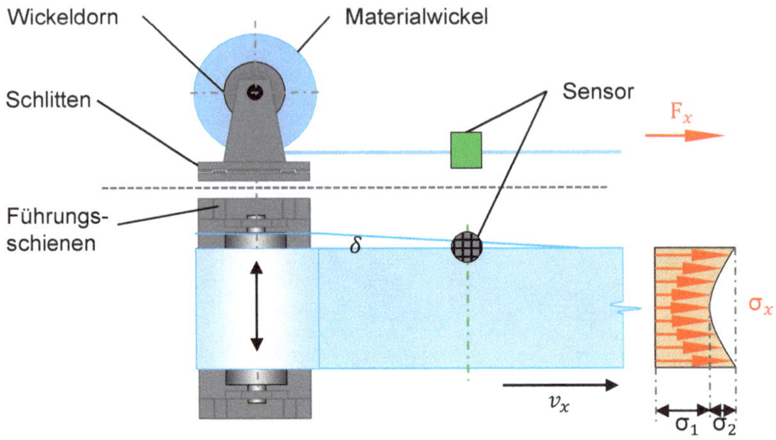

δ = Korrekturwinkel
σ_1 = Spannungsgrundverteilung
σ_2 = Spannungsverteilung nach Korrektur durch Verschiebung des Materialwickels

Bild 2.10: Funktionweise einer gesteuerten Abwickeleinheit nach [ERH20]

Functional principle of controlled unwinder nach [ERH20]

Neben den beschriebenen Systemen und Rollenanordnungen sind weitere Konzepte in der Literatur beschrieben. Eine Anordnung von zwei parallelen Walzen, die um eine Drehachse senkrecht zur Ebene der Bahn verstellt werden können, ist in [SHEL68] beschrieben. Es wird darauf hingewiesen, dass diese Anordnung sich nur mittels eines Luftfilms zwischen diesen Walzen und der Bahn realisieren lässt, da ansonsten die Reibung zu hoch wäre. Eine dynamische Untersuchung für ein solches System ist in dem bisherigen Stand der Technik nicht durchgeführt worden.

2.3.4 Methoden zur Erfassung der Bahnposition

Methods for acquisition of web position

Zur Erfassung der Bahnposition werden unterschiedliche Messsysteme eingesetzt. Es wird unterschieden zwischen der longitudinalen und der lateralen Bahnposition. Für die Regelung der lateralen Position wird häufig die Bahnkante erfasst und als Referenz genutzt. Die Genauigkeit der Regelung hängt dabei von der Genauigkeit der Bahnkante ab. Das Einbringen von Marken auf das Substrat wird genutzt, um einen von der Bahnkantentoleranz unabhängigen Wert als Referenz zu generieren. Marken kommen auch zum Einsatz, wenn die longitudinale Position erfasst werden soll. Im Folgenden werden die häufigsten Verfahren zur Erfassung der Bahnkante und von Marken auf dem Substrat vorgestellt.

Bahnkantenerfassung

Durch Messung der Bahnkante wird die Regelung der Bahnposition ermöglicht und die laterale Bahnposition kann manipuliert werden. Die von den Bahnkantensensoren erfassten Positionsdaten werden an Dreh- oder Schwenkrahmen weitergegeben und mit den vorgegebenen Referenzwerten verglichen, um die Stellgröße zu bestimmen. Im Stand der Technik sind zwei Funktionsprinzipien für die Erfassung verbreitet, Ultraschall und Infrarot.

Ultraschallsensoren weisen einen großen Messbereich auf und ermöglichen dadurch eine Bahnlaufregelung auch bei großen Bahnschwankungen. Demgegenüber steht eine Auflösung im Bereich von 0,02 mm, was im Vergleich zu anderen Technologien gering ist. Ein weiterer Vorteil von Ultraschallsensoren ist ihre Unempfindlichkeit gegenüber Höhenschwankungen der Warenbahn. Zudem ist eine Messung trotz Verschmutzungen oder einer transparenten Warenbahn möglich. Der Aufbau eines Ultraschallsensors besteht im Wesentlichen aus einer Sende- und einer Empfangseinheit, die sich gegenüberliegen. [MICR20; ERH20; BST20b]

Infrarotsensoren tasten ebenso wie Ultraschallsensoren die Materialkante ab. Es gibt zwei gängige Aufbauvarianten. In beiden sendet eine Infrarotlichtquelle kollimierte Lichtstrahlen aus. Die Varianten unterscheiden sich durch die Position der Sensoreinheit, die sich entweder auf der Seite der Lichtquelle befindet oder gegenüber dieser. Befindet sich die Sensoreinheit auf der Seite der Lichtquelle werden die reflektierten Lichtstrahlen ausgewertet (Reflexionsprinzip). Befindet sie sich gegenüber, werden die ankommenden Lichtstrahlen ausgewertet (Lichtschrankenprinzip). Beim Lichtschrankenprinzip besitzt die Sensoreinheit eine telezentrische Optik, die nur parallele Lichtstahlen auf den Sensor leitet. Infrarotsensoren bieten eine hohe Auflösung von bis zu 0,001 mm. [BST20b; KEYE20]

Die vorgestellten Messverfahren zum Erfassen der Bahnkante können nur diese Positionsinformation weitergeben und die angegeben Genauigkeiten beziehen sich auf die Bahnkante und nicht auf aufgebrachte Referenzen auf der Warenbahn. Für die Erfassung der longitudinalen Bahnposition und die direkte Messung von Referenzen auf der Warenbahn sind zusätzliche Sensoren notwendig. Dies wird häufig mit bildgebender Sensorik realisiert. Diese kann in die Registermarkenerfassung und die Linien-Gitter basierte Positionserfassung unterteilt werden.

Registermarkenerfassung

Durch Messung von zuvor auf dem Bahnmaterial aufgebrachten Marken wird die Bahnposition ermittelt und geregelt. Registermarken (auch Passermarken genannt) eignen sich zum Referenzieren aufeinanderfolgender Prozessschritte, da eine Unabhängigkeit von den Fertigungstoleranzen der Bahnkante dadurch gegeben wird, dass die Registermarken im selben Prozessschritt aufgebracht werden. Zudem erlauben sie die Erfassung der Position entlang der Bahn und können als Trigger für nachfolgende Prozesse genutzt werden.

Die Verwendung von Registermarken zur Erkennung der Ausrichtung von Druckerzeugnissen ist im kontinuierlichen Mehrfarbendruck eine gängige Methode. Dementsprechend kommen sie im Mehrfarbendruck zum Einsatz. [CHEN19]

Eine Auswahl von Registermarken ist in Tabelle 2.11 dargestellt. Um eine zuverlässige Bildverarbeitung zu gewährleisten, werden Geometrien verwendet, die sich mit wenig Rechenaufwand unterscheiden lassen. Beispiele sind Kreise, Dreiecke, Linien und Kreuze.

Tabelle 2.11: Beispiele für Registermarken zur Ausrichtung mehrerer Ebenen

Examples for register marks for alignment of multiple layers

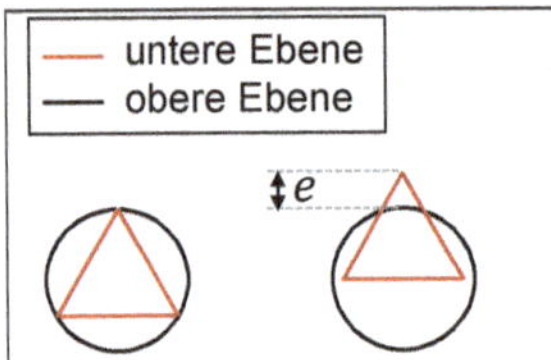 ideal Registerfehler e	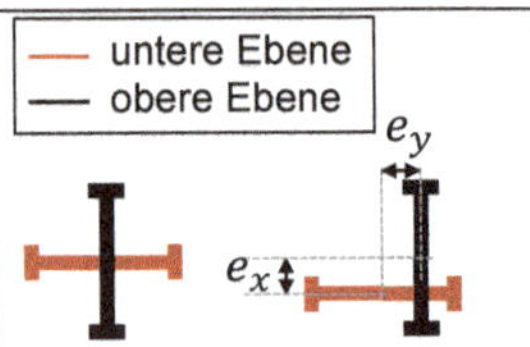 ideal Registerfehler e	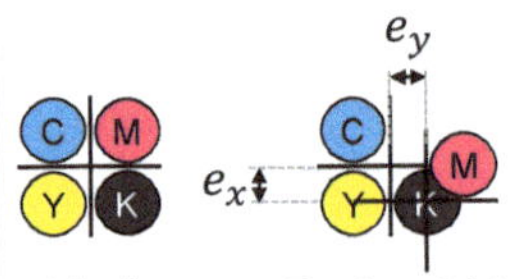 ideal Registerfehler e_y und e_x
nach [CHOI10b]	nach [KIM13]	nach [CHEN19]

Da die Marken mehrschichtig auf eine Warenbahn aufgebracht werden, ist die Erkennung des Versatzes nicht durch eine zweite Bahn erschwert. Erkannte Fehler lassen sich nicht nur durch Änderung der Bahngeschwindigkeit kompensieren, sondern auch durch Anpassung der Druckwerkgeschwindigkeit oder der Druckfrequenz. Hohe Bahngeschwindigkeiten erfordern eine entsprechend hohe Bildrate des Kamerasystems und kurze Belichtungszeiten, da es sonst zu einem Smear-Effekt kommt [FRÖM93].

Gitterbasierte Positionserfassung

Neben Marken werden auch Gitter mit periodischer Struktur, ein Inkrementalmaßstab, zur Positionserfassung genutzt. Bei Inkremental-Messsystemen weisen die Inkremente, die das Liniengitter bilden, über den gesamten Bereich die gleiche Gitterlinienbreite a und Gitterlinienperiode g auf. [PRIT06]

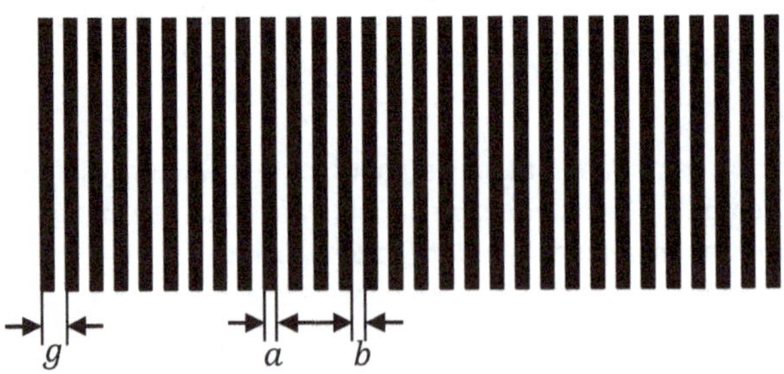

Bild 2.11 Linien-Gitter mit Tastverhältnis 1

Lattice with duty cycle 1

Bild 2.11 zeigt ein schwarz-weißes Linienraster in einem Koordinatensystem. Die Linien verlaufen parallel zur y-Achse, wobei g der Gate-Abstand zweier Linien ist, „a" die Breite einer Linie und „b" der Abstand zwischen den Rändern zweier benachbarter Linien. Das Verhältnis von a zu b wird als das Tastverhältnis der Gitter bezeichnet. Wenn $a = b$ ist, ist das Gitter-Tastverhältnis 1.

In [SEO13; JUNG16] ist basierend auf solchen Linien-Gittern eine Positionserfassung entwickelt worden, die eine kontinuierliche Positionsmessung bei hohen Bahngeschwindigkeiten ermöglicht. Dabei ist ein Linien-Gitter auf beiden Seiten einer kontinuierlich geförderten Warenbahn eingebracht worden.

Neben der Erfassung der longitudinalen und lateralen Bahnposition erlaubt die Überlagerung zweier dieser Linien-Raster die Erfassung einer Verdrehung der Raster zueinander. Bei Überlagerung mit eingebrachter Verdrehung oder Verzerrung entsteht ein scheinbar neues Gitter. Der Effekt, der dieses zusätzliche Gitter erzeugt, wird als Moiré-Effekt bezeichnet.

In Tabelle 2.12 ist der Moiré-Effekt bei reiner Verzerrung und reiner Verdrehung, sowie bei einer Kombination aus beidem dargestellt. Die überlagerten Gitter haben ein Tastverhältnis von 1 und die Gitterteilung g_1 und g_2.

Tabelle 2.12: Moiré-Effekt bei überlagertem Linien-Gitter mit der Gitterteilung g_1 und g_2 nach [PATO93]

Moiré-effect with two combined lattice with duty cycle g_1 and g_2 [PATO93]

	Moiré-Effekt	Gitter-Teilung	Verdreh-winkel	Berechnung des Gitterabstands T
Verzerrung	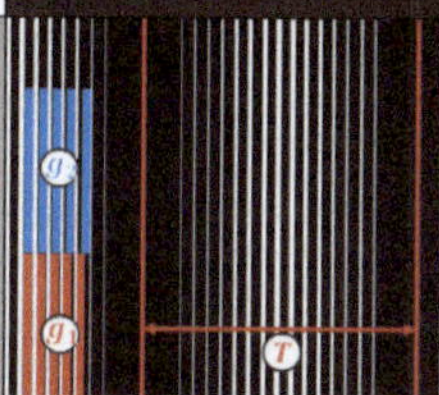	$g_1 \neq g_2$	$\delta = 0°$	$T = \frac{g_1 - g_2}{\lvert g_2 - g_1 \rvert}$ (2.3)
Verdrehung		$g_1 = g_2$	$\delta = 5°$	$T = \frac{g_1}{2 \cdot \sin\left(\frac{\delta}{2}\right)}$ (2.4)
Verzerrung und Verdrehung		$g_1 \neq g_2$	$\delta = 5°$	$T = \frac{g_1 \cdot g_2}{\sqrt{{g_1}^2 + {g_2}^2 - 2 g_1 g_2 \cos\delta}}$ (2.5)

Die Ursachen für den Moiré-Effekt können eine Verdrehung um δ der beiden Linienraster zueinander, eine unterschiedliche Gitterteilung g bei den beiden Linien-Gittern oder eine Kombination aus beidem sein. Dieser Effekt wird vor allem bei der Ausrichtung von lithografisch gefertigten Strukturen im nm-Bereich genutzt, da er auf makroskopischer Ebene Fehler sichtbar macht und die Analyse von Verformung und der Struktur erlaubt [WANG15]. Eine Verzerrung oder Verdrehung erfolgt durch Messung des Abstandes der Moiré-Linien. Ist die Gitterteilung bekannt, kann die Verdrehung berechnet werden. Ist keine Verdrehung zu vermuten, kann die Verzerrung eines Gitters zu einem Referenzgitter berechnet werden.

Für die Bestimmung eines Positionsversatzes kann dieser Effekt genutzt werden, indem ein Referenzgitter mit dem auszurichtenden Muster überlagert wird [PATO93]. Ein Beispiel für eine geeignete Marke ist in Bild 2.12 dargestellt. Wie bei den vorgestellten Registermarken dient ein Kreuz zur groben Ausrichtung des Musters. In den vier Quadranten sind jeweils in den diagonal angeordneten Quadranten Linien-Gitter mit zwei verschiedenen Gitterteilungen g_1 und g_2 eingebracht. Das Referenzgitter ist gespiegelt aufgebaut. Durch die bekannte Gitter-Teilung und dem messbaren Abstand der Moiré-Linien, kann eine Verdrehung berechnet werden. Bei idealer Überlagerung liegen die Moiré-Linien auf einer Linie. Der relative Versatz kann somit aus dem Abstand der Moiré-Linien berechnet werden. Durch die bereits erfolgte grobe Ausrichtung kann eine präzise Ausrichtung dadurch erfolgen, dass die Moiré-Linien mit dem geringsten Abstand aufeinander ausgerichtet werden.

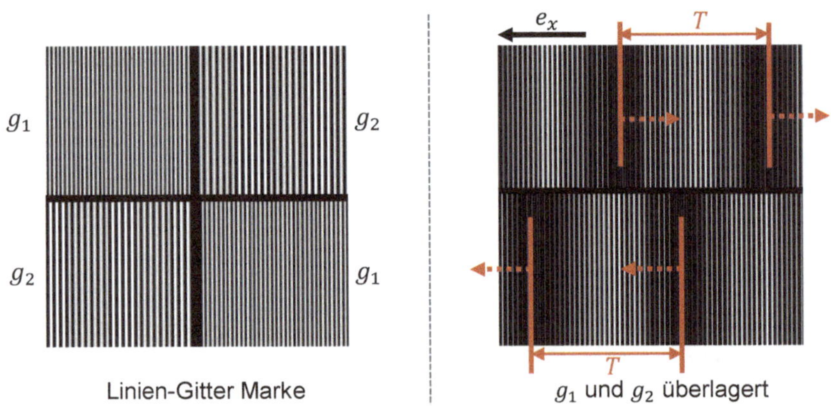

Bild 2.12: Erfassung der Position mit einer Linien-Gitter Marke nach [ZHU13]

Position measurement using lattice-mark proposed in [ZHU13]

Eine weitere Methode Linien-Gitter für die Positionserfassung zu nutzen, ist durch Erfassung und Vergleich der Frequenz der Linien-Gitter. Hierbei wird ebenfalls ein Referenzgitter genutzt, um Verformungen sichtbar zu machen. In Bild 2.13 ist das Prinzip wie es in [SEO13] vorgestellt wird, dargestellt. Das Licht wird durch das Index-Gitter auf die Bahn gestrahlt und an den Linien, des Linien-Gitters reflektiert. Ein optischer

Sensor erfasst das reflektierte Licht. Durch die relative Bewegung der Bahn zum Index-Gitter wird ein sinusförmiges Signal erzeugt. Im vorgestellten Prinzip erfasst der optische Sensor vier um 90° versetzte Signale und kombiniert die um je 180° versetzten Werte. Werden diese beiden Signale als Lissajous-Graph dargestellt, ergibt sich im Idealfall bei nicht vorhandener Verzerrung ein Kreis. Verzerrungen führen zu Abweichungen und können erfasst werden. Das Prinzip ist auch für Bahngeschwindigkeiten bis 600 m/min geeignet.

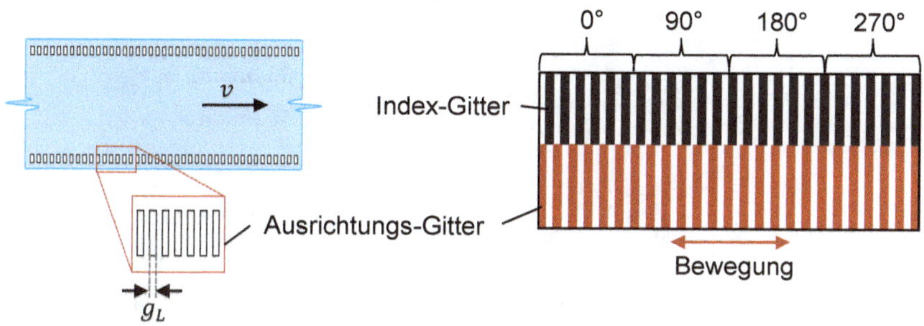

Bild 2.13: Bahn mit eingebrachtem Linien-Gitter für die Erkennung einer longitudinalen Verzerrung nach [SEO13]

Web with applied lattice structure for measurement of longitudinal deformation according to [SEO13]

Neben der Erfassung einer Verzerrung können die gleichen Linien-Gitter auf der Bahn genutzt werden, um den lateralen Versatz zu bestimmen. Dafür wird nicht die Frequenz, sondern die Amplitude des reflektierten Signals betrachtet. In Bild 2.14 ist das Prinzip dargestellt.

Dadurch, dass bei idealer lateraler Ausrichtung das Licht von der gesamten Länge einer Linie reflektiert wird, ist die erfasste Lichtintensität höher, als wenn nur ein Teil der Linie das Licht durch das Index-Gitter reflektiert. In [JUNG16] konnte dabei ein linearer Zusammenhang zwischen der Amplitude des Signals und der lateralen Positionsverschiebung gezeigt werden. Es konnte eine Wiederholgenauigkeit von 2,5 µm bei einer Bahngeschwindigkeit von 2 m/min erzielt werden.

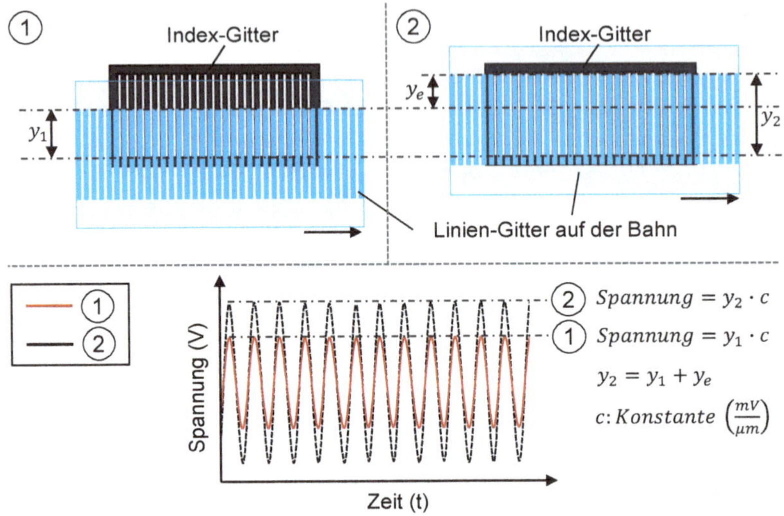

Bild 2.14: Messprinzip zur Erfassung der lateralen Bahnposition nach [JUNG16]

Principle for lateral position measurement proposed in [JUNG16]

2.4 Fazit

Conclusion

In diesem Kapitel wurde der Stand der Technik ausgehend von Anwendungen und Herstellungsverfahren für Mehrlagensysteme betrachtet. Der Fokus lag dabei auf der Möglichkeit, die einzelnen Lagen zu laminieren und dabei aufgebrachte Funktionselemente miteinander zu verknüpfen. Beispiele wie mehrlagige flexible Elektronik und LOAC-Systeme haben das Potential gezeigt.

Das kontinuierliche Laminieren birgt dabei das Potential, die Fertigung kostengünstiger zu gestalten bei gleichzeitig hoher Präzision der Ausrichtung.

Eine Vorstellung der notwendigen Präzision wurde anhand der verschiedenen R2R-Produktionsprozesse zur Fertigung von Funktionselementen aufgezeigt. Die Entwicklung zeigt, dass die realisierbaren minimalen Strukturgrößen sich zunehmend im einstelligen µm-Bereich befinden, wenn auch bei aktuell noch niedrigem Durchsatz. Insbesondere der R2R-UV-NIL-Prozess eignet sich für die Fertigung kleinster Funktionselemente, da hier für die Herstellung der Prägeform bereits Fertigungsverfahren existieren, mit denen Strukturen im nm-Bereich hergestellt werden können.

Im Anschluss an die Anwendungsbereiche der Mehrlagensysteme und die Fertigungsprozesse einzelner Lagen wurden die Bahntheorie und aktuelle Bahnmanipulationssysteme betrachtet. Untersuchungen und Systeme zur Regelung der mittleren Bahnspannung weisen einen hohen Entwicklungsstand auf. Die Regelung der lateralen Bahnposition wurde ebenfalls in vielen Arbeiten behandelt.

Jedoch verursachen die derzeit gängigen Methoden zur Bahnlaufmanipulation unerwünschte inhomogene Bahnspannungsverteilungen und erreichen zudem nicht die Genauigkeiten, die notwendig sind, um die gemäß dem Stand der Technik bereits realisierbaren Dimensionen der Funktionselemente ausreichend genau zueinander auszurichten.

Für die Funktionsfähigkeit der Erzeugnisse ist eine präzise Ausrichtung entscheidend. Die Anpassung der Bahnspannungsverteilung in beiden Lagen und das Ausrichten der lateralen und longitudinalen Position der Merkmale ist hierfür maßgeblich.

Eine Bahnkantenregelung kann aufgrund der hohen Fertigungstoleranzen der Bahnkante ausgeschlossen werden.

Aktuelle Regelungssysteme für die laterale Bahnpositionskorrektur erfassen den Fehler der Bahnposition und versuchen diesen zu minimieren. Die Regelung der Bahnspannung erfolgt unabhängig von der Bahnpositionsregelung.

Zur Regelung der lateralen Bahnposition muss eine inhomogene Bahnspannungsverteilung in die Warenbahn eingebracht werden. Die bestehende Kopplung zwischen Bahnspannung und lateraler Bahnposition wird im Stand der Technik nur durch Verwendung der gemittelten Bahnspannung betrachtet. Die Bahnspannungsverteilung wird nicht untersucht.

Der Verwendung von Luftlagern für die Bahnlaufführung befindet sich ebenfalls erst am Anfang der Entwicklung. Es konnten bereits erste vielversprechende Ergebnisse erzielt werden, die auf die Auslegung einer besseren Regeldynamik schließen lassen, jedoch sind tiefergehende Untersuchungen bisher nicht erfolgt.

Die sich ergebende Forschungslücke zur Realisierung eines funktionalen Laminierprozess liegt in der Entwicklung und Untersuchung eines reibungsfreien Verfahrens zur Regelung der longitudinalen und lateralen Bahnposition unter Berücksichtigung der Bahnspannungsverteilung, um Fehler im Mehrlagensystem zu vermeiden.

3 Zielsetzung, Aufgabenstellung und Vorgehensweise

Objective, Tasks and Modus Operandi

Mit den zunehmenden Möglichkeiten zur Funktionalisierung von einzelnen Lagen und den immer kleiner werdenden Funktionselementen wächst zusätzlich zur präzisen Fertigung auch der Wunsch die einzelnen Funktionen zu verbinden. Um die notwendige Genauigkeit beim Verbinden der Funktionen zu erreichen, werden die gefertigten Funktionsflächen bisher passend vereinzelt und anschließend in einem diskontinuierlichen Prozess verbunden. Hier spielt der wirtschaftliche Aspekt eine entscheidende Rolle. Die notwendigen Handhabungsschritte – Vereinzeln, Ausrichten und Verbinden – ist zeitaufwendig und auf begrenzte Formatgrößen beschränkt. Zur Substitution der diskontinuierlichen Verbindungsprozesse durch einen kontinuierlichen Prozess ist daher neben der Genauigkeit der Kostenfaktor ausschlaggebend. Dieser hängt maßgeblich von der erreichbaren Produktionsgeschwindigkeit ab.

Wie im Stand der Technik beschrieben, bieten existierende Bahnregelsysteme die Möglichkeit, die Fehler im lateralen Bahnlauf durch Drehrahmen oder Schwenkrollenführung auszugleichen. Auch Verfahren zur Regelung der Bahnspannung existieren bereits seit vielen Jahren. Jedoch ist kein System bekannt, welches die laterale und die longitudinale Bahnposition sowie die laterale Bahnspannungsverteilung zusammen betrachtet. Insbesondere sind keine Systeme bekannt, die die direkte Regelung der lateralen Bahnspannungsverteilung ermöglichen.

Das Ziel dieser Arbeit ist daher die Untersuchung eines Systems zur kontinuierlichen funktionalen Schichtlaminierung hinsichtlich der Möglichkeiten zur Regelung der lateralen und longitudinalen Bahnlaufposition sowie der lateralen Bahnspannungsverteilung in einem einzigen System zur Bahnmanipulation.

Im Rahmen der Arbeit soll die Forschungsfrage (vgl. Bild 3.1) geklärt und ein mechanisches und regelungstechnisches Konzept zur Realisierung eines präzisen und kostengünstigen Prozesses für das Verbinden von mehreren funktionalisierten Lagen, die miteinander verknüpft werden können, entwickelt werden. Als Grundlage für die Validierung dienen die erreichbaren Genauigkeiten vergleichbarer diskontinuierlicher Prozesse.

Die notwendige Genauigkeit wird dabei durch die Funktion bestimmt [TAN04]. Anschaulich wird das am Beispiel eines mehrlagigen LOAC-Systems [BREC15], das bei einer Abweichung von 50 µm bei zwei übereinanderliegenden Mikrofluidik-Kanälen mit je einer Breite von 50 µm bereits eine fehlende Verbindung aufweist. Nochmals verdeutlicht wird dies durch die im Stand der Technik bereits erreichbaren kleinsten Strukturgrößen, die bereits in Bereich unter 10 µm liegen, wohingegen sich die erreichbaren

Genauigkeiten bei der Regelung des Bahnlaufs in Größenordnungen über 10 µm befinden. Verschiedene Konzepte zum Erreichen höherer Genauigkeiten wurden bereits vorgestellt. Eine Anwendung zum Ausrichten zweier Lagen findet jedoch nicht statt.

Die Herausforderungen für einen kontinuierlichen funktionalen Schicht-Laminierprozess liegen daher in der physischen Handhabung der Warenbahn, dem Verständnis des Bahnverhaltens bei Manipulation und Fehlereinwirkung sowie der Auswahl und der Erfassung der notwendigen Systemgrößen für die Implementierung eines geeigneten Regelungskonzeptes.

Tabelle 3.1: Angestrebtes Korrekturverhalten

Intended web behavior

			Aktive Korrektur	
		Auswirkungen auf Folienverbund	Stand der Technik	Forschungs-Ziel
Fehlerszenarien	Schiefer Einlauf	① 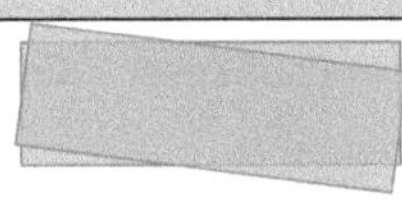	✓	✓
	Inhomogene Bahnspannung	② 	✗	✓
	Versetzter Bahnlauf	③ 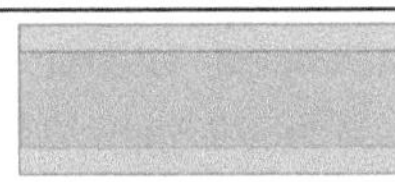	✓	✓

In Tabelle 3.1 sind die bei einer Laminierung auftretenden Fehlerszenarien, wie sie in Kapitel 2.1.2 beschrieben wurden, aufgezeigt. Die in Kapitel 2.3 beschriebenen Methoden zur Bahnmanipulation eignen sich, die laterale Bahnposition zu korrigieren, jedoch wird hierbei eine inhomogene laterale Bahnspannungsverteilung akzeptiert. Systeme zur Homogenisierung der lateralen Bahnspannung sind nur als passive Systeme verfügbar.

Die Forschungsfrage und die abgeleiteten Forschungsthesen werden in den folgenden vier aufeinander aufbauenden Kapiteln beantwortet. Der Aufbau der Arbeit und die zugrunde liegenden Forschungsthesen sind in Bild 3.1 dargestellt.

In Kapitel vier werden die Anforderungen an einen funktionalen Schicht-Laminierprozess dargestellt. Anschließend wird aus den Anforderungen ein Anlagenkonzept, bestehend aus mechanischem Aufbau, Sensorik und Aktorik, abgeleitet.

Für das entwickelte Anlagenkonzept wird in Kapitel fünf ein Modell zur Beschreibung der Dynamik des Bahnlaufverhaltens hergeleitet. Die Validierung des Modells erfolgt am realen System.

Das sechste Kapitel befasst sich mit der Konzeption einer Regelung, die sowohl die Bahnpositionen als auch die Bahnspannungsverteilungen der beteiligten Bahnen berücksichtigt. Das Konzept wird im Anschluss in das reale System implementiert.

Die Validierung des implementierten Regelungskonzepts erfolgt in Kapitel sieben.

Den Abschluss dieser Arbeit bildet eine Zusammenfassung und es wird ein Ausblick auf die Möglichkeiten zur Weiterentwicklung und künftige Forschungsschwerpunkte gegeben.

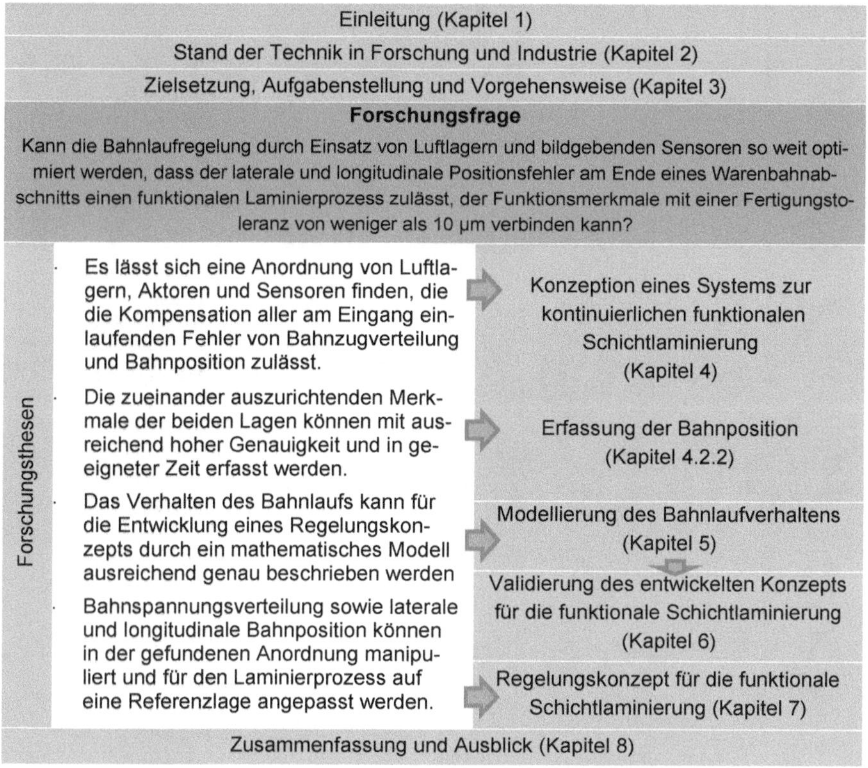

Bild 3.1: Aufbau der Arbeit, Forschungsthesen und Vorgehensweise

Structure of thesis, research hypotheses and scientific approach

4 Konzeption eines Systems zur kontinuierlichen funktionalen Schichtlaminierung

Conception of a system for functional sheet lamination

Ausgehend vom im Stand der Technik aufgezeigten Bedarf nach einem System zur Bahnmanipulation, welche sich für eine funktionale Schichtlaminierung eignet, wird in diesem Kapitel ein Konzept entwickelt, um die notwendigen Voraussetzungen für ein solches System zu schaffen. Zunächst werden die Anforderungen in einem Anforderungsprofil zusammengefasst und mit den gegebenen Randbedingungen die Zielgrößen für das Konzept eines Prüfstandes abgeleitet. Der Schwerpunkt der Betrachtung liegt auf dem Verhalten der lateralen Bahnspannungsverteilung und der longitudinalen und lateralen Bahnposition. Zur funktionalen Evaluierung wird das Konzept in einen mechanischen Aufbau überführt. Durch die Auslegung der Elektronik und der Stellglieder werden abschließend die Voraussetzung geschaffen, um das Bahnlaufverhalten in einem kontinuierlichen funktionalen Schichtlaminier-Prozess zu untersuchen.

4.1 Anforderungsprofil

Requirements

Um die Anforderungen an das System zu definieren, werden zunächst der Prozess im Detail, die auftretenden Fehlerszenarien und das Verhalten der Substratbahn bei den notwendigen Korrektureingriffen betrachtet. Daraus werden die Kriterien und Anforderungen für ein System zur Korrektur der Fehlerszenarien abgeleitet.

4.1.1 Prozessbeschreibung

Process description

Die Grundlagen von Kaschier- und Laminier-Prozessen wurden in Kapitel 2.1.2 vorgestellt. In diesem Abschnitt wird zunächst der angestrebte Prozess detailliert beschrieben.

Das Ziel ist es, zwei Bahnlagen auf eine Weise miteinander zu verbinden, dass Funktionselemente auf den einzelnen Lagen verknüpft werden. Auf diese Weise soll die Funktionalität erweitert werden. Zur besseren Differenzierung zwischen dem einfachen Schichtlaminieren und dem Standard-Kaschierprozess wird der angestrebte Prozess im Folgenden als funktionales Schichtlaminieren bezeichnet. Zunächst wird die Verbindung von zwei Substratbahnen betrachtet. Eine Erweiterung auf mehrere Warenbahnen kann daraus abgeleitet werden.

Ziel des angestrebten Prozesses ist es, funktionale Elemente zu integrieren und diese miteinander zu verbinden. Daher besteht die erste Anforderung an den Prozess in einer genauen Positionierung beider Substratbahnen zueinander. Des Weiteren ist die Bahnspannungsverteilung innerhalb der beiden Substratbahnen ausschlaggebend für

Wölbungen des Verbundes. Sie muss daher ebenfalls in den Prozess einbezogen werden. Eine nähere Betrachtung, welche Auswirkungen die notwendigen Korrektureingriffe bei einer einzelnen Substratbahn auf den Bahnlauf und die Bahnspannungsverteilung haben, lässt Aussagen über die notwendige Sensorik und Aktorik der Bahnmanipulation zu.

4.1.2 Korrektureingriffe zur Bahnmanipulation

Corrective actions for web manipulation

Bereits im Stand der Technik wurden die Regelungskonzepte für verschiedene auftretende Fehler in einem R2R-Prozess beschrieben. Im Unterschied zur Bahnlaufregelung einer einzelnen Substratbahn haben die auftretenden Fehlerszenarien bei dem angestrebten Laminier-Prozess sichtbare und funktionale Auswirkungen auf den Verbund der Substratbahnen.

Die Betrachtung des Bahnlaufverhaltens bei verschiedenen Korrektureingriffen einer einzelnen Substratbahn hilft dabei zu verstehen, wie Fehler im Folienverbund vermieden werden können. Die notwendigen Eingriffe zur Korrektur lassen sich beispielhaft an den in Tabelle 4.1 vorgestellten Fehlerszenarien zeigen. Die dargestellte Drehrichtung entspricht dabei der notwendigen Drehung der Substratbahn um die Drehpunkte D_1 und D_2 zur Erreichung des vorgegebenen Soll-Zustandes. Das Ziel ist es, eine geeignete Walzenkonfiguration zu finden, die eine Drehung der Substratbahn um diese Punkte zulässt. Eine Drehung der Laminerstelle (LS) selbst muss ausgeschlossen werden, da hier sowohl die zweite einlaufende Bahn, als auch der nachfolgende Bahnabschnitt mit beeinflusst werden. Eine Drehung der Substratbahn um den im Zentrum der Laminerstelle liegenden Drehpunkt D_1 muss daher bereits vor dieser durch geeignete Manipulation erfolgen. In Tabelle 4.1 stellen D_1 und D_2 daher nur die Drehpunkte der Substratbahn dar, nicht die Drehung der Laminierstelle LS. Drehpunkt D_1 befindet sich zwar im Zentrum der Laminierstelle, da eine Drehung dieser jedoch ausgeschlossen ist, muss ein Konzept gefunden werden, welches die Drehpunkte D_1 und D_2 der Substratbahn durch eine geeignete Bahnmanipulation realisiert.

Für die Korrektur des ersten Fehlerszenarios muss der Winkel γ null werden. Dies kann durch eine Drehung der Substratbahn um den Punkt D_1 erreicht werden. Diese Drehung verursacht jedoch offensichtlich eine inhomogene laterale Bahnspannungsverteilung, führt also zu Fehlerszenario zwei.

Das zweite Fehlerszenario kann durch eine entsprechende Drehung um einen Punkt D_2 korrigiert werden. Diese Drehung führt zu einer Änderung der Längendifferenz auf beiden Seiten der Substratbahn und somit zu einer Änderung der Bahnzugkraftverteilung lateral zur Bahn.

Die Korrektur des dritten Fehlerszenarios kann durch bewusstes Einstellen eines Winkels γ durch Drehung um D_1 erfolgen. Dieses Fehlerszenario stellt sich als besonders kritisch für den angestrebten Prozess dar, da diese Korrektur abhängig von der Bahngeschwindigkeit ist und daher zwangsweise zu einem Fehler im Verbund der Substratbahnen führt. Das System sollte deswegen so ausgelegt werden, dass dieses Fehlerszenario vermieden wird.

Tabelle 4.1: Notwendige Eingriffe zur Korrektur der drei Fehlerszenarien

Necessary operations for compensation of the three error scenarios

Fehlerszenarien			Notwendiger Korrektureingriff
	Schiefer Einlauf	①	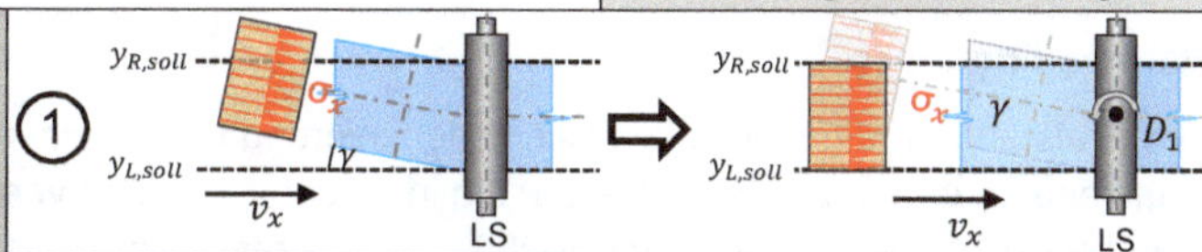
	Inhomogene Bahnspannung	②	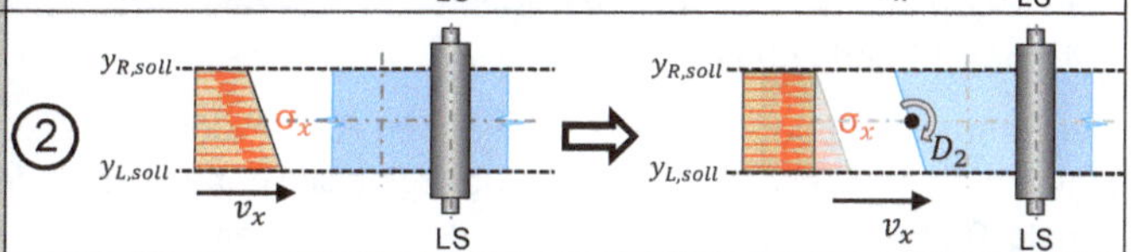
	Versetzter-Bahnlauf	③	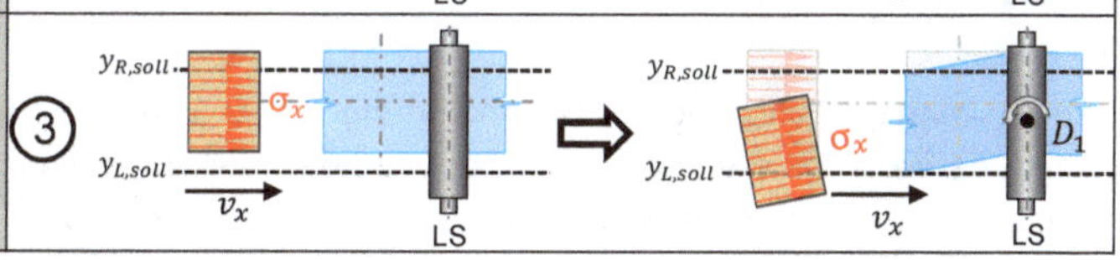

Abhängig von den gewählten Fertigungsverfahren der Funktionselemente kann eine inhomogene Bahnspannung im Verbund unvermeidlich sein, wenn diese beim Fertigungsprozess ebenfalls vorhanden war. Um einen Verzug des Folienverbundes zu vermeiden, muss dieses Fehlerszenario also bereits beim Fertigungsprozess der Funktionselemente ausgeschlossen werden. In diesem Fall lassen sich die zu korrigierenden Fehler durch die Fehlerszenarien eins und zwei beschreiben. Somit ist die Möglichkeit zur Vermeidung der inhomogenen Bahnspannung bei der Fertigung einer Einzellage bei dem zu entwickelnden Konzept miteingeschlossen, da eine Korrektur der Bahnspannungsverteilung bei konstant bleibender Sollposition erforderlich ist.

4.1.3 Prozessseitige Anforderungen

Process requirements

Neben den Betrachtungen der Fehlerszenarien sind die Anforderungen eines R2R-Prozesses für die Entwicklung des angestrebten Konzepts zu berücksichtigen. Der Bahnspannungsbereich und die Auflösung der Strukturgrößen bestimmen die Auswahl der Messsysteme und die maximal notwendige laterale Korrektur die mechanische Dimensionierung. Das Konzept soll in einen bestehenden R2R-Prüfstand integriert werden. Die daraus resultierenden Randbedingungen werden ebenfalls berücksichtigt.

Prozessbedingungen

Um den angestrebten Prozess zu realisieren, müssen die beschriebenen Korrektureingriffe in das R2R-Konzept überführt werden. Einlaufende Fehler müssen erkannt und korrigiert werden. Eine Möglichkeit zur Korrektur von lateralen Versatzfehlern und von inhomogenen Bahnspannungsverteilungen muss gegeben sein. Daraus ergeben sich die folgenden Bedingungen: Das System muss in der Lage sein, eine Drehung der Bahn um D_1 und D_2 zu ermöglichen. Die entstehende Längendifferenz muss ohne Auswirkungen auf die Kaschierung kompensiert werden.

Randbedingungen

Der Prüfstand für die funktionale Schichtlaminierung wird in einen bestehenden R2R-Prüfstand integriert. Die Bahnbreiten, die in diesen Prüfstand verarbeitet werden können, liegen in einem Bereich von 5-250 mm. Die realisierbaren Materialdicken liegen zwischen 15 und 250 µm.

Der Bahnzugkraftbereich des bestehenden R2R-Prüfstandes ist von 0-250 N ausgelegt. Für die Bahnspannungsverteilung ergibt sich daraus als Randbedingung eine maximale Bahnzugkraft von 250 N für den Extremfall einer inhomogenen Bahnspannungsverteilung.

Die notwendige Auflösung der Bilderkennung für die Ermittlung der Bahnposition wird durch mehrere Faktoren bestimmt. Zum einen ist sie abhängig von der Fertigungstoleranz der Erkennungsmerkmale auf oder an der Bahn. Zum anderen wird sie von den Prozessvorgaben wie Bahngeschwindigkeit und notwendige Ausrichtungsgenauigkeit bestimmt. Die Fertigungstoleranz soll für das zu entwickelnde Konzept nicht als Randbedingung für die Bahnauflösung dienen, sondern bei der Auswahl der Teststrukturen für die Validierung entsprechend berücksichtigt werden. Im Stand der Technik wurde aufgezeigt, dass eine Vielzahl der R2R-Fertigungsverfahren bereits eine kleinste Auflösung der realisierbaren Strukturen im Bereich von 10-100 µm aufweisen. Demgegenüber stehen kommerzielle Bahnregelungssysteme, die eine Bahnlaufgenauigkeit zwischen 20-100 µm aufweisen. Da bereits für Strukturen in Bereich von 100 µm eine Ausrichtungsgenauigkeit der beiden Lagen zueinander von 10 µm benötigt wird, wird diese als Zielgröße definiert. Für die Auslegung von geeigneten Regelkreisen wird ein Sicherheitsfaktor von 10 für den Sensorwert festgelegt. Für das Sensorsystem zur Erfassung der Bahnposition ergibt sich somit eine Auflösung von 1 µm als Minimalanforderung. Die Abtastfrequenz wird zur Festlegung der weiteren Anforderungen zunächst zu 1 Hz angenommen, wenn auch im realen System eine höhere Abtastfrequenz der Sensorik angestrebt wird.

Entsprechend der geforderten Ausrichtungsgenauigkeit der beiden Lagen zueinander und der Auflösung der Sensorik wird eine Aktorik benötigt, mit der in dieser Genauigkeit die Bahnposition eingestellt werden kann. Die Aktorik muss daher eine Stellgenauigkeit von 0,1 µm aufweisen. Daraus resultiert unter Einbeziehung der angenommen Abtastfrequenz und der maximalen Bahngeschwindigkeit von 5 m/min eine Verstellschrittweite der beiden Drehwinkel von 0,01°. Somit ist sichergestellt, dass bei maximaler Bahngeschwindigkeit der Stellfehler der Aktorik durch die Sensorik rechtzeitig erfasst werden kann. Die maximale Bahngeschwindigkeit ist durch den existierenden Prüfstand bereits vorgegeben.

4.1.4 Anforderungsliste

Requirements list

Aus den Betrachtungen zu den Korrektureingriffen und den Prozessanforderungen lassen sich die Anforderungen an das System zusammenfassen. Dabei wird eine Unterteilung in die funktionalen Anforderungen und in die Randbedingungen an den Prozess vorgenommen. Die Randbedingungen ergeben sich aus dem existierenden Prüfstandsaufbau.

Tabelle 4.2: Anforderungsliste für den Prüfstand zur funktionalen Schichtlaminierung

Requirements list of test bench for functional web lamination

	Anforderungen	Soll-wert	Max.-Wert	Min.-Wert	Einheit
1	**Funktionale Anforderungen**				
1.1	Kraftmessbereich der lateralen Bahnspannungsverteilung	50	250	0	N
1.2	Kraftauflösung der lateralen Bahnspannungsverteilung	0,1			N
1.3	Winkelmessbereich eines schiefen Einlaufs		0,5	0,1	°
1.4	Winkelauflösung bei schiefem Einlauf	0,1			°
1.5	Messbereich eines Versatzes der beiden Substratbahnen zueinander		5000	0	µm
1.6	Auflösung eines Versatzes der beiden Substratbahnen zueinander	1			µm
1.7	Verstellbereich des Winkels γ zum Drehen der Substratbahn um den Punkt D_1		2	-2	°
1.8	Verstellschrittweite des Winkels γ zum Drehen der Substratbahn um den Punkt D_1	0,01			°
1.9	Verstellbereich des Winkels β zum Drehen der Substratbahn um den Punkt D_2		2	-2	°
1.10	Verstellschrittweite des Winkels β zum Drehen der Substratbahn um den Punkt D_2	0,01			°
1.11	Kraftmessbereich zur Regelung der mittleren Bahnzugkraft im Bahnabschnitt		250	0	N
1.12	Kraftauflösung zur Regelung der mittleren Bahnzugkraft im Bahnabschnitt	0,1			N
	Randbedingungen				
2	**Bahneigenschaften**				
2.1	Bahnbreite	250	300	50	mm
2.2	Bahngeschwindigkeit	0,1	5	0,01	m/min
2.3	Bahndicke	100	300	15	µm
2.4	Bahnzugkraft	50	200	10	N

4.2 Überführung der Anforderungen in ein Prüfstandskonzept

Transfer of requirements to test bench concept

Anhand des Anforderungsprofils wird der mechanische Aufbau abgeleitet. Die einzelnen Komponenten und ihre Eignung für den Prozess werden im Folgenden genauer beschrieben. Der Ausgangspunkt ist die Umsetzung einer Bahnlaufmanipulation, die sowohl die laterale Position der Bahn als auch die Bahnspannungsverteilung quer zur Bahn korrigieren kann.

4.2.1 Bahnlaufführung

Web guiding

Die Forderung nach einer Bahnlaufmanipulation, die einen einlaufenden Versatz in der lateralen Bahnposition korrigieren kann und dabei die Symmetrie der Bahnspannungsverteilung aufrechterhalten kann, schließt einen Drehrahmen nach dem Stand der Technik aus. In [SHEL68] wurde bereits eine Anordnung beschrieben, die es ermöglichen würde, die laterale Bahnposition bei einlaufendem Versatz zu verschieben und den Bahnlauf am Auslauf parallel zu halten, allerdings nur, wenn sich die Reibung bei der lateralen Verschiebung vermeiden lässt. In Bild 4.1 ist das von [SHEL68] vorgeschlagene Konzept dargestellt.

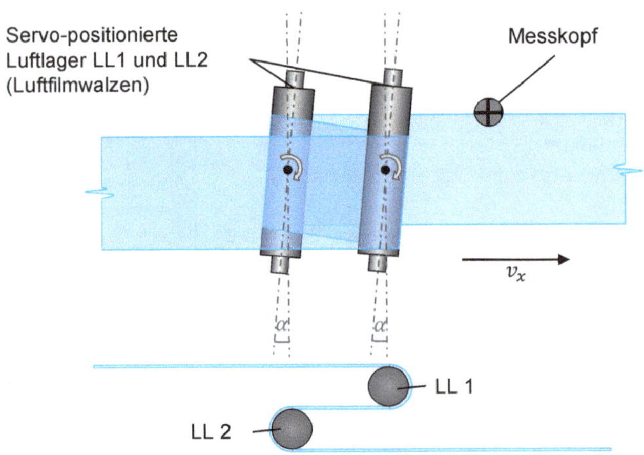

Bild 4.1: Vorgeschlagene Walzenanordnung nach [SHEL68]

Proposed roller positions from [SHEL68]

Eine Umsetzung des Konzepts wurde aufgrund der Forderung nach einer reibungslosen lateralen Verschiebung nicht realisiert. Diese Forderung kann inzwischen jedoch durch den Einsatz von Walzen, die einen Luftfilm zwischen Substratbahn und Walze bilden, erfüllt werden. In Bild 4.1 sind diese Luftfilmwalzen als Luftlager LL1 und LL2 dargestellt. Im Folgenden werden diese Art von Walzen als Luftlager bezeichnet.

Der Vorteil des Konzepts ist die Vermeidung einer inhomogenen lateralen Bahnspannung bei der Korrektur des ersten Fehlerszenarios (Tabelle 4.1) durch Parallelverschiebung der Substratbahn. Das Grundprinzip der lateralen Bahnlaufregelung, dass sich die Bahn tangential zur Walzenachse ausrichtet, kann hier unabhängig von der Bahngeschwindigkeit genutzt werden. Der Verstell-Winkel α der beiden Walzen und die Bahnspannung sind nun ausschlaggebend für die Regelungsdynamik.

Zudem lässt sich das Konzept leicht erweitern, um auch das zweite Fehlerszenario (Tabelle 4.1) kompensieren zu können. Hierfür muss die zweite untere Walze (LL2) unabhängig von der ersten (LL1) gedreht werden können. Dadurch wird einseitig die Bahnspannung innerhalb der Substratbahn erhöht, indem eine Differenz in der Bahnlaufdistanz im betrachteten Bahnabschnitt zwischen den beiden Bahnkanten erzeugt wird.

In Tabelle 4.3 sind die notwendigen Korrektureingriffe basierend auf dieser Erweiterung des Konzepts von [SHEL68] veranschaulicht. Die physikalischen Zusammenhänge werden in Kapitel 5 genauer betrachtet. Die Drehrichtung ist für die Erreichung des Soll-Zustandes ausgehend von dem aus Tabelle 4.1 übernommenen Ist-Zustandes (transparent) dargestellt. Die geforderten Drehpunkte D_1 und D_2 der Substratbahn werden durch die neuen Drehpunkte P_{LL1} und P_{LL2} zweier Luftlager (LL1 und LL2) realisiert. Durch eine kontaktfreie Bahnlaufführung werden somit die dargestellten Verschiebungen ermöglicht. Durch Einbringung einer geeigneten Aktorik, stehen die Drehpunkte P_{LL1} und P_{LL2} zudem als Stellgrößen für die Entwicklung eines Regelkonzeptes zur Verfügung.

Tabelle 4.3 System-Konzept zur Umsetzung der notwendigen Korrektureingriffe

System concept for realization of necessary correction operations

Fehlerszenarien

		Notwendiger Korrektureingriff	Konzept für Korrektursystem
Schiefer Einlauf	(1)	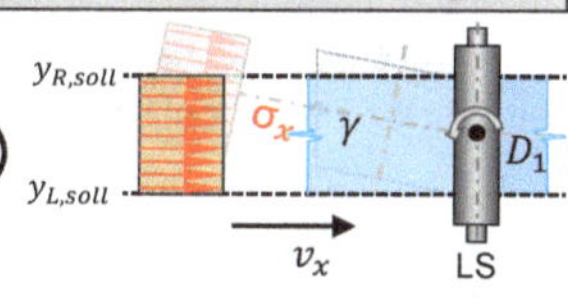	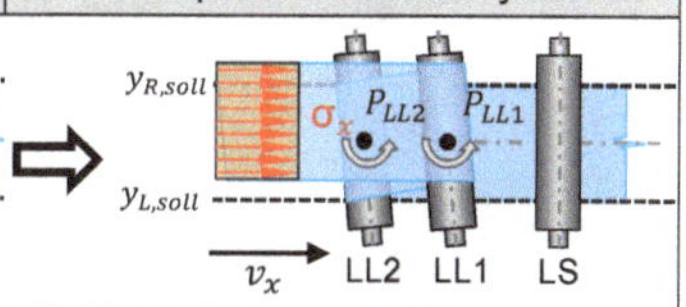
Inhomogene Bahnspannung	(2)	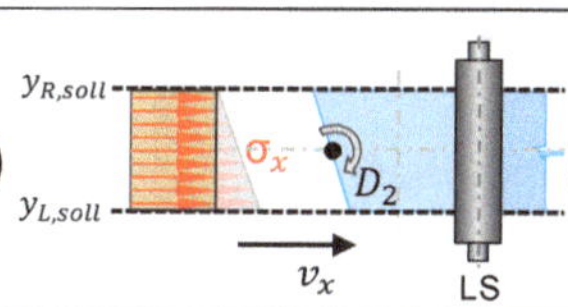	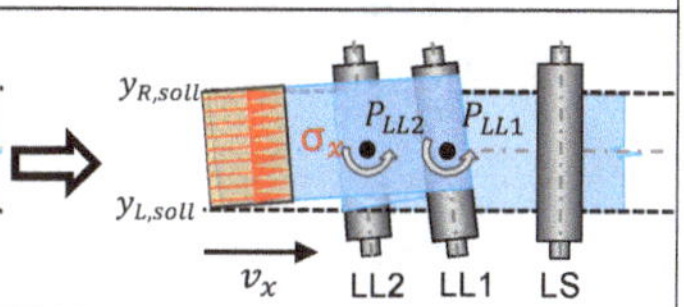
Versetzter-Bahnlauf	(3)	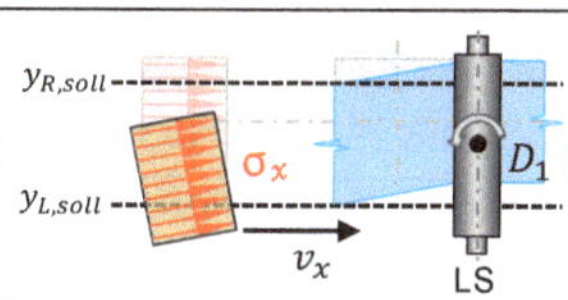	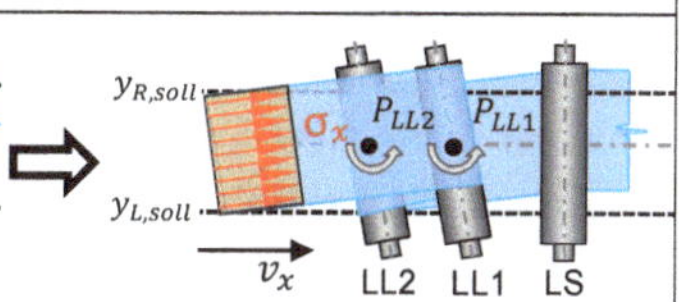

Mit diesem mechanischen Konzept und der Wahl geeigneter Antriebe können somit die Anforderungen 1.7 und 1.10 erfüllt werden.

Die Anforderungen 1.11 und 1.12 zur Regelung der gemittelten Bahnspannung im betrachteten Abschnitt kann durch verschiedene Konzepte realisiert werden, die bereits Stand der Technik sind. Für die funktionale Schichtlaminierung gilt die Randbedingung, dass die Laminierwalze selbst nicht zur Regelung genutzt werden kann, da diese auf beide Lagen Einfluss hat. Eine Downstream- oder Differenz-Regelung kommt somit nicht in Frage. Eine Tänzerregelung kann durch die Integration zusätzlicher Walzen oder durch longitudinales Verschieben der drehbaren Luftlager mittels einer linearen Achse realisiert werden (vgl. Kapitel 2.3.2 – Tänzerregelung). Dies würde jedoch einen zusätzlichen Antrieb voraussetzen. Die Anpassung des Materialzuflusses am Bahneinlauf durch eine Upstream-Regelung erfüllt die Anforderung (vgl. Kapitel 2.3.2 – Entkopplung der Bahnzugkraft mittels Klemmstellen). Durch Nutzung der Klemmstelle am Einlauf ist eine Regelung der mittleren Bahnspannung ohne zusätzliche mechanische Anpassungen realisierbar.

Um die Anforderungen 1.1 bis 1.6 (Tabelle 4.2) zu erfüllen, müssen geeignete Aktoren und Sensoren ausgewählt und integriert werden. In Abschnitt 4.2.2 wird ein Konzept zur Erkennung der Bahnposition sowohl einer einzelnen Lage als auch des Verbundes entwickelt und die notwendigen Messsysteme in das Konzept integriert. Im darauffolgenden Abschnitt wird das Konzept und die Integration der Messsysteme zur Erkennung der mittleren Bahnspannung und der lateralen Bahnspannungsverteilung betrachtet.

4.2.2 Erfassung der Bahnposition

Detection of web position

Für die Ermittlung der Bahnposition muss die laterale Position, die longitudinale Position und die Verdrehung der Warenbahn relativ zur Laminierstelle erfasst werden. Die Erfassung der Bahnkante zur Regelung der Bahnposition allein reicht nicht aus, da die Fertigungstoleranz der Bahnkante sich zu dem Fertigungsfehler der Funktionselemente addiert. Daher wird zunächst ein geeignetes Messprinzip festgelegt, mit dem sich die definierte Genauigkeit erreichen lässt. Anschließend werden die Messstellen definiert.

Messprinzip zur Erfassung der Bahnposition

Um den in Abschnitt 4.1 definierten Anforderungen an die Erfassungsgenauigkeit und die Datenverarbeitungsgeschwindigkeit gerecht zu werden, weisen die im Stand der Technik vorgestellten Technologien unterschiedliche Vor- und Nachteile auf. Die notwendige Genauigkeit der Erfassung wird durch optische Messtechniken erreicht. Da die Erfassung der Bahnkante nicht ausreicht, ist die Erfassung von eingebrachten Registermarken notwendig. Die Marken dienen als Referenz zu den Funktionselementen. Für die Untersuchungen in dieser Arbeit wird davon ausgegangen, dass die Fertigung der aufgebrachten Marken und der eigentlichen Funktionselemente im selben Produktionsschritt erfolgt und dadurch ein direkter Bezug zu den Funktionselementen im Rahmen der Fertigungstoleranz hergestellt werden kann.

Die im Stand der Technik vorgestellten Prinzipien zur Erfassung der Bahnposition mittels Registermarken werden daher näher betrachtet. Neben Marken wurden auch Strichmuster, die sich für eine Positionserfassung eignen, entwickelt. Ein Nachteil der Strichmuster ist, das keine Absolut-Position erfasst werden kann. Für die genaue Erkennung wird eine Kombination mit Positionsmarken angestrebt. Um diese zu erfassen, wird ein geeignetes Messsystem benötigt, dass Strichmuster und Marken erkennt.

Diese Voraussetzung erfüllen Kamerasysteme. Durch die Aufnahme eines flächigen Bahnausschnitts können sowohl Strichmuster als auch Marken erfasst werden. Den Nachteil, den Kamerasysteme aufweisen, sind geringe Aufnahmefrequenzen, die für die kontinuierlichere Bereitstellung von Positionsdaten und die damit verbundene Regelung zu Fehlern führen können. Für den Entwurf des Regelungskonzepts muss dieser Aspekt beachtet werden. Zeilenkameras als Alternative bieten zwar höhere Aufnahmefrequenzen, haben jedoch in longitudinaler Richtung keine Aussagekraft. Linien-Gitter können beim Einsatz von Zeilenkameras durch zeilenweises Zusammenfügen sichtbar gemacht und ausgewertet werden. Die Abhängigkeit von der Bahngeschwindigkeit macht dieses Prinzip jedoch ebenfalls fehleranfällig.

Ein Fehler am Einlauf des Bahnabschnitts wird im Kamerabild durch eine Verdrehung des Strichmusters und der Marken sichtbar. Hier wird der Vorteil eines Kamerabildes gegenüber einer Zeilenkamera deutlich. Auf einem Bild können gleichzeitig die x-Position (longitudinal), die y-Position (lateral) und der Winkel der Verdrehung des Kamerabildes erfasst werden. Die Zeilenkamera liefert in einem Bild nur die y-Position. Alle Informationen können sowohl aus dem Linien-Gitter als auch aus dem Marken extrahiert werden. In Bild 4.2 ist das Prinzip zur Erfassung der Position mittels Linien-Gitter dargestellt.

Für die Erfassung der y-Position kann die Kante des longitudinalen Linien-Gitters herangezogen werden. Die Erfassung der x-Position ist nur im Bereich des Abstandes zwischen zwei Strichen aussagekräftig, da bei anliegender Bahngeschwindigkeit ein Vergleich zwei aufeinanderfolgender Bilder für die x-Position nur valide ist, wenn sich die Striche eindeutig zuordnen lassen. Aus diesem Grund werden zusätzliche Striche neben den Linien-Gittern eingebracht, die eine eindeutige Zuordnung zulassen.

Für Erfassung der Verdrehung wurde bereits im Stand der Technik der Moiré-Effekt vorgestellt. Für den Verbund sind bereits zwei überlagerte Linien-Gitter gegeben. Die Erkennung des Moiré-Musters ist daher direkt möglich. Der Versatz in x und y kann über die Verschiebung der Linien-Gitter zueinander erfolgen. Die Linienbreite a im betrachteten Bildabschnitt nimmt zu und somit erhöht sich der durchschnittliche Grauwert um $\Delta x_{BP,err}$ im jeweiligen Linien-Gitter.

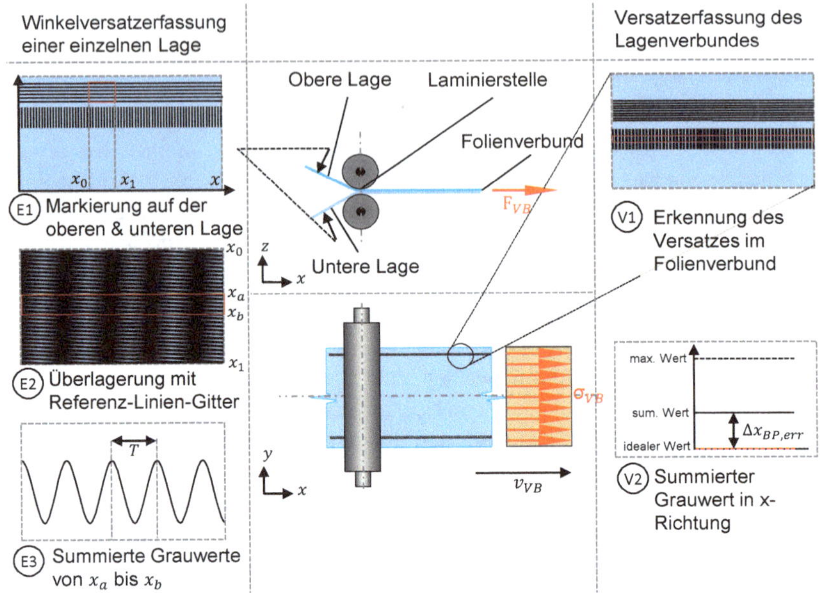

Bild 4.2 Bestimmung der Bahnposition mittels lateral und longitudinal eingebrachter Linien-Gitter

Determination of web position using lateral and longitudinal engraved lines

Eine Aussage, ob die obere Lage in longitudinaler Richtung einen positiven oder negativen Versatz aufweist, wird durch die Marken ermöglicht. Um Anforderungen 1.3 bis 1.6 zu erfüllen, ist ein Kamerasystem mit geeigneter Pixelgröße d_K zu wählen. Ohne weitere Bildverarbeitung führt dies zu einer Pixelgröße von:

$$d_K < 1\ \mu m \tag{4.1}$$

Zum Erreichen der geforderten Pixelgröße ist der Einsatz von Objektiven zur Vergrößerung der zu erfassenden Marken geeignet. Jedoch führt dies zur Verkleinerung des tatsächlichen Kameraausschnitts. Da der Kameraausschnitt nicht zu klein gewählt werden darf, um die Moiré-Linien für kleine Winkel zu erfassen, sind Objektive zur Vergrößerung des Kamerabildes nur eine Möglichkeit, um die geforderte Auflösung zu gewährleisten. Die Grauwerte eines Kamerabildes beinhalten ebenfalls Positionsinformationen, die genutzt werden können. Ausgehend von den schwarzen und weißen Linien beschreibt der Grauwert am Übergang zwischen einem schwarzen und weißen Wert das Verhältnis zwischen diesen beiden. In Bild 4.3 ist das Prinzip am Beispiel einer Linie mit der realen Breite $b_{L,real}$ und ihrer Breite nach der Digitalisierung $b_{L,digital}$ dargestellt.

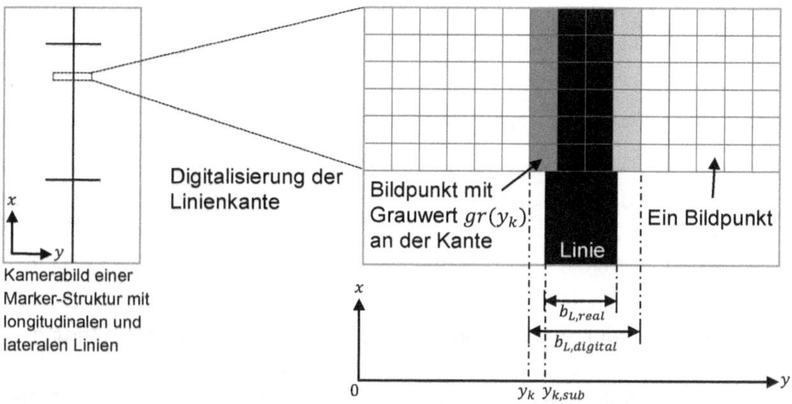

Bild 4.3: Optimierung der Positionsbestimmung durch Subpixel-Algorithmen

Optimization of position detection using subpixel algorithms

Die maximale Anzahl der Grauwertstufen eines Bildpunktes $\max(gr(y_k))$ erlaubt somit die Berechnung der Position $y_{k,sub}$ innerhalb eines Bildpunktes an der Position y_k bei bekanntem aktuellen Grauwert des Bildpunktes $gr(y_k)$ mittels Gleichung 4.2.

$$y_{k,sub} = y_k + d_K \cdot \left(\frac{gr(y_k)}{\max(gr(y_k))} \right) \tag{4.2}$$

Für eine einzelne Lage wird der Winkelversatz mittels eines überlagerten Referenzlinien-Gitters bestimmt. Die Ermittlung der erzeugten Amplitudenspitzen führt zum benötigten Winkel, mit dessen Hilfe die laterale bzw. longitudinale Frequenz des Linien-Gitters berechnet werden kann. Durch den Vergleich mit der Referenzfrequenz kann der jeweilige Versatz bestimmt werden.

Der Moiré-Effekt kann bei Linien-Gitter durch die Überlagerung zweier Frequenzen hervorgerufen werden oder durch die Verdrehung zweier überlagerter Gitter zueinander. Der allgemeine Fall ergibt sich durch die Kombination dieser Fälle.

Um eine genaue Ausrichtung zu ermöglichen, werden Linien-Gitter und Marken in beide Warenbahnen eingebracht. Die Definition geeigneter Strukturen erfolgt in Kapitel 6.

Alternativ kann der Winkelversatz auch durch Erfassung und Vergleich der y-Positionen an den in Bahnlaufrichtung liegenden Rändern des Bildausschnittes berechnet werden. Die Genauigkeit ist hierbei abhängig von der Positionsauflösung. Das Prinzip ist anfällig für Fehler in den Funktionselementen und bei Verschmutzung der Marken und Linien an den Rändern des Kamerabildes. Fehler im Linien-Gitter hingegen werden durch eine hohe Anzahl an Linien kompensiert.

Für die Erfassung der eingebrachten Strukturen muss ein Kamerasystem gewählt werden, das die benötigte Auflösung d_K und Abtastfrequenz f_K aufweist. Die gewünschte

Bahngeschwindigkeit v_B dient als Ausgangspunkt. Für die geforderte Erkennung eines Winkels γ_{err} von 0,1° an der Laminierstelle ist der Abstand des Kamerasystems l_K zu beachten. Um die Anforderungen 1.3 bis 1.6 zu erfüllen, muss gelten:

$$d_K < l_k \cdot \sin(\gamma_{err}) \rightarrow d_K < l_k \cdot \sin(0{,}1°) \tag{4.3}$$

Aus den Betrachtungen zum Messprinzip und dem Stand der Technik im Bereich der Kamerasysteme fällt die Wahl auf eine Kamera mit einer Pixelgröße von 4,8 µm, einer Bildgröße von 2592 x 2048 Pixel und einer Bildfrequenz von 72 Bildern pro Sekunde. Um Verzerrungen im Kamerabild zu vermeiden, wird ein telezentrisches Objektiv benötigt.

Um die Vorgabe für den Kameraausschnitt zu erfüllen, wird keine Vergrößerung integriert. Mit den Spezifikationen des Bildausschnitts werden die Maße der Teststrukturen definiert. In Bild 4.6 sind diese für die Einbringung in die Lagen dargestellt. Die Marker-Strukturen sind so gewählt, dass sie, ideal übereinandergelegt, ein gleichmäßiges Muster bestehend aus Rechtecken mit den Abmessungen 2,5 x 1 mm entstehen lassen.

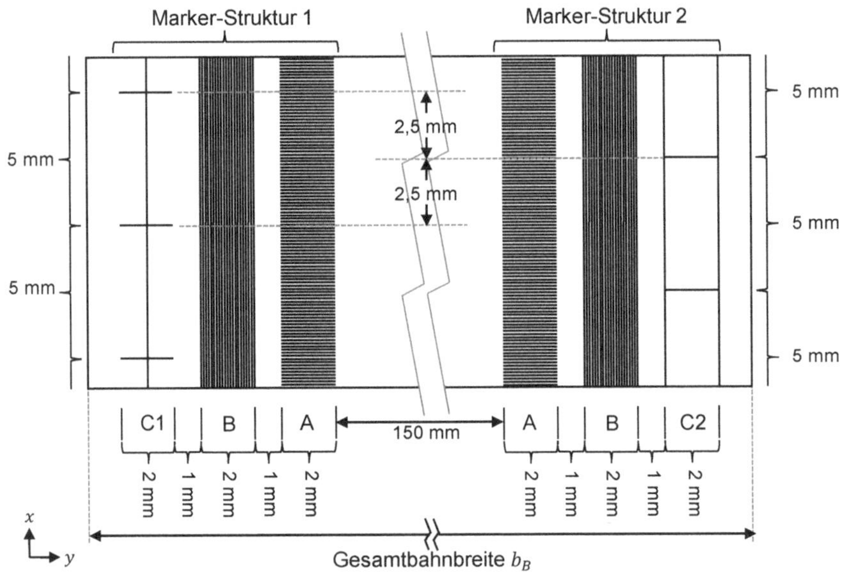

Bild 4.4: Teststrukturen für die Bahnpositionserfassung mit Abschnitten A, B, C1 und C2

Test structures for acquisition of web position with sections A, B, C1 and C2

Demgegenüber führt ein zu großer Abstand des Kamerasystems zu ungenauen Positionsdaten an der Laminierstelle selbst, da die x- und y-Position für die Ausrichtung an der Laminierstelle selbst bekannt sein müssen. Eine Betrachtung geeigneter Messstellen erfolgt daher im nächsten Abschnitt.

Messstellen zur Erfassung der Bahnposition

Für die Positionierung der Messsysteme müssen geeignete Punkte gewählt werden, die eine kontinuierliche Messung mit den gegebenen Randbedingungen der Anforderungsliste innerhalb des Konzepts für den mechanischen Aufbau ermöglichen. Die relevanten Positionsdaten sollen dabei ohne Störeinflüsse und nahe den zu regelnden Größen erfasst werden.

Die ideale Position für die Erfassung der Sollposition ist die Kontaktlinie der beiden Warenbahnen. Da eine Erfassung der Position an dieser Stelle nur aufwendig realisierbar ist, (beispielsweise durch transparente Walzen, in welche die Kamerasysteme integriert sind) erfolgt die Erfassung der Sollposition auf der unteren Warenbahn direkt vor der Laminierstelle. So können Fehler in der Sollpositionsvorgabe minimiert werden. Die genaue Position wird dabei durch die Außenmaße der Laminierwalzen selbst und des Kameraobjektivs bestimmt.

Gleiches gilt für die Erfassung der erreichten Ausrichtungsgenauigkeit. Hier erfolgt die Erfassung daher unmittelbar nach der Laminierstelle. Auf diese Weise lässt sich das Ergebnis analysieren und die Differenz zwischen der Soll- und Ist-Position an den Regler zurückgeben.

Für die Erfassung der Ist-Position als Rückgabewert für den Regelkreis müssen hingegen weitere Aspekte betrachtet werden. Ein geringer Abstand des Kamerasystems zur Laminierstelle führt dazu, dass Fehler erst spät erkannt und nicht mehr korrigiert werden können. Eine Messung, die ausreichend weit von der Laminierstelle entfernt ist, ermöglicht ein frühes Erkennen der einlaufenden Fehler, die Fehlertoleranz bei der Berechnung der Position an der Laminierstelle erhöht sich jedoch. Entscheidend ist hierbei der Winkel, der durch eine laterale Verschiebung in die Bahn eingebracht wird.

Als erste Bedingung wird daher festgelegt, dass der Abstand l_K des Messsystems so zu wählen ist, dass für den kleinsten erfassbaren Winkel, der verursachte Fehler γ_{err} unter der gewünschten Fehlertoleranz liegt. Die resultierende Auflösung der Bildverarbeitung und der kleinste zu erfassende Winkelfehler führen zu:

$$l_K > \frac{y_{k,sub}}{\sin(\gamma_{err})} \tag{4.4}$$

Als zweite Bedingung gilt, dass die Abtastfrequenz f_K bei maximaler Bahngeschwindigkeit v_B ausreichend groß sein muss, sodass die während einer Messung zurückgelegte Strecke kleiner als der Abstand l_{KS} ist. Ist f_K gegeben, kann l_K variiert werden.

$$\frac{l_K}{v_B} > \frac{1}{f_K} \tag{4.5}$$

Die dritte Bedingung ist, dass der kürzeste Abstand l_{KS} zur Laminierstelle gewählt wird, der die erste und zweite Bedingung erfüllt.

4.2.3 Erfassung der Bahnspannungsverteilung

Detection of web tension distribution

Um der Forderung zur Erkennung der lateralen Bahnspannungsverteilung gerecht zu werden, müssen geeignete Messsysteme integriert werden. Allein durch die Erfassung der Lage der Warenbahn kann kein Rückschluss auf die laterale Bahnspannungsverteilung gezogen werden, da bereits beim Einlauf in den Bahnabschnitt eine inhomogene Bahnspannung gegeben sein kann. Auch die Verwendung von eingebrachten Marken ist fehleranfällig, da bereits bei deren Herstellung Fehler durch eine inhomogene Bahnspannung entstanden sein können. Daher wird zunächst ein Messprinzip definiert, mit dem die laterale Bahnspannungsverteilung unabhängig von Positionsdaten bestimmt werden kann. Zusätzlich kann umgekehrt die Erfassung der lateralen Bahnspannungsverteilung auch einen Rückschluss auf das Verhalten der Bahnposition geben. Um die für das Messprinzip notwendigen Sensoren an geeigneten Stellen in das System zu integrieren, wird der Aufbau des Systems daraufhin definiert.

Messprinzip zur Bestimmung der Bahnspannungsverteilung

Im Stand der Technik werden Messsysteme zur Erfassung der Bahnspannung eingesetzt, die keinen Aufschluss über die laterale Verteilung der Bahnspannung geben. Da eine Ungleichverteilung der lateralen Bahnspannung zu Wellenbildung im Mehrlagensystem führen kann, ist es notwendig diese zu erfassen und zu korrigieren. Das Ziel ist eine zur Bahnmitte symmetrische Bahnspannungsverteilung zu erzeugen. Dazu genügt es, den lateralen Verlauf der Bahnspannung als linear anzunehmen.

Eine Methode hierfür ist die Erfassung der Lagerkräfte in den Umlenkwalzen des Systems. Durch die Erfassung der Kraft in beiden Lagern kann der resultierende Kraftschwerpunkt ermittelt werden. In Bild 4.5 ist am Beispiel des Luftlagers LL1 eine unterschiedlicher Bahnspannungsverteilung bei gleichem Kraftschwerpunkt dargestellt. Die Ermittlung der Kraftschwerpunkte S_1 und S_2 (vgl. Bild 4.6) lässt somit keine eindeutige Aussage über die Bahnspannungsverteilung zu, wenn die Positionen der rechten ($BK,R1$ und $BK,R2$) oder linken Bahnkanten ($BK,L1$ und $BK,L2$) nicht bekannt sind. Daher wird die Erfassung der Bahnkantenpositionen in den Prüfstand integriert. Diese werden genutzt, um die Anfangsausrichtung der Bahn zu erfassen. Als Ausgangspunkt für die Bestimmung der linken Bahnkantenpositionen bei LL1 und LL2 wird die Position des linken Kraftsensors bei L1 bzw. L2 verwendet und über den Abstand $l_{BK,L1}$ bzw. $l_{BK,L2}$ angegeben.

Da die beiden Luftlager um die Drehpunkte P_{LL1} und P_{LL2} verstellt werden können, werden die Positionen im u-v-Koordinatensystem der Luftlager angegeben. Da es sich um zwei Luftlager handelt, wird in Darstellungen für das obere Luftlager LL1 das u_1-v_1-Koordinatensystem und für das untere Luftlager LL2 das u_2-v_2-Koordinatensystem verwendet.

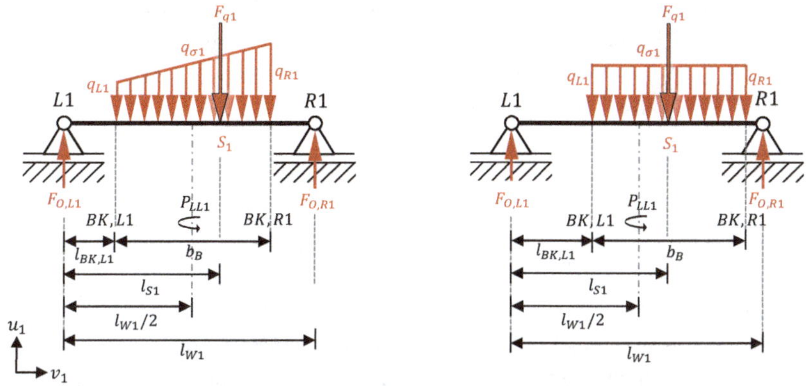

Bild 4.5 Gleichbleibender Kraftschwerpunkt bei unterschiedlicher lateraler Bahnposition und Bahnspannungsverteilung

Constant point of force for two different lateral web positions and web tension distributions

In der Folge kann die Bahnspannungsverteilung über die Position der Kraftangriffspunkte und die Messung der Bahnposition an einer zusätzlichen Messstelle, wie in Bild 4.6 dargestellt, berechnet werden, um die Abweichungen zum Prüfstandsmodell zu evaluieren. Da die kontinuierliche Erfassung der Bahnkante ein Standard im Bereich der kontinuierlichen Fertigung ist, wird für die Konzeptentwicklung die Bahnkante kontinuierlich erfasst und zur Berechnung der Bahnspannungsverteilung herangezogen.

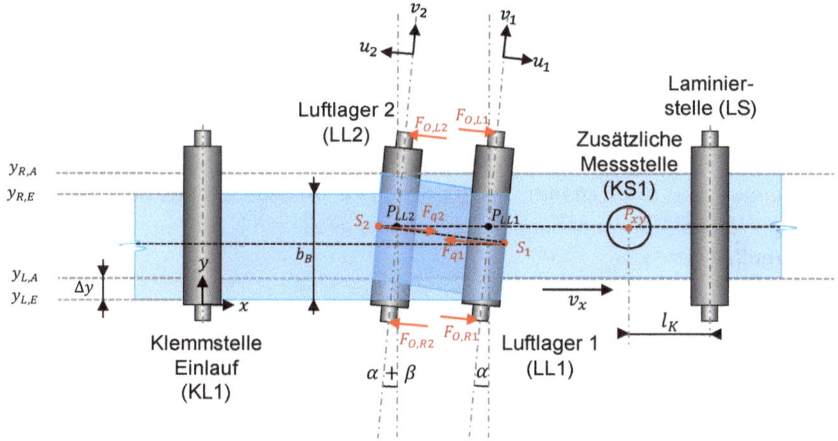

Bild 4.6: Ermittlung der zwei Kraftschwerpunkte

Detection of the two points of force

Die Berechnung des Kraftangriffspunktes S_1 auf der Walze erfolgt dabei über die beiden gemessenen Kräfte $F_{O,R1}$ und $F_{O,L1}$. Aus dem Momentengleichgewicht um $L1$ (Gleichung 4.7) und dem Kräftegleichgewicht in x (Gleichung 4.6) lässt sich die Position des Kraftangriffspunktes berechnen (Gleichung 4.8).

$$\sum F_{u1} = F_{O,R1} + F_{O,L1} - F_{q1} = 0 \tag{4.6}$$

$$\sum M_{R1} = l_{w1} \cdot F_{O,R1} - l_{S1} \cdot F_{q1} = 0 \tag{4.7}$$

$$l_{S1} = \frac{l_{w1} \cdot F_{O,R1}}{F_{O,R1} + F_{O,L1}} \tag{4.8}$$

Mit Hilfe der Bahnkantenposition kann anschließend der Verlauf der Querkraft $q_{\sigma 1}$ ermittelt werden. Die Integration von $q_{\sigma 1}$ über die Bahnbreite ergibt F_{q1}. Für die Berechnung mit zwei Messpunkten werden die beiden äußeren Ränder der Querkraft q_{L1} und q_{R1} betrachtet. Diese bilden die Begrenzung des Parallelogramms, wie im rechten Teil von Bild 4.5 dargestellt, mit dem Flächeninhalt nach Gleichung 4.9. Mittels der Bahnbreite b_B lässt sich aus Gleichung 4.9, Gleichung 4.10 herleiten.

$$\int_{v_1(BK,L1)}^{v_1(BK,R1)} q_{\sigma 1}(v_1)\, dv_1 = F_{q1} \tag{4.9}$$

$$F_{q1} = \frac{q_{R1} + q_{L1}}{2} \cdot b_B \tag{4.10}$$

Gleichung 4.11 beschreibt den Zusammenhang des Schwerpunktes l_{S1} des Parallelogramms und der beiden Seiten, die die Ränder der Querkraft q_{L1} und q_{R1} darstellen. Für $q_{L1} = q_{R1}$ ergibt sich folgerichtig der im rechten Teil von Bild 4.5 dargestellte Sonderfall eines Trapezes, ein Rechteck.

$$l_{S1} - l_{BK,L1} = \frac{b_B}{3} \cdot \frac{q_{L1} + 2q_{R1}}{q_{L1} + q_{R1}} \tag{4.11}$$

Mit dieser Gleichung lassen sich die Gleichungen 4.12 für q_{L1} und 4.13 für q_{R1} herleiten. Daraus lässt sich Differenz Δq_1 (Gleichung 4.14) bilden. Diese beschreibt die Inhomogenität der Bahnspannungsverteilung und geeignete Korrekturmaßnahmen können ergriffen werden.

$$q_{L1} = 2 \cdot F_{q1} \left(\frac{2}{b_B} - \frac{3(l_{S1} - l_{BK,L1})}{{b_B}^2} \right) \tag{4.12}$$

$$q_{R1} = 2 \cdot F_{q1} \left(\frac{-1}{b_B} + \frac{3(l_{S1} - l_{BK,L1})}{{b_B}^2} \right) \tag{4.13}$$

$$\Delta q_1 = q_{L1} - q_{R1} = 6 \cdot F_{q1} \left(\frac{1}{b_B} - \frac{2(l_{S1} - l_{BK,L1})}{{b_B}^2} \right) \tag{4.14}$$

Mit Δq_1 lässt sich das Moment an der gemessenen Stelle mit Hilfe des Widerstandsmomentes W_B berechnen. Es ergibt sich Gleichung 4.15 zur Berechnung des Momentes.

$$M(v_1) = \frac{\Delta q_1}{4 \cdot d_B} \cdot W_B \tag{4.15}$$

Um Modellunsicherheiten und den Einfluss der Bahnspannung mit in das Modell aufnehmen zu können, werden bei der Validierung des Modells Korrekturfaktoren eingeführt und bestimmt.

Die Berechnung des Kraftangriffspunktes S_2 für LL2 lässt sich analog durchführen.

Zur Erfüllung von Anforderung 1.1 (vgl. Tabelle 4.2) sind Kraftmessdosen und Bahnkantensensoren mit entsprechender Auflösung zu wählen. Aus Gleichung 4.14 geht hervor, dass die Auflösung der Kraftmessdosen den größten Einfluss hat, um F_{q1} zu bestimmen. Zur Entwicklung einer geeigneten Regelung gilt, dass die Auflösung der Kraftmessdosen mindestens Gleichung 4.16 entsprechen soll.

$$\Delta F_{Sensor} = \frac{1m}{6} \cdot \Delta q_{min} \cdot \frac{1}{10} \tag{4.16}$$

Dabei wird ein Sicherheitsfaktor von 10 eingefügt, um die Voraussetzungen für ein geeignetes Regelungskonzept zu schaffen.

Die Integration geeigneter Sensoren muss entsprechend in den Aufhängungen der Luftlagerwalzen erfolgen. Die Umsetzung für den entwickelten Prüfstand ist im nächsten Abschnitt beschrieben.

Messstellen zur Erfassung der Bahnspannungsverteilung

Für eine durchgängige Messung der Bahnspannungsverteilung werden Messungen an mehreren Punkten benötigt. Für die Regelung der Bahnspannungsverteilung im angestrebten Prozess wird eine zur Bahnmitte symmetrische Verteilung angestrebt. Für die Prüfung der Symmetrie genügt die Messung an je zwei Stellen quer und zwei parallel zur Bahnlaufrichtung. Eine Integration von geeigneten Kraftsensoren erfolgt daher in den Lagern der Aufhängung der beiden manipulierbaren Walzen. Die Sensoren drehen sich mit der Walze, um die tatsächliche Verteilung zu erfassen. Für die Positionierung der manipulierbaren Walzen ist es vorteilhaft, dass sich die Mitte des Bahnabschnitts zwischen den beiden Walzen befindet, um eine Symmetrie der Bahnspannungsverteilung ohne Kenntnis der Position der Bahnmitte zu ermitteln.

Da die Erfassung nicht direkt an den beiden Bahnkanten stattfindet, müssen zusätzlich die Abstände $l_{BK,L1}$ und $l_{BK,L2}$ der Sensoren zur Bahnkante erfasst werden. Dies kann durch die Erfassung der Bahnposition realisiert werden. Durch zusätzliche Bahnkantensensoren (Kapitel 2.3.4) kann der Einfluss der Toleranz bei der Bahnkante auf das Ergebnis der Bahnspannungsverteilung erfasst werden.

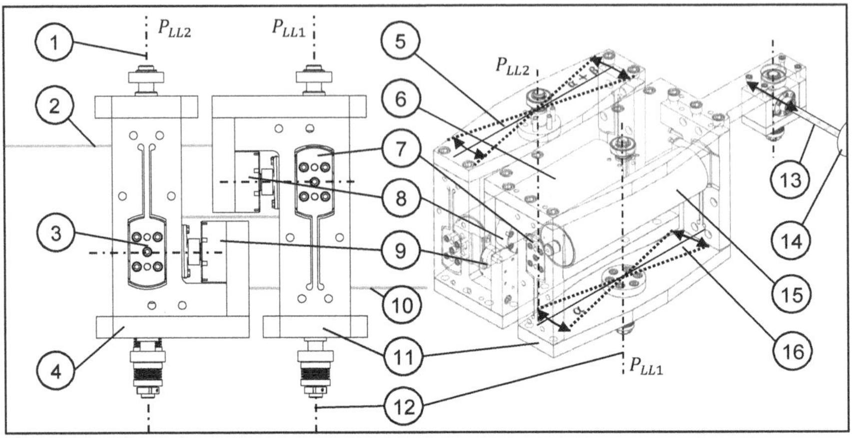

① Drehachse oberes Luftlager P_{LL2}
② Einlaufende Bahn
③ Aufhängung unteres Luftlager
④ Drehrahmen unteres Luftlager
⑤ Drehbereich Drehrahmen unteres Luftlager
⑥ Unteres Luftlager LL2 (Luftfilmwalze)
⑦ Aufhängung oberes Luftlager
⑧ Rechte Kraftmessdose oberes Luftlager
⑨ Kraftmessdose unteres Luftlager
⑩ Auslaufende Bahn
⑪ Drehrahmen oberes Luftlager
⑫ Drehachse unteres Luftlager P_{LL1}
⑬ Gewindetrieb Verdrehung oberes Luftlager
⑭ Antrieb Verdrehung oberes Luftlager
⑮ Oberes Luftlager LL1 (Luftfilmwalze)
⑯ Drehbereich Drehrahmen oberes Luftlager

Bild 4.7: Konzept der Drehrahmen mit Erfassung der Bahnspannungsverteilung

Concept of rotation frames with web tension distribution measurement

Die beiden Kraftmessungen dienen als Ausgangspunkt für die Berechnung des Kraftangriffspunktes auf der Walze. Unter Berücksichtigung der Position der Bahn auf der Walze, wird anschließend die Bahnspannungsverteilung berechnet.

Für die Erfassung der Kräfte in den Lagern muss zusätzlich berücksichtigt werden, dass die Bahn durch einen Luftfilm von der Walze getrennt ist. Der Einfluss des Luftfilms auf die Messdaten wird mittels eines Konfokal-Sensors untersucht, der durch das Verhalten der Bahn über dem Luftfilm Rückschlüsse über den Einfluss auf die Messdaten gibt.

4.2.4 Auslegung der Antriebskomponenten

Design of drive components

Basierend auf dem mechanischen Konzept werden die Antriebe entsprechend der auftretenden Belastung innerhalb des Bahnabschnitts ausgelegt. Es werden für den betrachten Abschnitt vier Antriebe benötigt. Einer für die Laminierwalze, einer für die Klemmstelle am Bahneinlauf der oberen Bahn und zwei für die Verdrehung der beiden Luftlager.

Antriebe für die Klemm- und Laminierstelle

Zunächst werden die Antriebe für die Laminierwalze und die Einlauf-Klemmstelle ausgelegt. Da es sich bei der Laminierstelle aus mechanischer Sicht ebenfalls um eine Klemmstelle handelt, erfolgt nur die Betrachtung der Klemmstelle (KL).

Die Berechnung der auftretenden Kräfte erfolgt durch Freischneiden an den Systemgrenzen. Die auf die angetriebene Walze wirkende Kraft wird von der Bahnspannung verursacht. Über die Winkelbeschleunigung $\ddot{\theta}$ kann das Drehmoment ermittelt werden.

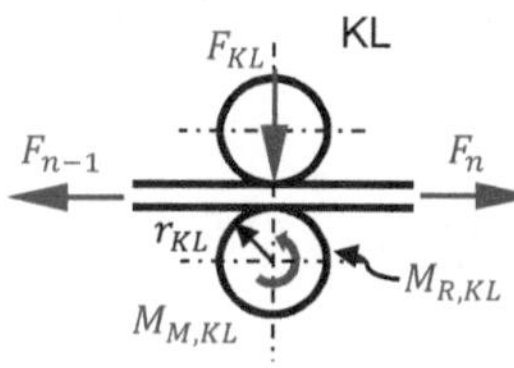

$$\ddot{\theta}(t) = \frac{M_{M,KL}(t) + (F_n - F_{n-1}) \cdot r_{KL} - M_{R,KL}(t)}{I_n + I_W} \qquad (4.17)$$

Bild 4.8: Angreifende Kräfte und Gleichung zur Ermittlung des Drehmoments einer Klemmstelle

Forces and equation for calculation of inertia of a Nip roller

Die Bestimmung des notwendigen Drehmoments der Antriebe lässt sich somit durch Gleichung 4.17 beschreiben. Das Drehmoment und die festgelegte Maximalgeschwindigkeit lassen nun die Wahl eines geeigneten Antriebes zu. Für die Laminierstelle lässt sich dies analog durchführen.

Antriebe zum Verstellen der Luftlagerposition

Die Drehung der Rahmen, in die die Luftlager LL1 und LL2 eingebracht sind, um die Drehpunkte P_{LL1} und P_{LL2} erfolgt über seitlich angebrachte Antriebe, durch die mittels eines Gewindetriebs eine vorgegebene Position $x_{M,LL1}$ beziehungsweise $x_{M,LL2}$ eingestellt werden kann. In Bild 4.9 ist für das Prinzip für die Drehung von LL1 und LL2 dargestellt. Die Kraftmessdosen werden bei einer Drehung entsprechend mitgedreht.

Mit den Gleichungen 4.18 und 4.19 lassen sich die Antriebspositionen in die Winkel α und β umrechnen.

$$\alpha = tan^{-1}\left(\frac{x_{M,LL1}}{l_{M,LL1}}\right) \qquad (4.18)$$

$$\alpha + \beta = tan^{-1}\left(\frac{x_{M,LL2}}{l_{M,LL2}}\right) \qquad (4.19)$$

Die beiden Winkel stehen nun als Stellgrößen zur Verfügung.

Die Verstellantriebe sind ebenfalls drehbar gelagert, um die Kurvenbahn des Rahmens, auf dem die Luftlager eingebracht sind, mit einer linearen Bewegung nachvollziehen zu können. Die dadurch entstehenden Abweichungen der Antriebspositionen $x_{M,LL1}$

und $x_{M,LL2}$ und den erwarteten Positionen werden aufgrund der kleinen einzustellenden Winkel nicht weiter betrachtet.

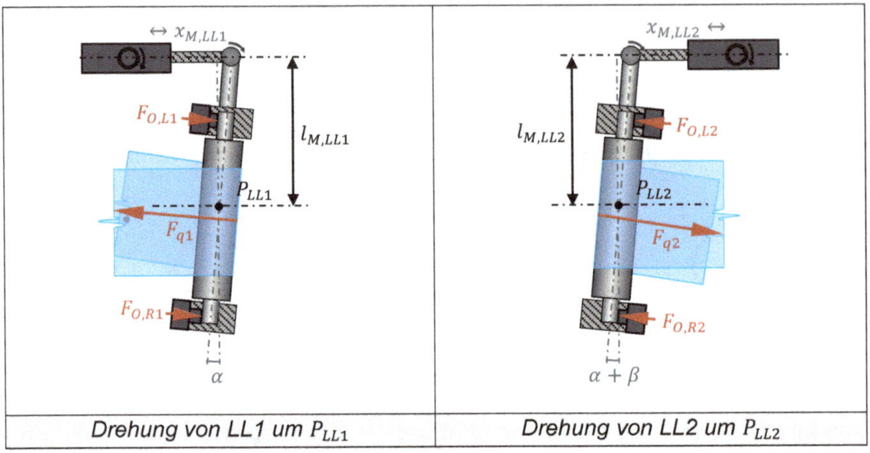

Bild 4.9: Draufsicht Drehung der Luftlager LL1 und LL2 durch Verstellantriebe

Top view on rotation on air turns LL1 and LL2 using servo drives

Für die Auslegung der Verstellantriebe der Luftlager wird zunächst die Steigung der Gewindestange festgelegt. Diese hängt mit dem Abstand der Verstellantriebe zu den Drehpunkten P_{LL1} und P_{LL2} und der Winkelauflösung der Drehgeber der Antriebe zusammen. Aufgrund der kleinen notwendigen Winkeländerungen resultiert eine kleine Gewindesteigung, wodurch die Verstellantriebe der Luftlager nahezu kein Moment aufbringen müssen. Hohe Drehzahlen sind bei den zu erwartenden kurzen Verstellwegen ebenfalls nicht erforderlich und für eine höhere Dynamik der zu entwickelnden Bahnlaufregelung ist die Winkelbeschleunigung der Antriebe zu optimieren.

Die Luftlager werden entsprechend des Bahnzugkraftbereichs gewählt. Die Oberfläche der Luftlagerrollen besteht aus porösem Kohlenstoffmaterial und ermöglicht eine gleichmäßigen Luftfilm zwischen der Substratbahn und der Oberfläche. Durch Variation des anliegenden Luftdrucks können verschiedene Bahnzugkraftbereiche genutzt werden.

4.3 Fazit

Conclusion

Aus den in diesem Kapitel entwickelten Konzepten zur Bahnlaufführung, der Bahnpositionserfassung und der Erfassung der Bahnspannungsverteilung wird das Gesamtkonzept für die funktionale Schichtlaminierung entwickelt. Das Konzept des Laminiermoduls ist Bild 4.10 dargestellt und es werden die dazugehörigen Komponenten aufgezeigt. Der integrierte Abwickler führt die obere Lage der Laminierstelle zu. Dabei wird sie entsprechend der unteren zugeführten Lage mittels des Manipulations-Systems ausgerichtet. Die untere Lage dient somit als Sollvorgabe für die Positionierung der oberen Lage.

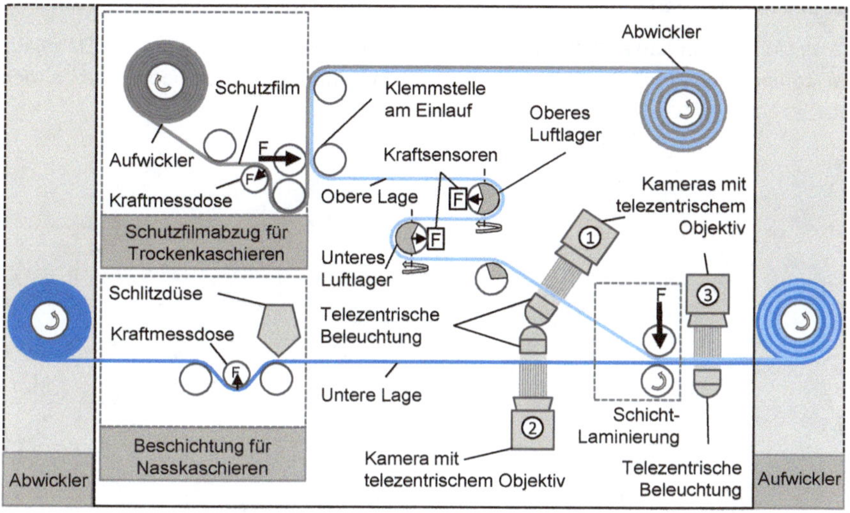

Bild 4.10: Aufbau des Kaschiermoduls für den modularen Rolle-zu-Rolle-Prüfstand
Concept of the functional sheet lamination module

Zusätzlich befindet sich ein Aufwickler für einen Schutzfilm für die obere Lage im System. Mit diesem lässt sich eine Trockenkaschierung realisieren. Unter dem Schutzfilm befindet sich in diesem Fall die Klebeschicht. Durch die Luftlager wird ein Kontakt der Klebeschicht mit den Walzen vermieden. Alternativ kann mit dem Aufwickler auch ein Schutzfilm von der unteren Lage abgezogen werden.

Ein Abwickler links des Moduls führt die untere Lage in den Prüfstand. Eine Schlitzdüse kann für eine Nasskaschierung genutzt werden. Die Kameras sind entsprechend der Vorgaben im System integriert. Die Beleuchtungsszenarien der Kamerasysteme ermöglichen ebenfalls eine Durchlichtbeleuchtung mit kollimiertem Licht. Für eine Heißkaschierung können die Walzen des Systems durch beheizbare Walzen ausgetauscht werden. Nach der Kaschierung kann der Verbund wieder aufgewickelt werden.

Das mechanische Konzept basiert auf einem Konzept, wie es bereits in [SHEL68] erwähnt wurde. Die vorgeschlagene Anordnung wurde beibehalten und Luftlagerwalzen anstelle reibungsbehafteter Walzen integriert. Zudem sind beide Luftlager zusätzlich unabhängig voneinander drehbar, um neben der lateralen Position ebenfalls die laterale Bahnspannungsverteilung beeinflussen zu können. Dazu wurden in allen vier Aufhängungen der Luftlager Kraftmessdosen angebracht, die in Kombination mit Bahnkantensensoren eine kontinuierliche Erfassung der Bahnspannungsverteilung zulassen. Die Bahnpositionserfassung mittels Kamerasystemen erfolgt durch Marken und

Linien-Gitter, die durch den Moiré-Effekt eine direkte Auswertung des einlaufenden Winkelfehlers der auszurichtenden Bahn zulässt. Dabei gilt als Grundannahme, dass die eingebrachten Marker-Strukturen eine Referenzbasis für die Funktionselemente der Lagen darstellen.

Da es sich um ein neu entwickeltes System handelt, wird das Verhalten des Bahnlaufs bei Manipulation durch das System im folgenden Kapitel zunächst theoretisch betrachtet.

5 Modellierung des Bahnlaufverhaltens

Modelling of web behavior

Anhand des im vorangegangenen Kapitel entwickelten Konzepts wird ein mathematisches Modell zur Beschreibung des Bahnlaufverhaltens entwickelt. Mit diesem Modell ist es möglich, die Zusammenhänge der Systemzustände zu beschreiben und somit das zu erwartende Bahnlaufverhalten durch einen Korrekturreingriff zu berechnen und Abweichungen in den Messdaten als Störung zu identifizieren. In der weiteren Entwicklung wird dies als Basis für das Regelungskonzept genutzt.

Zur Beschreibung des Bahnlaufverhaltens im entwickelten Prüfstand wird das System in Teilsysteme unterteilt und für diese ein mathematisches Modell hergeleitet sowie die Schnittstellen definiert. Die Validierung des mathematischen Modells erfolgt in Kapitel 6 am realen System.

5.1 Modellierungssystematik für das Bahnlaufverhalten

Modeling systematics for web behavior

Aufgrund der Komplexität des Systems werden für eine mathematische Beschreibung Annahmen gemacht, die eine Modellierung vereinfachen.

Durch die Integration von Luftlagern wird Reibung zwischen Bahn und Walzen vermieden. Reibung und Schlupf im übrigen System werden nicht betrachtet. Das System wird als reibungs- und schlupffrei angenommen.

Für die Modellierung des Bahnverhaltens wird das Bahnmaterial als viskoelastisch angenommen. Zudem wird vorausgesetzt, dass es sich um ein homogenes und isotropes Material handelt.

Die Antriebsstränge werden nicht betrachtet. Die Eingangsgrößen für das System sind die Verdrehwinkel α und β, sowie die Geschwindigkeiten v_{KL1} und v_{LS} der Klemmstelle KL1 und Laminierstelle LS.

Zur Festlegung des Ursprungs des Koordinatensystems für die Betrachtung werden die Koordinatenrichtungen und Achsen definiert. In Bild 5.1 ist der Ursprung des Koordinatensystems dargestellt. Der Verlauf der x-Achse entspricht dabei dem Bahnverlauf bei Seitenansicht auf das System. Ihr Ursprung liegt auf der Höhe des Berührungspunktes zwischen Bahn und oberer Walze der Einlaufstelle. Die y-Achse verläuft lateral zur Bahn und hat ihren Ursprung an der vorderen Kante der Einlaufstelle. Die z-Achse ergibt sich als orthogonal zur x- und y-Achse verlaufende Ebene. Der Ursprung der z-Achse liegt auf der Höhe der Laminierstelle.

Für die Betrachtung der Bahnspannung und ihren Auswirkungen wird nur der Spannungszustand entlang der Bahn betrachtet. Die Dehnung des Bahnmaterials in y und z wird aufgrund der geringen Materialdicke und der im Verhältnis zur Länge des Bahnabschnitts geringen Bahnbreite vernachlässigt.

Für die Umlaufrichtung der Drehwinkel wird linksdrehend als Konvention gewählt. Der Ursprung der relevanten Winkel ist in Bild 5.2 in Kapitel 5.2 dargestellt.

Für die Bahnpositionen und die Bahnspannungsverteilung der Lagen vor und nach der Laminierstelle werden die folgenden Bezeichnungen eingeführt:

Für die Bahnposition der oberen Lage werden die Variablen x_O, y_O, *und* γ_O eingeführt. Die Bahnspannungsverteilung der oberen Lage wird durch q_O beschrieben. Entsprechend werden für die untere Lage x_U, y_U, γ_U und q_U verwendet. Für den Lagenverbund wird der Versatz der beiden Lagen zueinander durch x_V, y_V und γ_V angegeben. Die Bahnspannungsverteilung im Verbund wird nicht erfasst. Da sich die Betrachtungen zunächst auf die obere Lage konzentrieren, werden folgende zusätzlichen Beziehungen verwendet: $y_A = y_O(l_B)$ und $\gamma_A = \gamma_O(l_B)$, wobei l_B die Länge des oberen Bahnabschnitts darstellt.

5.2 Modellierung des Bahnlaufverhaltens für die obere Lage des funktionalen Schicht-Laminierprozesses

Modeling of web behavior for top layer of the functional sheet lamination process

In Bild 5.1 ist eine Seitenansicht des vereinfachten Systems gegeben. Für die Modellierung des Bahnlaufverhaltens werden die von außen auf das System wirkenden Kräfte betrachtet.

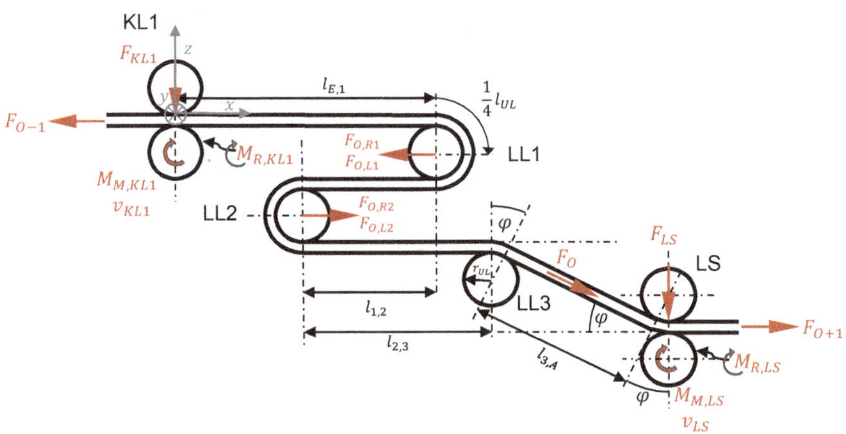

Bild 5.1: Seitenansicht des Systems mit angreifenden Kräften und Momenten

Side view of the system with applied forces and inertia

Mit den gemachten Annahmen sind für das System vier Stellgrößen verfügbar. Dies sind die Geschwindigkeiten der beiden Antriebe der Laminier- und der Klemmstelle v_{KL1} und v_{LS} sowie die Positionen der Verstellantriebe der Luftlager $x_{M,LL1}$ und $x_{M,LL2}$

(siehe Bild 4.9). Da die Geschwindigkeit der Laminierstelle aufgrund der daraus resultierenden Beeinflussung der unteren Lage nicht zur Regelung genutzt werden kann, wird v_{LS} mit v_B gleichgesetzt.

Durch das mathematische Modell soll der Zusammenhang zwischen den Stellgrößen und den Bahnpositionen x_O, y_O,und γ_O und der Bahnspannungsverteilung q_O der oberen Lage beschrieben werden. Um die Grundlagen für die Entwicklung eines regelungstechnischen Konzepts zu schaffen, werden die Auswirkungen von Änderungen der Stellgrößen auf den Lagenverbund betrachtet.

In Kapitel 4 sind in den Fehlerszenarien bereits die Grundlagen für die Auswirkungen verschiedener Ausrichtungen der oberen Lage an der Laminierstelle betrachtet worden. Der Versatz Δy_{VB} im Lagenverbund ist konstant, solange kein Winkel γ_A eingebracht wird. Zudem ist die Anfangsausrichtung der Lagen entscheidend für das Verhalten der Lage, da eine Verschiebung in y abhängig von γ_A ist. Ein Fehler $x_{V,err}$ im Lagenverbund kann nur durch Einbringung einer Bahnspannungsdifferenz zwischen unterer und oberer Lage angepasst werden. Die Bahnspannungsverteilung q_O soll der Bahnspannungsverteilung q_U angepasst werden. Gesucht werden die vier Funktionen:

$$\gamma_A = f(l_{BK,L1\,/\,BK,L2}, F_{O,R1\,/\,O,R2\,/\,O,L1\,/\,O,L2}, \gamma_A) \tag{5.1}$$

$$M_A = f(l_{BK,L1\,/\,BK,L2}, F_{O,R1\,/\,O,R2\,/\,O,L1\,/\,O,L2}) \tag{5.2}$$

$$\dot{y}_A = f(\gamma_A, v_B) \tag{5.3}$$

$$\dot{x}_{rel} = f(F_{U,R\,/\,U.L}, F_{O,R1\,/\,O,R2\,/\,O,L1\,/\,O,L2}, v_B) \tag{5.4}$$

Zur Herleitung der vier Funktionen wird das System in drei Modelle aufgeteilt. Das erste Modell der Bahndehnung beschreibt die Verschiebung einer definierten Bahnposition in x-Richtung. Eine Verschiebung der y_o-Position der Bahn wird durch das zweite Modell der lateralen Verschiebung beschrieben und erfordert die Einbringung eines Winkels γ. Eine Verschiebung findet hier nur bei $v_B > 0$ statt. Das dritte Modell beschreibt die Auswirkungen der Stellgrößen auf die laterale Bahnspannungsverteilung.

Vor der Modellierung der Einzelsysteme wird das Bahnverhalten der drehbaren Luftlager betrachtet, um ein allgemeines Verständnis für die Auswirkungen der Drehbewegung auf die Bahn zu bekommen.

Zur Beschreibung des Systems zur Korrektur der lateralen Position und der Bahnspannungsdifferenz werden die drehbar gelagerten Luftlager LL1 und LL2 betrachtet. Durch die Drehung um die Winkel α und β wird die Bahngeometrie geändert und der Winkel an der Laminierstelle kann verändert werden. Eine geometrische Betrachtung des eingeschwungenen Zustandes der Bahn bei unterschiedlichen α und β und verschiedenen Eingangs- und Ausgangspositionen lässt eine Beschreibung der Abhängigkeiten zu. In Bild 5.2 ist das idealisierte Verhalten der Bahn dargestellt, wenn die Luftlager um einen Winkel α und β verdreht werden. Die Bahn wird sich so ausrichten, dass die

Einfalls- und Ausfallswinkel der Bahn an den beiden Luftlagern jeweils einen resultierenden Winkel orthogonal zum jeweiligen Luftlager bilden. Die Krümmung durch den Radius der Luftlager ist in Bild 5.2 nicht visuell dargestellt.

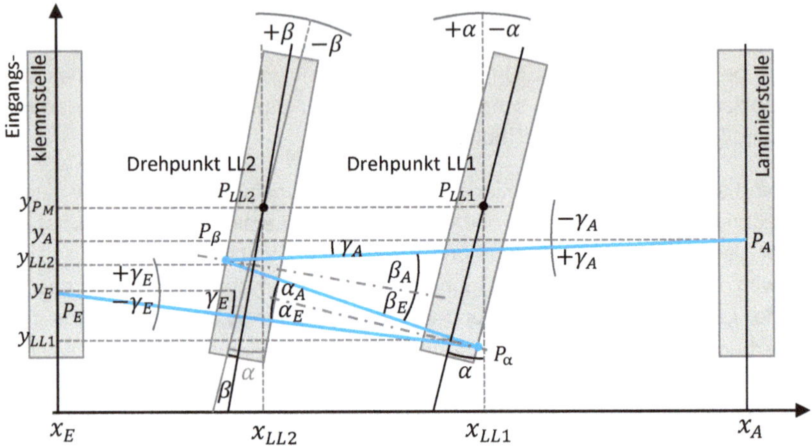

Bild 5.2: Eingeschwungene Ausrichtung der Bahn an den beiden Luftlagerwalzen bei Verdrehung um α und β

Settled alignment of web along both air roller with rotation α and β

Für die Einfalls- und Ausfallswinkel $\alpha_E, \alpha_A, \beta_E$ und β_A gelten die folgenden Zusammenhänge:

$$\alpha_E = \alpha_A \tag{5.5}$$

$$\beta_E = \beta_A \tag{5.6}$$

Der Zusammenhang mit den Winkeln α und β kann in Abhängigkeit der Winkel γ_A oder γ_E beschrieben werden.

$$\beta_E = \gamma_A + \beta - \alpha \tag{5.7}$$

$$\alpha_E = \gamma_E - \alpha. \tag{5.8}$$

Eine Verschiebung der Bahn bei Verdrehung wird durch die in der Bahn wirkenden Kräfte verursacht, die nun genauer betrachtet werden. In Bild 5.3 sind vier Szenarien dargestellt. Alle vier Szenarien stellen den Zustand der Bahn vor der Verschiebung dar. Zur Beschreibung der wirkenden Kräfte wird zusätzlich zum x-y-Koordinatensystem das u-v-Koordinatensystem verwendet (vgl. Bild 4.6), wobei die v-Achse orthogonal zur Mittelachse der jeweiligen Luftlagerwalze verläuft und die u-Achse der Walzenachse entspricht. Beide Koordinatensysteme sind für $\alpha = 0$ identisch. Das u_1-v_1-Koordinatensystem wird verwendet, da die Szenarien am Beispiel von LL1 dargestellt sind.

In Szenario (1) verläuft die Bahnspannung F_0 orthogonal zum Luftlager, wobei dieses nicht verdreht ist ($\alpha = 0$). Dabei sind die Winkel α_E und α_A gleich groß. In Szenario (2) sind α_E und α_A nicht identisch. Dieser Zustand kann beispielsweise durch eine versetzt einlaufende Substratbahn verursacht werden, wodurch ein Winkel γ_E eingebracht wird und eine Verschiebung der Substratbahn entlang y (entspricht in diesem Szenario der v_1-Achse) bewirkt wird, da das Luftlager nur die Kraft F_{q1} aufnimmt. Die Verschiebung wird somit durch die Kraft F_{q_y} hervorgerufen. In Szenario (3) gibt es ebenfalls eine Verschiebung der Substratbahn entlang v_1. Jedoch wird diese Verschiebung durch die Kraft $F_{q_{v1}}$ hervorgerufen, die durch eine Drehung des Luftlagers um α eingebracht wurde. Szenario (4) zeigt eine Kombination der Szenarien (2) und (3), wobei die Kräfte F_{q_y} und $F_{q_{v1}}$ gleich groß sind und sich somit aufheben. Eine Verschiebung findet daher nicht statt. Die Szenarien zeigen, wie sich eine laterale Verschiebung bei entsprechendem Winkel α entweder einbringen (Szenario (3)) oder vermeiden lässt (Szenario (4)).

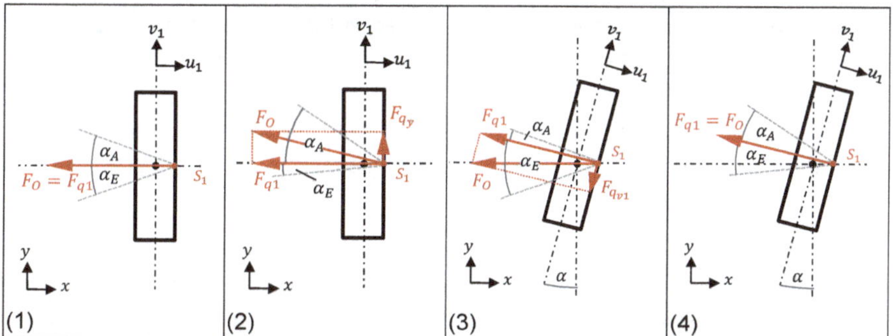

$\alpha_E = \alpha_A$	$\alpha_E \neq \alpha_A$	$\alpha_E \neq \alpha_A$	$\alpha_E = \alpha_A$
$\alpha = 0$	$\alpha = 0$	$\alpha \neq 0$	$\alpha \neq 0$

Bild 5.3: Wirkende Bahnkräfte in vier Szenarien

Acting web forces in four scenarios

Durch die Kräfte F_{q_y} und $F_{q_{v1}}$ erfährt die Bahn eine Beschleunigung. Die jeweiligen Beschleunigungen a_{q_y} und $a_{q_{v1}}$ der Bahn entlang eines Luftlager können durch Gleichung 5.9 beschrieben werden, wobei m_B die Masse des Bahnabschnitts ist.

$$a_{q_y\,/\,q_{v1}} = \frac{F_{q_y\,/\,q_{v1}}}{m_B} \tag{5.9}$$

Die Drehung um α eignet sich somit, die einlaufenden Fehler zu korrigieren, indem ein Kräftegleichgewicht $F_{q_y} = F_{q_{v1}}$ erzeugt wird.

Dieses Bahnverhalten bildet die Grundlage für die Entwicklung des mathematischen Modells. Die Verschiebung verursacht zudem eine Veränderung der mittleren Bahnspannung, da sich für die Substratbahn die Distanz zwischen KL1 und LS, für die $\alpha_E = \alpha_A$ gilt, durch die eingebrachten Winkel α und β ändert. Für das Modell der Bahndehnung wird aus den Betrachtungen ersichtlich, dass sich durch dieses Bahnverhalten entweder die Änderung der Distanz vermieden oder die Masse des im Bahnabschnitt befindlichen Materials angepasst werden muss. (Zur Vollständigkeit soll erwähnt werden, dass auch die Änderung der Temperatur eine Möglichkeit zur Kompensation einer Änderung der Bahndehnung darstellt. Da dies für viele Prozesse jedoch nicht praktikabel ist, wird diese Möglichkeit nicht weiter betrachtet) Während sich die erste Option nur aufwendig realisieren lässt, (beispielsweise durch zusätzliche Aktorik oder Änderung der Flughöhe der Substratbahn über den Luftlagern) kann die zweite Option durch Anpassung der Geschwindigkeit, der in KL1 einlaufenden Substratbahn realisiert werden. Im folgenden Abschnitt wird daher die zweite Option genauer betrachtet.

5.2.1 Modell der longitudinalen Verschiebung

Model for longitudinal web displacement

Modelle für die Bahndehnung wurden im Stand der Technik bereits umfangreich untersucht und aufgestellt. Die Modellierung basiert auf den bekannten Vorgehensweisen. In [GÖB13] erfolgt eine ausführliche Beschreibung der Zusammenhänge. Im Folgenden werden die bekannten Beschreibungen an das entwickelte Konzept angepasst.

Ausgehend von Massenströmen an der Klemmstelle KL1 für den Materialeinlauf $\dot{m}_E(t)$ und an der Laminierstelle LS für den Materialabfluss $\dot{m}_A(t)$ kann die Massenstrombilanz angegeben werden:

$$\dot{m}(t) = \dot{m}_E(t) - \dot{m}_A(t) \tag{5.10}$$

Das im System befindliche Anfangsvolumen V_0 kann durch Gleichung 5.11 beschrieben werden, wobei die Gesamtbahnlänge l_B mit Gleichung 5.12 beschrieben wird. Die Längen der einzelnen Abschnitte können der Seitenansicht des Systems in Bild 5.1 entnommen werden.

$$V_0 = l_B \cdot b_B \cdot d_B \tag{5.11}$$

$$l_B = l_{E,1} + l_{1,2} + l_{2,3} + l_{3,A} + l_{UL} + 2 \cdot r_{UL} \cdot \varphi \tag{5.12}$$

Die Massenstromänderung $\dot{m}(t)$ kann durch das Volumen und die Dichte der Bahn beschrieben werden und es ergibt sich Gleichung 5.13.

$$\frac{d}{dt} l_B(t) \cdot b_B \cdot d_B \cdot \rho_B = \dot{m}_E(t) - \dot{m}_A(t) \tag{5.13}$$

Da die Bahnbreite b_B, die Bahndichte ρ_B und die Bahndicke d_B als konstant angenommen werden, kann Gleichung 5.13 zu Gleichung 5.14 vereinfacht werden.

$$\frac{d}{dt} l_B(t) = \dot{x}_E(t) - \dot{x}_A(t) \tag{5.14}$$

Wobei es sich bei $\dot{x}_E(t) = v_{KL1}(t)$ und $\dot{x}_A(t) = v_{LS}(t) = v_B(t)$ um zwei der Stellgrößen des Systems handelt.

Für den funktionalen Laminierprozess ist durch Gleichung 5.14 eine Kompensation einer bekannten Längenänderung durch Einbringung einer Geschwindigkeitsdifferenz realisierbar ohne die Bahnzugkraft als Rückgabewert heranzuziehen. Störungen wie

Schlupf oder Dehnung durch Temperaturänderung können auf diese Weise jedoch nicht erfasst werden. Deshalb ist die Vorgabe einer Bahnzugkraftdifferenz genauer, da durch diese die Störungen im System und Abweichungen bei der Geschwindigkeit der Motoren miterfasst werden.

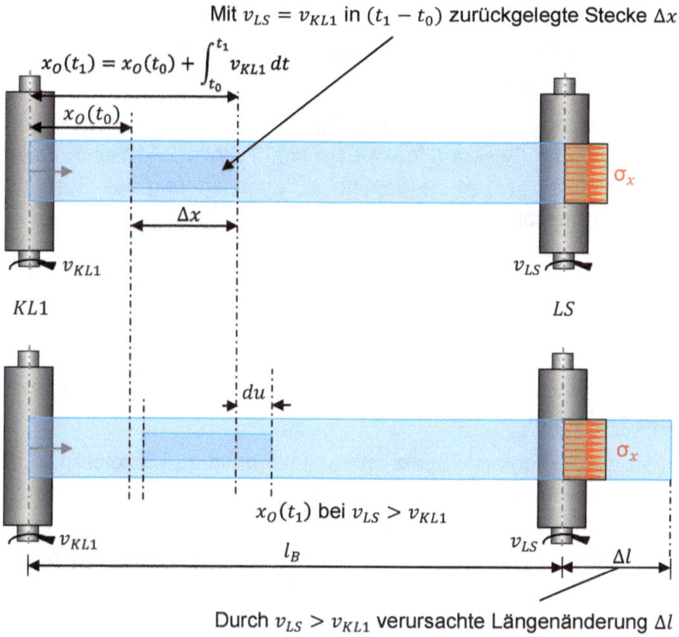

Bild 5.4: Einfluss unterschiedlicher Bahngeschwindigkeiten bei KL1 und LS auf die longitudinale Bahnposition

Influence of different web speeds at KL1 and LS on longitudinal web position

Der Zusammenhang zwischen einer longitudinalen Bahnposition $x_O(t)$ und der Stellgröße $v_{KL1}(t)$ wird durch Gleichung 5.15 beschrieben. In Bild 5.4 ist das Prinzip verdeutlicht. Wenn die beiden Geschwindigkeiten v_{KL1} und v_{LS} identisch sind, verschiebt sich ein beliebiger Punkt $x_O(t_0)$ um die Strecke, die mit der Geschwindigkeit v_{KL1} in dem betrachteten Zeitraum zurückgelegt wird. Sind die beiden Geschwindigkeiten v_{KL1} und v_{LS} nicht identisch, wird eine Längenänderung Δl nach Gleichung 5.14 eingebracht. Die betrachtete Bahnposition x_O wird durch die Längenänderung ebenfalls anteilig beeinflusst. Ausgehend von einer Position zum Zeitpunkt t_0 kann somit der Verlauf der Position x_O in Abhängigkeit der beiden Geschwindigkeiten v_{KL1} und v_{LS} zu jedem Zeitpunkt angegeben werden:

$$x_O(t) = x_O(t_0) \cdot \left(\frac{1}{l_B} \cdot \left(\underbrace{\int_{t_0}^{t} \left(v_{LS}(t) - v_{KL1}(t) \right) dt}_{\Delta l} + l_B \right) \right) + \int_{t_0}^{t} v_{KL1}(t) dt \qquad (5.15)$$

Da die Differenz der Walzengeschwindigkeit eine Änderung der Bahnspannung verursacht, ist die Überprüfung der eingebrachten Längenänderung direkt möglich, da die Bahnspannung als Messgröße zur Verfügung steht.

Eine Längenänderung des Bahnabschnitts hat eine Dehnung des Materials zur Folge. Diese kann über das Hook'sche Gesetz (Hooke-Element, Tabelle 2.6) beschrieben werden. Die resultierende Kraft $F_B(t)$ ist die gemittelte Bahnspannung des Systems und kann mit Gleichung 5.16 beschrieben werden.

$$F_B(t) = \varepsilon(t) \cdot E_B \cdot b_B \cdot d_B \qquad (5.16)$$

$$\varepsilon(t) = \frac{\Delta l(t)}{l_B} \qquad (5.17)$$

Für eine dynamische Betrachtung kann Gleichung 5.17 auch durch verschiedene rheologische Modelle ersetzt werden.

Um einen gemessenen longitudinalen Versatz im Lagenverbund zu korrigieren, wird eine Bahnzugkraftdifferenz vorgegeben. Eine definierte Längenänderung Δl durch eine Kraftdifferenz ΔF kann nach dem Hook'schen Gesetz ohne Kenntnis der schon anliegenden Dehnung oder Bahnzugkraft eingebracht werden (Gleichung 5.18). Ebenso kann durch Verringerung der Bahnzugkraft die Dehnung reduziert werden, um ein Versatz in die entgegengesetzte Richtung zu korrigieren.

$$\Delta F = \frac{\Delta l}{l_B} \cdot E_B \cdot b_B \cdot d_B \qquad (5.18)$$

Die Bahnzugkraftdifferenz ΔF kann mit den Messgrößen durch Gleichung 5.19 beschrieben werden. Die Summe der Kräfte der oberen Bahn in der Klammer kann vereinfacht durch F_O dargestellt werden. In Bild 5.5 sind die im System auftretenden, beteiligten Kräfte dargestellt.

$$\Delta F = \underbrace{\left(F_{U,L} + F_{U,R} \right)}_{F_U} - \frac{1}{2} \underbrace{\left(F_{O,R1} + F_{O,R2} + F_{O,L1} + F_{O,L2} \right)}_{F_O} \qquad (5.19)$$

Da beide Lagen an der Laminierstelle miteinander verbunden werden, wird F_{VB} als Bahnzugkraft des Bahnverbundes dargestellt.

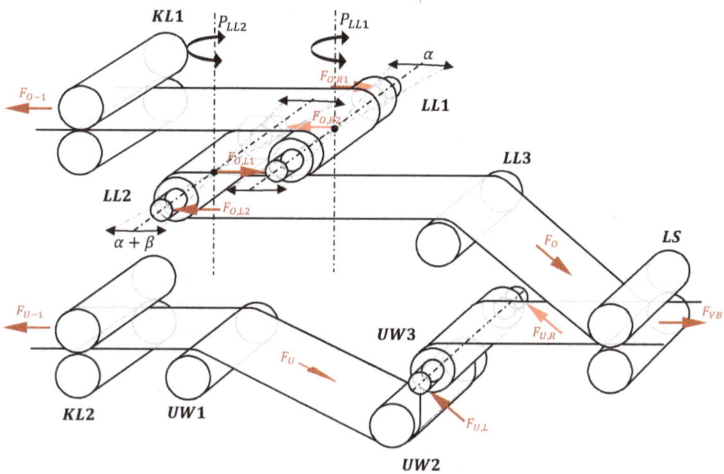

Bild 5.5: Übersicht der im System auftretenden Bahnkräfte in den beiden Bahnen und den vorhandenen Messstellen

Overview of web tensions inside the system in both layers and at the existing measurement positions

Für die Korrektur des Versatzes $x_{V,err}$ muss zwischen der oberen und der unteren Lage eine Bahnzugkraftdifferenz aufrechterhalten werden, bis der durch die Längendifferenz Δx_O veränderte Massenfluss der oberen Lage den Versatz kompensiert hat (Gleichung 5.20).

$$x_{V,err} = \int_{t_0}^{t} \underbrace{\left(\frac{\Delta x_O(t)}{l_B} \cdot v_B(t) \right)}_{\dot{x}_{rel}} dt \qquad (5.20)$$

Um die Auswirkungen des Luftlagers auf die Bahnzugkraft und somit auf das Modell der Bahndehnung zu untersuchen, wird zusätzlich noch eine Beschreibung für das Verhalten der Luftlager gesucht. Ein geeignetes Ersatzmodell für den Luftfilm zwischen der Bahn und der Oberfläche des Luftlagers ist ein Feder-Masse-Dämpfer-System. Mit Gleichung 5.21 kann das dynamische Verhalten an einer definierten Position über dem Luftlager beschrieben werden, wobei h_{LL} die Spalthöhe der Bahn über dem Luftlager beschreibt und d_{LL} die Dämpfungskonstante und c_{LL} die Federkonstante im Ersatzmodell sind. Die Messung der Spalthöhe an verschiedenen Positionen lässt auf diese Weise einen Rückschluss auf das Verhalten der Bahnspannungsverteilung zu.

$$F_{LL} = m_B \cdot \frac{d^2 h_{LL}}{dt^2} + d_{LL} \cdot \frac{dh_{LL}}{dt} + c_{LL} \cdot h_{LL} \qquad (5.21)$$

Mit den hergeleiteten Formeln lassen sich die Zusammenhänge der Stellgrößen und der Bahnposition in x und der mittleren Bahnspannung F_B beschreiben und für die Entwicklung eines Regelungskonzeptes nutzen. Der Einfluss der Luftlager auf die Bahnspannung kann durch das gewählte Modell untersucht werden. Für die Modellierung der lateralen Verschiebung ist zu beachten, dass die durch die Manipulation erzeugte Längenänderung beschrieben wird.

5.2.2 Modell der lateralen Verschiebung

Model for lateral displacement

Wie bereits in der Konzeptentwicklung behandelt, wird die laterale Verschiebung $\dot{y}_A$ der Bahn an der Laminierstelle durch den Winkel γ zwischen Laminierstelle LS und Bahnlauf bestimmt. Es gilt folgender Zusammenhang:

$$\dot{y}_A(t) = \gamma_A(t) \cdot v_B(t) \tag{5.22}$$

Dies kann anschaulich dadurch beschrieben werden, dass an der Laminierstelle aufgrund der Klemmung die Haftreibung nicht überschritten wird und eine Verschiebung lediglich durch die Änderung der einlaufenden y-Position der Bahn hervorgerufen wird. Die y-Position der Bahn ändert sich nur bei anliegender Bahngeschwindigkeit. Dies entspricht der partiellen Ableitung $\partial y/\partial x$ an der Laminierstelle L, wobei diese anschaulich den Winkel γ darstellt. Es gilt:

$$\frac{\partial y_O(x,t)}{\partial x}(l_B) = \gamma(l_B, t) = \gamma_A(t) \tag{5.23}$$

∂x wiederum ist die bei der Bahngeschwindigkeit v_B zurückgelegte Strecke. Da $\gamma_A(t)$nicht direkt gemessen werden kann, muss der Zusammenhang zwischen der tatsächlichen Messstelle KS und $\gamma_A(t)$ hergeleitet werden (vergleiche Bild 5.6). Zur Beschreibung des Winkels an der Laminierstelle sind verschiedene Ansätze denkbar. Im Stand der Technik sind zur Modellierung der Schwingungen Bahnmodelle aus der Balkentheorie angewendet worden. Idealisierte Modelle basieren auf der Annahme der Bahn als Faden. So kann die Position $y_O(l_B, t) := y_A(t)$ in Abhängigkeit des Abstandes l_{KS} zwischen Laminierstelle LS und Messposition KS durch eine einfache trigonometrische Betrachtung beschrieben werden. Hierfür wird die Position $y_O(l_{KS}, t)$ und der Winkel $\gamma_O(l_{KS}, t)$ an der Messstelle erfasst und die Position $y_O(l_{KS}, t)$ mit Gleichung 5.24 berechnet.

$$y_O(l_{KS}, t) = y_O(l_{KS}, t) - \tan(\gamma_O(l_{KS}, t)) \cdot l_{KS} \tag{5.24}$$

Für $\gamma_0 \ll 1$ und somit gilt in guter Näherung:

$$y_O(l_{KS}, t) = y_O(l_{KS}, t) - \gamma_O(l_{KS}, t) \cdot l_{KS} \tag{5.25}$$

Für die laterale Verschiebung bedeutet dieses Modell, dass eine Verschiebung auftritt, sobald ein Winkel gemessen wird. An der Laminierstelle entsteht in diesem Modell unmittelbar ein Knick in der Bahn wie in Bild 5.6 dargestellt. Der Winkel $\gamma_O(l_{KS}, t)$ entspricht dabei $\gamma_A(t)$.

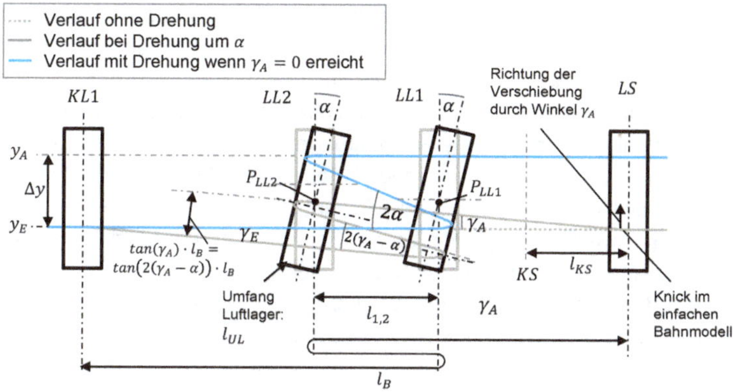

Bild 5.6: Zusammenhang zwischen Drehwinkel und Ausfallwinkel

Correlation between angle of rotation and angle of exit

Um einen Winkel γ_A einzubringen, muss eine zusätzliche Differenz zwischen y_{LL1} und y_{LL2} (vergleiche Bild 5.2) erzeugt werden. Mit dem entwickelten Konzept ist das durch eine Drehung der beiden Luftlager um den Winkel α möglich. Durch die Drehung wird entsprechend der Darstellung in Bild 5.3 ein Kräfteungleichgewicht in beiden Luftlagern erzeugt. Die Bahn richtet sich aufgrund der fehlenden Reibung neu aus. Das Gleichgewicht wird durch gleiche Ein- und Ausfallswinkel an beiden Luftlagern definiert. Ausgehend von der Annahme, dass zunächst $y_E = y_A$ gilt und kein Winkel β eingebracht ist, kann der Winkel γ_A somit durch Gleichung 5.26 beschrieben werden.

$$tan(\gamma_A) = \frac{tan(2(\gamma_A - \alpha)) \cdot (l_{1,2} + l_{UL})}{l_B} \tag{5.26}$$

Mittels Kleinwinkelnäherung gilt somit:

$$\gamma_A = \frac{2\alpha \cdot (l_{1,2} + l_{UL})}{l_B + 2 \cdot (l_{1,2} + l_{UL})} \tag{5.27}$$

Unterschiedliche Bahnzugkräfte haben in diesem Modell keinen Einfluss. Zudem müssen bei dieser Betrachtung für die Beschreibung der lateralen Bahnspannungsverteilung beide Ränder der Bahn und die Längenänderung über die Diagonalen betrachtet werden, um eine Aussage treffen zu können.

Die Modelle aus der Balkentheorie bieten hier den Vorteil, dass neben dem Moment, mit welchen sich die Bahnspannungsverteilung berechnen lässt, auch der Winkel γ_A direkt aus dem Modell abgeleitet werden kann. Bei geeigneter Wahl der Randbedingungen weisen diese Modelle zudem keinen Knick der Bahn an der Laminierstelle auf.

Während sich die Modelle im Stand der Technik hauptsächlich mit der Modellierung der lateralen Bahnschwingung bei Einsatz von reibungsbehafteten Drehrahmen beschäftigen, ist ein Modell, das die Biegung der Bahn durch Manipulation mit Luftlagern beschreibt, noch nicht behandelt worden.

Die laterale Verschiebung wird bereits im Stand der Technik als Bernoulli-Balken modelliert. Diese Vorgehensweise wird auch in dieser Arbeit herangezogen, um die laterale Verschiebung und die durch einlaufende Fehler oder Verstellung der Luftlager verursachte Verschiebung zu modellieren. Im Unterschied zu den bekannten Modellen, wird das Modell nicht genutzt, um laterale Schwingungen zu modellieren, sondern um die Biegung der Bahn im Bahnabschnitt zu modellieren, die bei Drehung der Luftlager verursacht wird. Das Balkenmodell ist in Bild 5.7 dargestellt. Die Durchbiegung wird durch einen lateralen Versatz erzeugt. Wie bereits bei Fehlerszenarien in Tabelle 4.3 dargestellt, kann dieser durch einen einlaufenden Fehler (Schiefer Einlauf) oder durch Manipulation mittels der Luftlager (vgl. Bild 5.6) erzeugt werden. Der Zusammenhang zwischen α und Δy kann durch Gleichung 5.28 beschrieben werden.

$$\Delta y = 2\alpha \cdot (l_{1,2} + l_{UL}) - (y_A - y_E) \tag{5.28}$$

Die Auswahl des Modells und die Randbedingungen ergeben sich aus den durch die Drehbewegung veränderten Idealzustand der Bahn, bei dem der Bahnlauf an allen Walzen orthogonal orientiert ist. Da dieser Zustand erst mit $v_B > 0$ angestrebt werden kann (vgl. Gleichung 5.22), ist die Drehung der Luftlager um α gleichbedeutend mit einer lateralen Verschiebung an der Laminierstelle. Das Modell stellt zwar eine Vereinfachung der real wirkenden Kräfte dar, jedoch bietet dieses Modell den Vorteil eines linearen Momentenverlaufs und lässt sich in der Praxis gut integrieren.

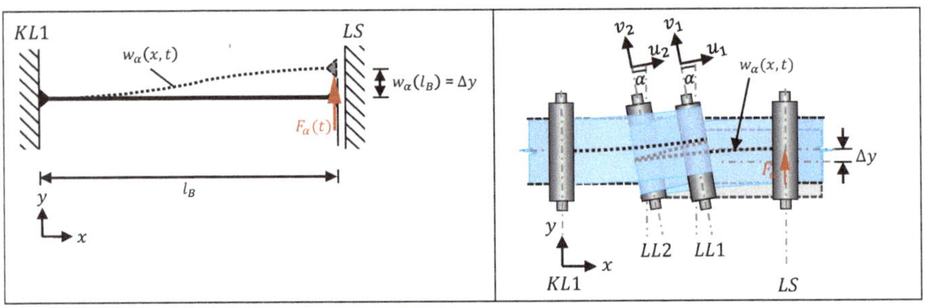

Bild 5.7: Balkenmodell der Bahn zwischen zwei Klemmstellen bei Verdrehung um α

Beam model for web between two NIP rollers for rotation with α

Im Balkenmodell wird die Einlaufstelle KL1 als feste Einspannung und die Laminierstelle LS als Parallelführung modelliert. Begründet wird dies durch die Randbedingungen 5.29-5.36 bei der Balkenbiegung.

$$w_\alpha(0,t_0) = 0 \tag{5.29}$$
$$w_\alpha(l_B,t_0) = \Delta y(t_0) \tag{5.30}$$
$$w_\alpha'(0,t_0) = 0 \tag{5.31}$$
$$w_\alpha'(l_B,t_0) = 0 \tag{5.32}$$
$$M_\alpha(0,t_0) \neq 0 \tag{5.33}$$
$$M_\alpha(l_B,t_0) \neq 0 \tag{5.34}$$
$$Q_\alpha(0,t_0) \neq 0 \tag{5.35}$$
$$Q_\alpha(l_B,t_0) = -F_\alpha(t_0) \tag{5.36}$$

Beidseitig kann ein Moment aufgenommen werden. Die Parallelverschiebung erfolgt nicht direkt durch Verschiebung der Laminierstelle. Jedoch wird durch einlaufende

Fehler oder Verstellung der Luftlager die Orientierung eines entspannten Balkens verändert. Die laterale Biegung der Bahn kann mit den allgemeinen Gleichungen für den Einfeldbalken [GROS07] und den Randbedingungen somit durch

$$w_\alpha(x,t_0) = \frac{F_\alpha(t_0)\cdot {l_B}^3}{12E_B I_B}\left[2\left(\frac{x}{l_B}\right)^3 - 3\left(\frac{x}{l_B}\right)^2\right] \tag{5.37}$$

beschrieben werden.

Die Steigung an jeder Stelle der Biegelinie kann durch Ableitung von $w_\alpha(x,t_0)$ nach x ermittelt werden:

$$w'_\alpha(x,t_0) = \frac{F_\alpha(t_0)\cdot {l_B}^2}{2E_B I_B}\left[\left(\frac{x}{l_B}\right)^2 - \left(\frac{x}{l_B}\right)\right] \tag{5.38}$$

Der Zusammenhang zwischen α und dem Winkel γ_A kann somit über die Kraft F_α dargestellt werden, indem Gleichung 5.30 in 5.37 eingesetzt wird. Nach F_α aufgelöst ergibt sich Gleichung 5.38.

$$F_\alpha(t) = -\frac{12E_B I_B}{{l_B}^3}\cdot \Delta y(t) \tag{5.39}$$

Durch Einsetzten von Gleichung 5.28 in F_α kann diese in Abhängigkeit von α und dem aktuellen Versatz $y_A - y_E$ angegeben werden. Da durch die Randbedingung 5.32 bei $x = l_B$ kein Winkel anliegt, verschiebt sich die Bahn zum Zeitpunkt t_0 nicht. Zur Modellierung der Verschiebung wird die Bewegung der Bahn in einem Zeitschritt Δt betrachtet. Da sich die Biegelinie ohne anliegende Bahngeschwindigkeit nicht ändert, kann angenommen werden, dass diese für den Zeitschritt Δt konstant ist. Es wird nun die Strecke Δx betrachtet, die die Bahn im Zeitschritt Δt zurücklegt und die Biegelinie w_α und die Steigung der Biegelinie w'_α an der Stelle $x - \Delta x$ betrachtet. Bei einer Bahngeschwindigkeit $v_B > 0$ wird die Steigung $w'_\alpha(x - \Delta x, t_0)$ nun als γ_A definiert. In Bild 5.8 ist die Vorgehensweise für einen Zeitschritt Δt beginnend bei t_0 dargestellt. Ein eingebrachter Winkel γ_A bleibt zudem erhalten. Mit jedem Iterationsschritt vergrößert sich somit der Winkel und die Geschwindigkeit der lateralen Verschiebung nimmt zu.

Die nach dem Zeitschritt eintretende Änderung von $w_\alpha{}'(x,t)$ kann in Abhängigkeit der Bahngeschwindigkeit angegeben werden.

$$\gamma_A(l_B,t_i) = w_\alpha{}'\left(l_B - \int_{t_{i-1}}^{t_i} v_B\, dt\,, t_{i-1}\right) + \gamma_A(l_B,t_{i-1}) \tag{5.40}$$

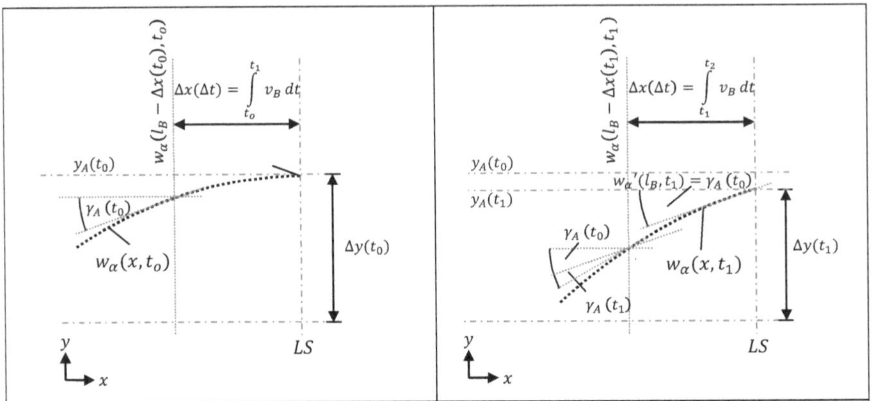

Biegelinie w_α zum Zeitpunkt t_0	Biegelinie w_α Zeitpunkt t_1

Bild 5.8: Vergleich der Biegelinie w_α bei t_0 und t_1 mit $w_\alpha'(l_{B,}\, t_0) = 0$ und $v_B > 0$

Comparison of bending line w_α at t_0 and t_1 with $w_\alpha'(l_{B,}\, t_0) = 0$ and $v_B > 0$

Die Messung der Auslenkung $w_\alpha(x)$ und des Winkels $w_\alpha'(x)$ erfolgt an einer definierten Position der Bahn anhand geeigneter Referenzstrukturen.

Nach Gleichung 5.22 ruft der Winkel γ_A eine laterale Verschiebung der Bahn hervor. Diese Verschiebung verändert die Randbedingung nach 5.30, da sich Δy ändert und somit die Biegung der Bahn. Mit jedem Iterationsschritt verringert sich Δy. Der in einem beliebig kleinen Zeitschritt Δt zurückgelegte Weg der Bahn bewirkt somit auch eine laterale Bewegung der Bahn an der Laminierstelle. Die Änderung des Winkels in einem beliebig kleinen Zeitschritt lässt sich durch 5.41 beschreiben.

$$\Delta\gamma_A(l_B, t_i) = w_\alpha'(l_B, t_i) - w_\alpha'(l_B - \Delta x(\Delta t)) \tag{5.41}$$

Aus Gleichung 5.22 und 5.40 wird deutlich, dass bei einer eingebrachten Biegung der Bahn und einer Bahngeschwindigkeit $v_B > 0$ m/min eine Verschiebung der Bahn bis zum vollständigen Ausgleich der Biegung erfolgt.

Aus Gleichung 5.39 geht hervor, dass der in der Laminierstelle eingebrachte Winkel γ_A erhalten bleibt. Auf diese Weise wird eine zunehmend inhomogene Bahnspannungsverteilung in das System eingebracht. Im Modell wird dieses Moment als M_γ berücksichtigt (vgl. Tabelle 5.1). Eine Kompensation ist jedoch nicht erwünscht, da diese der Verschiebung entgegenwirkt. Da die Erhaltung des Winkels an der Laminierstelle jedoch nur bei großen lateralen Abweichungen, insbesondere in Fehlerszenario 3 (vgl. Tabelle 4.3) notwendig ist, wird für diese Zeit die Bahnspannungsregelung ausgesetzt. Für den Ausgleich von Fehlerszenario 1 ist die Vermeidung einer lateralen Verschiebung durch das Modell möglich. In Bild 5.9 ist die Korrektur für Fehlerszenario 1 dargestellt. Insbesondere lassen sich einlaufende Fehler durch das Modell anhand der Messung der Bahnspannungsverteilung erfassen.

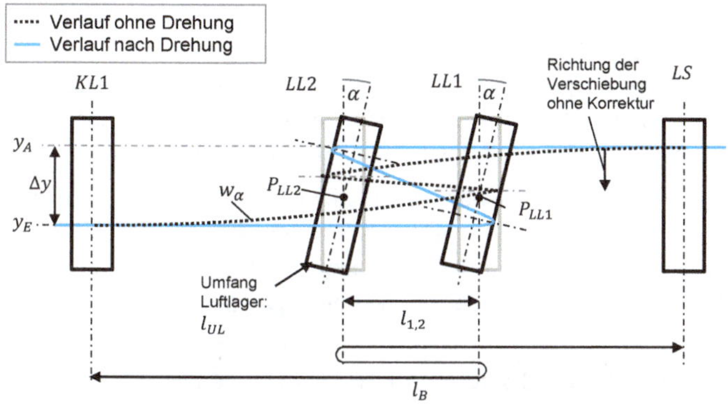

Bild 5.9: Korrektur der durch einen schiefen Einlauf der Bahn verursachten Biegung mittels Drehung um P_{LL1} und P_{LL2} um den Winkel α

Correction of a bending caused by a misaligned incoming web with rotation around P_{LL1} and P_{LL2} with angle α

Wird der Momentenverlauf, der durch die Biegung entsteht, erfasst, lässt sich mit dem Modell die Biegung kompensieren und es kommt zu keiner lateralen Verschiebung.

Im aufgestellten Balkenmodell wird die Auslenkung durch eine äußere Kraft F_α hervorgerufen. Im vorliegenden Fall ist die Auslenkung gegeben und mittels Gleichung 5.42 kann die Kraft F_α genutzt werden, um den Momentenverlauf $M_\alpha(x,t)$ innerhalb der Bahn zu berechnen:

$$M_\alpha(x,t) = -w_\alpha''(x,t) \cdot E_B \cdot I_B = \frac{F_\alpha(t) \cdot l_B}{2}\left[2\left(\frac{x}{l_B}\right) - 1\right] \tag{5.42}$$

Mit dem Momentenverlauf kann die laterale Bahnspannungsverteilung entlang der Bahn berechnet werden. Das Moment M_α lässt nur Rückschluss auf die durch Verschiebung verursachte Bahnspannungsverteilung zu. Deswegen wird ein zusätzliches Modell aufgestellt, welches die auftretenden Lagerkräfte in den Aufhängungen der Luftlager berücksichtigt. Somit kann eine bereits einlaufende Inhomogenität in der Bahnspannung erfasst werden.

5.2.3 Modell der lateralen Bahnspannungsverteilung

Model for lateral web tension distribution

Die laterale Bahnspannungsverteilung kann anhand der gemessenen Kräfte in den Lagern und anhand der Bahnkanten modelliert werden. Wie bereits bei der Vorstellung des Messprinzips in Kapitel 4.2.3, kann durch die beiden Messpunkte der Kraftangriffspunkt berechnet werden. Durch Kenntnis der Bahnkanten lässt sich die laterale Bahnspannungsverteilung ermitteln. Für die Modellierung wird das eingeführte Koordinatensystem genutzt. Dadurch lässt sich die Position des Kraftangriffspunktes wie in Gleichung 4.6 in Kapitel 4.2.3 beschrieben und die Bahnspannungsverteilung entsprechend Gleichung 4.10 als Moment darstellen.

Die Ursache für eine inhomogene Bahnspannungsverteilung kann allein durch Messung nicht festgestellt werden. Zum einen kann eine durch die Verstellung der Luftlager oder durch einen Fehler beim Bahneinlauf verursachte laterale Verschiebung der Bahn die Ursache sein, zum anderen kann eine inhomogene Bahnspannungsverteilung durch eine einlaufende Inhomogenität verursacht werden.

Insbesondere soll das Modell unterscheiden zwischen einer gewünschten inhomogenen Bahnspannungsverteilung aufgrund von Korrektur und zwischen einer Störung. Dafür wird das durch eine Verschiebung der Bahn eingebrachte Moment herangezogen, um einen Rückschluss auf die aktuelle Bahnspannungsverteilung ziehen zu können.

Die Einbringung eines Winkels β wird durch das in Bild 5.10 dargestellte Balkenmodell modelliert. Zur Beschreibung der Biegung wird die Kraft F_β eingeführt, die aus der Verdrehung um β resultiert. An der Stelle LL2 kann die entlang x verlaufende Bahnzugkraft nicht mehr vollständig aufgenommen werden. Aus dieser Betrachtung resultiert eine Kraft F_β, die entlang v_2 wirkt und eine Biegung verursacht. Die Bestimmung der Kraft F_β erfolgt über den Momentenverlauf gegeben durch $M_{\beta,x}$ und $M_{\beta,\tilde{x}}$.

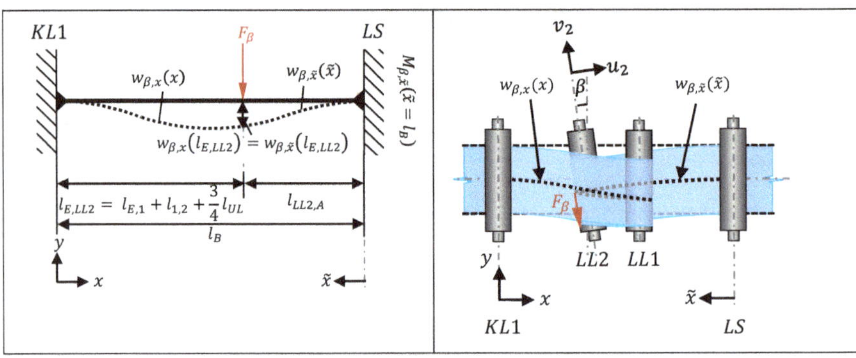

Bild 5.10: Balkenmodell der Bahn bei eingebrachtem Winkel β

Beam model of web for rotation with β

Für das Modell der Bahn bei Biegung durch die Verstellung um β lassen sich die Randbedingungen mit den Gleichungen 5.43 bis 5.50 beschreiben. Die resultierende Biegelinie wird durch die Gleichungen 5.51 und 5.52 beschrieben. Die Koordinate $\tilde{x}$ hat dabei ihren Ursprung an der Laminierstelle und zeigt gegen die x - Richtung.

$$w_{\beta,x}(0) = 0 \quad (5.43) \qquad w_{\beta,\tilde{x}}(0) = 0 \quad (5.44)$$

$$w'_{\beta,x}(0) = 0 \quad (5.45) \qquad w'_{\beta,\tilde{x}}(0) = 0 \quad (5.46)$$

$$M_{\beta,x}(0) \neq 0 \quad (5.47) \qquad M_{\beta,\tilde{x}}(0) \neq 0 \quad (5.48)$$

$$Q_{\beta,x}(0) \neq 0 \quad (5.49) \qquad Q_{\beta,\tilde{x}}(0) \neq 0 \quad (5.50)$$

$$w_{\beta,x}(x) = \frac{F_\beta l_{LL2,A}{}^2}{6 E_B I_B}\left[3 l_{E,LL2}\left(\frac{x}{l_B}\right)^2 - \left(l_B + 2 l_{E,LL2}\right)\left(\frac{x}{l_B}\right)^3\right] \quad \text{für } 0 \leq x \leq l_{E,LL2} \qquad (5.51)$$

$$w_{\beta,\tilde{x}}(\tilde{x}) = \frac{F_\beta {l_{E,LL2}}^2}{6E_B I_B}\left[3l_{LL2,A}\left(\frac{\tilde{x}}{l_B}\right)^2 - (l_B + 2l_{LL2,A})\left(\frac{\tilde{x}}{l_B}\right)^3\right] \quad \text{für } 0 \leq \tilde{x} \leq l_{LL2,A} \tag{5.52}$$

Für die Betrachtung der lateralen Bahnspannungsverteilung ist für die Verstellung um β der Momentenverlauf entscheidend. Durch die zweite Ableitung nach x bzw. $\tilde{x}$ von $w_\beta(x)$ bzw. $w_{\beta,\tilde{x}}(\tilde{x})$ lassen sich die Momentenverläufe ermitteln.

$$M_{\beta,x}(x) = \frac{F_\beta {l_{LL2,A}}^2}{l_B}\left[\frac{l_{E,LL2}}{l_B} - \left(1 + \frac{2l_{E,LL2}}{l_B}\right)\left(\frac{x}{l_B}\right)\right] \quad \text{für } 0 \leq x \leq l_{E,LL2} \tag{5.53}$$

$$M_{\beta,\tilde{x}}(\tilde{x}) = \frac{F_\beta {l_{E,LL2}}^2}{l_B}\left[\frac{l_{LL2,A}}{l_B} - \left(1 + \frac{2l_{LL2,A}}{l_B}\right)\left(\frac{\tilde{x}}{l_B}\right)\right] \quad \text{für } 0 \leq \tilde{x} \leq l_{LL2,A} \tag{5.54}$$

Zusätzlich zu den Momenten $M_\alpha(l_B)$ und $M_{\beta,\tilde{x}}(0)$ bei LS kommen die beiden Momente M_γ und M_β, die durch die Änderung der Fläche im Bahnabschnitt hervorgerufen werden. Dabei wird nicht die Änderung der Bahnlänge l_B betrachtet, sondern die Änderung der Länge an den Bahnkanten, die durch die beiden Winkel verursacht wird. Für die Betrachtung wird die Bahnlänge l_B entlang $y_{LL1\,/\,LL2}$ definiert. In Bild 5.11 ist die Auswirkung auf die Fläche dargestellt und die resultierende Änderung der Bahnspannungsverteilung.

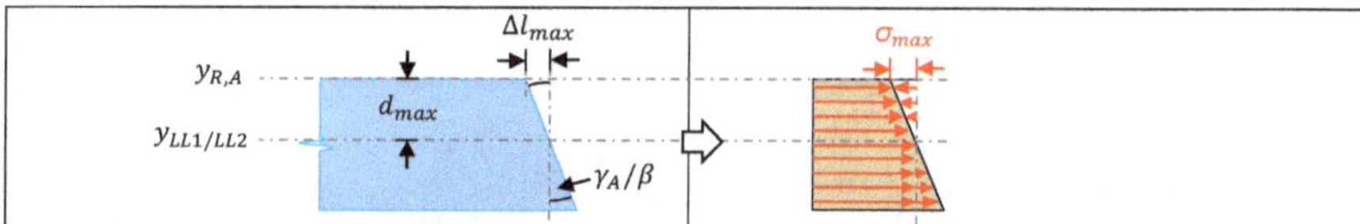

Durch β oder γ verursachte Flächenänderung der Bahn im Bahnabschnitt	Resultierende angenommen Änderung der Bahnspannungsverteilung

Bild 5.11: Durch Flächenänderung verursachte Änderung der Bahnspannungsverteilung

Change of web tension distribution caused by changing the web area

Aus dieser Betrachtung wird zunächst die maximale Längenänderung Δl_{max} an der Bahnkante BK1 mit Gleichung 5.55 berechnet.

$$\Delta l_{max} = tan(\gamma_A + \beta) \cdot d_{max} \tag{5.55}$$

Wird l_{max} als Längenänderung betrachtet, lässt sich durch Anwendung des Hook'schen Gesetzes σ_{max} berechnen.

$$\sigma_{max} = E_B \cdot \frac{\Delta l_{max}}{l_B} \tag{5.56}$$

Mit der Annahme, dass die eingebrachten Winkel klein sind, lässt sich durch Kleinwinkelannäherung eine getrennte Beschreibung der Momente M_γ und M_β herleiten. Hierfür wird das Moment über das Widerstandsmoment und σ_{max} beschrieben.

$$M_\gamma = W_B \cdot E_B \cdot \frac{\gamma \cdot d_{max}}{l_B} \tag{5.57}$$

$$M_\beta = W_B \cdot E_B \cdot \frac{\beta \cdot d_{max}}{l_B} \tag{5.58}$$

Durch die gewählten Modelle lassen sich die Auswirkungen der jeweiligen Stellgrößen auf die Momentenverläufe unterscheiden. In Tabelle 5.1 sind die resultierenden Momentenverläufe und das Moment an der Laminierstelle dargestellt.

Tabelle 5.1: Momentenverläufe der durch die Stellgrößen eingebrachten Winkel

Torque curve caused by in induced angles by manipulation variables

<table>
<tr><th colspan="2">Einflussgröße</th><th>Moment</th><th>Momentenverlauf (bei positiver Einflussgröße)</th></tr>
<tr><td rowspan="4">Drehung um</td><td rowspan="4">α</td><td>Gleichung Momentenverlauf</td><td rowspan="4">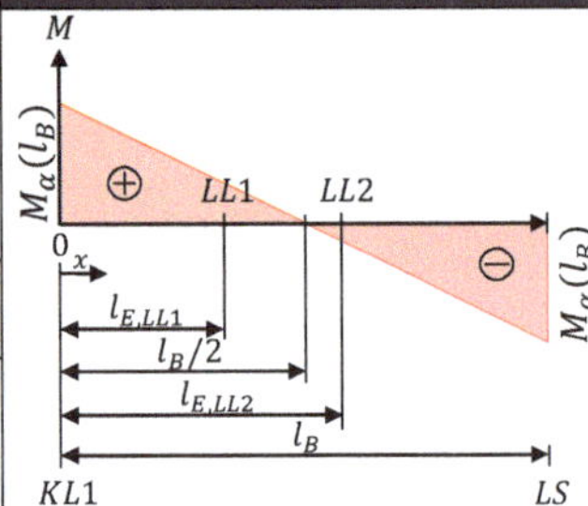
</td></tr>
<tr><td>$M_\alpha(x) = -\frac{F_\alpha l_B}{2}\left[2\left(\frac{x}{l_B}\right)-1\right]$</td></tr>
<tr><td>Moment M_α an der Laminierstelle</td></tr>
<tr><td>$M_\alpha(l_B) = -\frac{F_\alpha l_B}{2}$</td></tr>
<tr><td rowspan="7">Drehung um</td><td rowspan="7">β</td><td>Gleichung Momentenverlauf</td><td rowspan="7">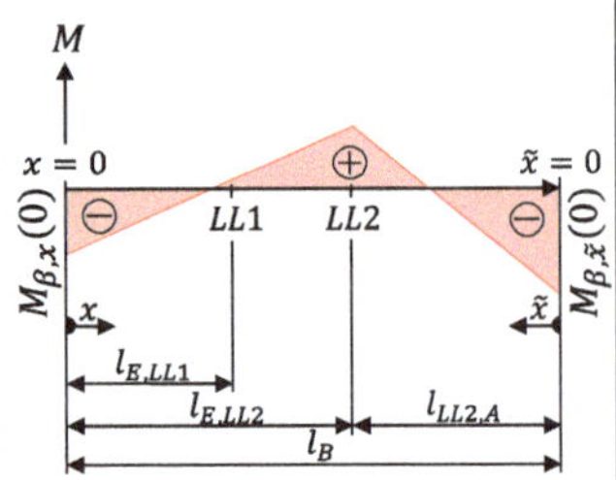
</td></tr>
<tr><td>für $0 \le x \le l_{E,2}$</td></tr>
<tr><td>$M_{\beta,x}(x) = \frac{F_\beta {l_{LL2,A}}^2}{l_B}\left[\left(1+\frac{2l_{E,LL2}}{l_B}\right)\left(\frac{x}{l_B}\right)-\frac{l_{E,LL2}}{l_B}\right]$</td></tr>
<tr><td>für $0 \le \tilde{x} \le l_{E,2}$</td></tr>
<tr><td>$M_{\beta,\tilde{x}}(\tilde{x}) = \frac{F_\beta {l_{E,LL2}}^2}{l_B}\left[\left(1+\frac{2l_{LL2,A}}{l_B}\right)\left(\frac{\tilde{x}}{l_B}\right)-\frac{l_{LL2,A}}{l_B}\right]$</td></tr>
<tr><td>Moment an der Laminierstelle</td></tr>
<tr><td>$M_{\beta,\tilde{x}}(0) = -F_\beta l_{LL2,A}\left(\frac{l_{E,LL2}}{l_B}\right)^2$</td></tr>
<tr><td rowspan="6">Eingebrachter Winkel</td><td rowspan="6">β, γ</td><td>Gleichung Momentenverlauf</td><td rowspan="6">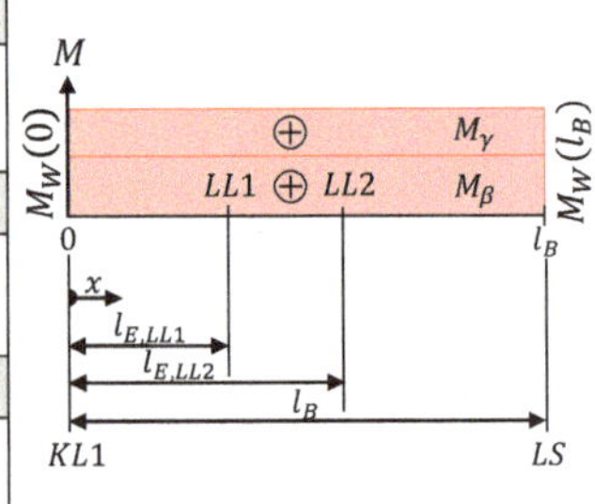
</td></tr>
<tr><td>$M_W(x) = M_\gamma(x) + M_\beta(x)$</td></tr>
<tr><td>Moment M_γ an der Laminierstelle</td></tr>
<tr><td>$M_\gamma = W_B \cdot E_B \cdot \frac{\gamma \cdot d_{max}}{l_B}$</td></tr>
<tr><td>Moment M_β an der Laminierstelle</td></tr>
<tr><td>$M_\beta = W_B \cdot E_B \cdot \frac{\beta \cdot d_{max}}{l_B}$</td></tr>
</table>

Die Momente lassen sich nach dem Superpositionsprinzip addieren. Der Zusammenhang des Momentenverlaufs mit den Stellgröße kann für M_α hergestellt werden, indem in Gleichung 5.42, Gleichung 5.39 und 5.28 eingesetzt wird. Es ergibt sich Gleichung

5.59, mit der aus der Stellgröße α und den Bahnpositionen y_A und y_E (Bild 5.9), das Moment M_α berechnet werden kann.

$$M_\alpha(x) = \frac{6E_B I_B}{{l_B}^2} \cdot \left(2\alpha \cdot (l_{1,2} + l_{UL}) - (y_A - y_E)\right) \cdot \left[2\left(\frac{x}{l_B}\right) - 1\right] \tag{5.59}$$

Ist M_α bekannt, kann eine Störung, die eine Verschiebung von y_E verursacht anhand des Stör-Momentes $M_{y,err}$ identifiziert und kompensiert werden.

Durch die Berechnung der jeweiligen Momente ausgehend von dem aktuellen Wert der Stellgröße und den Kraft- und Positionsdaten lassen sich äußere Störeinflüsse von diesen Momentenverläufen unterscheiden. Wird ein abweichender Momentenverlauf gemessen, können diese den in Kapitel 3 beschriebenen Fehlerszenarien 1 und 2 zugeordnet werden und als Abweichung auf den Eingang eines Reglers zurückgeführt werden. In Tabelle 5.2 sind die entsprechenden Momentenverläufe für die Fehlerszenarien 1 und 2 dargestellt.

Tabelle 5.2: Momentenverläufe verursacht durch Störgrößen

Torque curve caused by disturbance value

Störgröße		Moment	Momentenverlauf (bei positiver Störgröße)
Fehlerszenario 1	y_{err}	Moment $M_{y,err}$ an der Laminierstelle	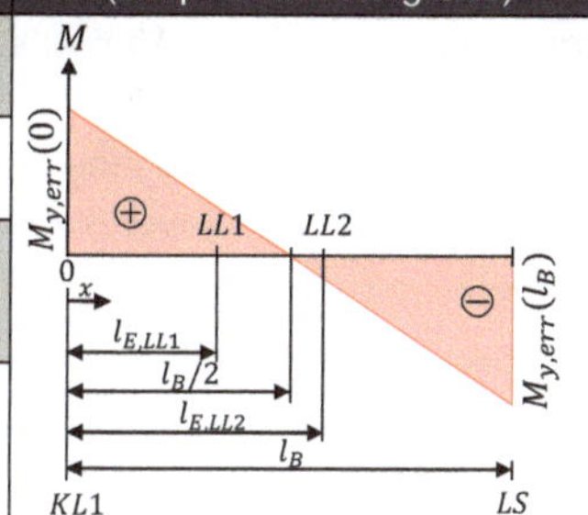
		$M_{y,err}$	
		Auswirkung von $M_{y,err}$ auf Bahnparameter	
		$M_{y_{err}} = -\frac{1}{2} F_{y,err} l_B$	
Fehlerszenario 2	γ_{err}	Moment $M_{\gamma,err}$ an der Laminierstelle	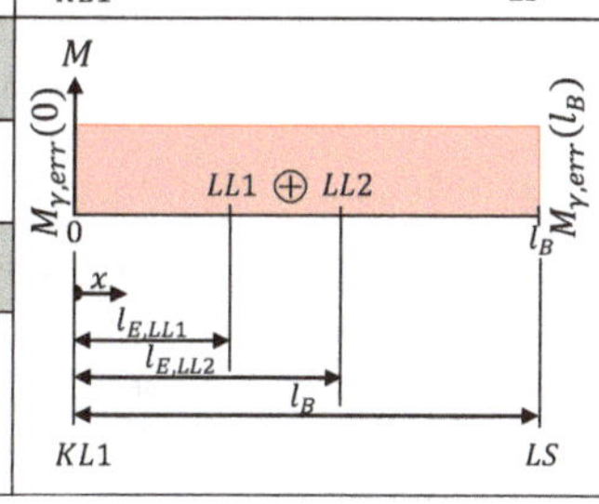
		$M_{\gamma,err}$	
		Auswirkung von $M_{\gamma,err}$ auf Bahnparameter	
		$M_{\gamma,err} = W_B \cdot E_B \cdot \frac{\gamma_{err} \cdot d_{max}}{l_B}$	

Die Erfassung des Momentenverlaufs soll als Grundlage für die Korrektur einlaufender Störgrößen und die Regelung des Momentes an der Laminierstelle dienen. Das Gesamtmoment an der Laminierstelle ergibt sich aus den Einzelmomenten zu:

$$M_A = M_\alpha(l_B) + M_{\beta,\tilde{x}}(0) + M_\gamma + M_\beta + M_{y,err} + M_{\gamma,err} \tag{5.60}$$

Um den gemessenen Momentenverlauf auf die verschiedenen Ursachen der Momente rückzuführen, müssen die durch Stellgrößen eingebrachten Momente basierend auf dem aktuellen Zustand der Stellgröße und der Bahn nachvollzogen werden. Zur Berechnung der aktuellen Momente ist die Kenntnis der aktuellen Position der Bahn in der Laminierstelle notwendig. Diese kann ausgehend von einer bekannten Anfangsposition mittels Gleichung 5.22 definiert werden. Verschiebungen an der Eingangsklemmstelle verursachen hingegen das Moment $M_{y,err}$. Für die korrekte Berechnung von M_α wird daher $F_{y,err}$ für F_α in Gleichung 5.42 eingesetzt, um die fehlerhafte Verschiebung zu berechnen und entsprechend zu korrigieren.

Die laterale Bahnspannungsverteilung kann auf diese Weise durch die vier gemessenen Kräfte $F_{O,R1}$, $F_{O,R2}$, $F_{O,L1}$, $F_{O,L2}$ und die erfassten Bahnkantenpositionen beschrieben werden, wobei zunächst die Umrechnung in die beiden gemessenen Momente an den Luftlagern erfolgt. Zur Anpassung des Modells an die realen Messwerte, werden die Proportionalfaktoren K_α und K_β eingeführt. Für die Momentenverläufe M_α und $M_{y,err}$, die durch die Stellgröße α manipuliert werden können, wird die Korrekturvariable K_α eingeführt und für die die Momente M_β, $M_{\beta,x}$, $M_{\beta,\tilde{x}}$, M_γ und $M_{\gamma,err}$, die durch die Stellgröße β manipuliert werden können, wird die Korrekturvariable K_β eingeführt. Um die Korrekturvariablen auf die gemessenen Momente anwenden zu können, werden diese anhand ihrer Verlaufscharakteristik unterschieden (vgl. Tabelle 5.1 und Tabelle 5.2). So wechseln die Momente M_α und $M_{y,err}$ bei $l_B/2$ das Vorzeichen und lassen sich über die gemessene Momenten-Differenz berechnen. M_β, M_γ und $M_{\gamma,err}$ weisen an beiden Messstellen die gleichen Werte auf. Für $M_{\beta,x}$ und $M_{\beta,\tilde{x}}$ wird ein Zusammenhang mit M_β über F_β angenommen. Zur Evaluierung des Zusammenhangs wird im Rahmen der Untersuchung zum Einfluss von β das Verhältnis zwischen den Momenten $M_{\beta,x}$: $M_{\beta,\tilde{x}}$ und M_β untersucht. Zeigt sich ein linearer Zusammenhang zwischen der Momenten-Differenz bei den gemessenen Momenten bei LL1 und LL2 und dem Moment M_β kann das Verhältnis über einen Faktor K_F beschrieben werden (Gleichung 5.61) und somit von M_α unterschieden werden.

$$M_{\beta,\tilde{x}}(l_B - l_{E,LL2}) - M_{\beta,x}(l_{E,LL1}) = K_F \cdot M_\beta \tag{5.61}$$

Die beschriebene Vorgehensweise lässt es zu, die Bahnposition basierend auf den Messungen der Bahnspannungsverteilung zu berechnen. Die Biegung lässt sich nun mit der gemessenen Auslenkung der Kamerasysteme vergleichen. Über den Vergleich können Modellfehler korrigiert werden. Zudem kann die berechnete Biegung als Echtzeit-Sollwertvorgabe für den Regelkreis genutzt werden und somit die Verzögerung durch die kamerabasierte Positionserfassung kompensiert werden. Eine detaillierte Betrachtung des Regelungskonzepts erfolgt in Kapitel 7.

5.3 Beschreibung der Solltrajektorie

Description of target trajectory

Für die Regelung des funktionalen Schicht-Laminierprozess wird der Zustand der oberen Bahn auf den Zustand der unteren Bahn ausgerichtet. Der jeweilige Zustand wird durch die Position der Bahn und die Bahnspannungsverteilung beschrieben. Der Zustand der unteren Bahn wird erfasst und als Referenz für die obere Bahn vorgegeben. Da auch hier die Positionierung des Messsystems nicht in der Laminierstelle möglich ist, wird im Folgenden die Vorgabe geeigneter Sollwerte, die sich basierend auf den verfügbaren Messdaten nutzen lassen, betrachtet. Die Messdaten stammen aus der Positionserfassung vor und nach der Laminierung, sowie den verfügbaren Kraftmessdosen. Die geplante Anordnung der Umlenkwalzen und der Bahnlaufführung ist in Bild 5.12 dargestellt.

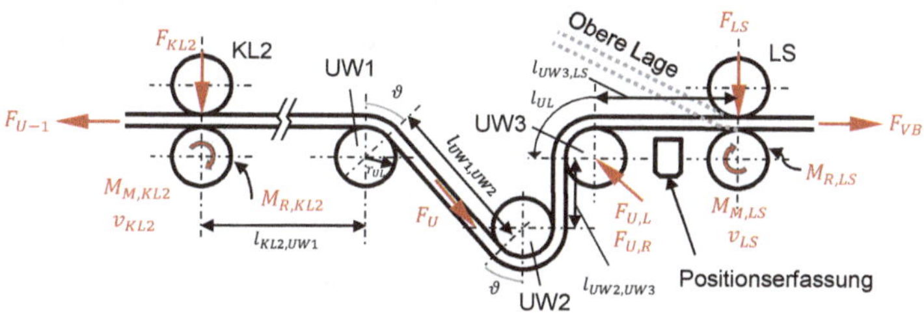

Bild 5.12: Seitenansicht auf die untere Lage

Side view of bottom layer

Die Gesamtbahnlänge $l_{U,Ges}$ kann mit Gleichung 5.62 angegeben werden.

$$l_{U,Ges} = l_{KL2,UW1} + l_{UW1,UW2} + l_{UW2,UW3} + l_{UW3,LS} + 2 \cdot r_{UL} \cdot \vartheta + \frac{1}{2} l_{UL} \tag{5.62}$$

5.3.1 Ermittlung der longitudinalen Soll-Position

Determination of longitudinal setpoint

Für die Vorgabe der longitudinalen Soll-Position wird die tatsächliche Differenz der oberen zur unteren Lage nach der Laminierstelle gemessen. Die Abweichung wird mit der erwarteten Abweichung verglichen und die resultierende Differenz auf die berechnete Position addiert. Mit den in Kapitel 4.2.2 entwickelten Marker-Strukturen werden die Abschnitte C1 und C2 verwendet (Bild 4.4), um die Positionsdifferenz in x zu messen.

Eine Erfassung ist mittels der integrierten Kamerasysteme möglich. Da die longitudinale Position, wie in Abschnitt 5.2.1 beschrieben, an die Bahnzugkraft gekoppelt ist und nur durch Anpassung dieser korrigiert werden kann, ist eine Erfassung und Regelung der Bahnzugkraft besser geeignet, um beide Lagen in longitudinaler Richtung zueinander auszurichten. Die beiden Bahnzugkräfte müssen hierbei entsprechend Gleichung 5.18 so angepasst werden, dass für beide Lagen gilt: $\Delta x_O = \Delta x_U$. Ist diese Bedingung erfüllt, beträgt die relative Geschwindigkeit der Verschiebung beider Lagen zueinander null. Wird eine Abweichung $x_{V,err}$ gemessen, muss eine Bahnzugkraftdifferenz eingebracht werden. Da für die untere Lage die Laminierstelle ebenso wenig zur Regelung genutzt werden kann, wie für die obere, wird die Bahnzugkraft der unteren Lage über die im Bahnlauf zuvor liegende Klemmstelle KL2 nachgehalten. Die Messung der Bahnzugkraft erfolgt mittels zwei in den Lagern integrierten Kraftmessdosen bei Umlenkwalze UW3. Die Berechnungen der Bahnzugkraft der unteren Lage erfolgt mittels Gleichung 5.63.

$$F_U(t) = F_{U,L}(t) + F_{U,R}(t) \tag{5.63}$$

Zur Einbringung einer Differenz zwischen der Bahnzugkraft der oberen Lage F_O und der Bahnzugkraft der unteren Lage F_U lassen für die Entwicklung eines Regelungskonzeptes drei Varianten diskutieren. Die drei entwickelten Varianten sind in Tabelle 5.3 aufgeführt. Alle drei Varianten haben gemein, dass aus der longitudinalen Positionsdifferenz $x_{V,err}$ eine Bahnzugkraftdifferenz F_{Diff} ermittelt wird und als Sollvorgabe für die Regelung genutzt wird.

Tabelle 5.3: Übersicht möglicher Regelungsvarianten des longitudinalen Versatzes

Overview of possible control concepts for longitudinal displacement control

<table>
<tr><td>Einfache Differenz-Regelung</td><td>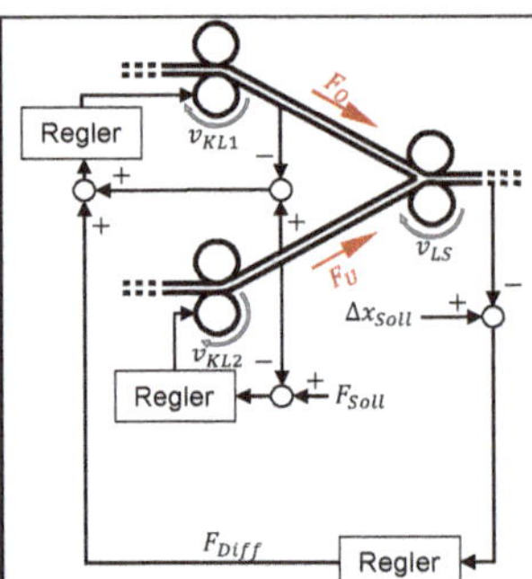
</td><td>Bei der einfachen Differenz-Regelung wird die Bahnzugkraft <u>einer</u> der beiden Lagen konstant gehalten, während die andere ein Offset für den Sollwert erhält. Diese Regelung stellt die einfachste Form dar und vermeidet eine zusätzliche Kopplung der beiden Bahnzugkräfte. Sie bietet sich auch an, wenn in eine der beteiligten Lagen mit der realisierbaren Bahnzugkraft keine ausreichende Dehnung eingebracht werden kann.</td></tr>
<tr><td>Geteilte Differenz-Regelung</td><td>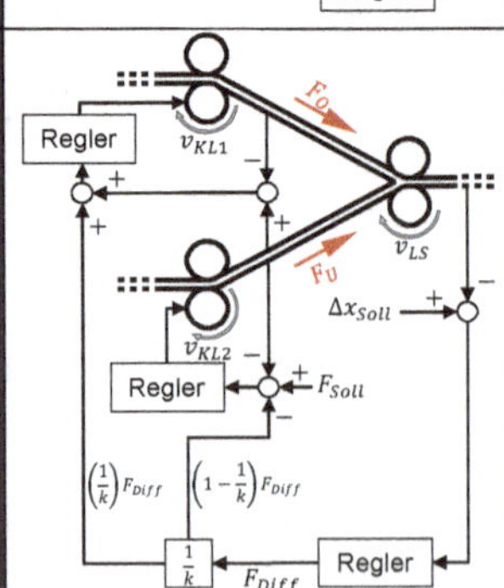
</td><td>Bei der geteilten Differenz-Regelung wird die Differenz auf beide Lagen <u>aufgeteilt</u>, um die Abweichung von der ursprünglichen Bahnzugkraft für beide Lagen möglichst gering zu halten. Die Aufteilung kann über einen Faktor k zusätzlich eingestellt werden, um ein unterschiedliches Dehnungsverhalten zu berücksichtigen.</td></tr>
</table>

Positive/Negative Differenz-Regelung	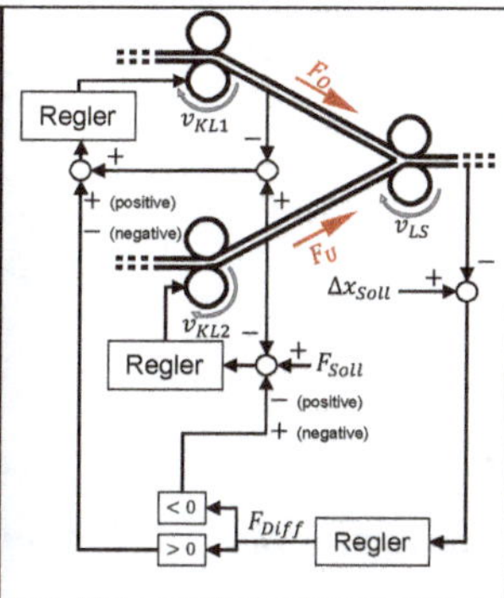	Bei der positiven bzw. negativen Differenz-Regelung wird die Bahnzugkraft auf die gleiche Weise verändert. Als Beispiel für die positive Differenz-Regelung: Bei einer positiven Differenz am Reglerausgang wird die Bahnzugkraft der oberen Lage erhöht und bei negativer Differenz wird die Bahnzugkraft der unteren Lage erhöht. Bei der negativen Differenz-Regelung wird die Bahnzugkraft entsprechend immer verringert. Die dritte Variante ist geeignet, wenn die eingestellte Bahnzugkraft nicht unterschritten oder überschritten werden darf.

Die Wahl der Regelungsvariante erfolgt in Kapitel 7.1.3.

5.3.2 Ermittlung der lateralen Soll-Position

Determination of lateral setpoint

Die Erfassung der lateralen Position und des Winkels der unteren Lage erfolgt mittels der kamerabasierten Auswertung der Marker-Strukturen. Zwei Kamerasysteme erfassen die am äußeren Bereich der Bahn eingebrachten Marker-Strukturen und der Algorithmus zur Bildverarbeitung berechnet die Positionen $y_{U,R}$ und $y_{U,L}$, sowie die Winkel $\gamma_{U,L}$ und $\gamma_{U,R}$. In Bild 5.13 ist der Bereich zwischen der Laminierstelle und der vorrausgehenden Umlenkwalze UW3 der unteren Lage dargestellt.

Aus der Geschwindigkeit der gemessenen lateralen Verschiebung $\dot{y}_U$ kann der Winkel γ_U an der Laminierstelle LS mit Gleichung 5.64 berechnet werden.

$$\gamma_U(t) = atan\left(\frac{\dot{y}_U(t)}{v_B(t)}\right) \tag{5.64}$$

Da die untere Lage nicht manipuliert wird, ergeben sich Änderungen im Bahnlaufverhalten nur durch äußere Störeinflüsse und durch an Klemmstelle KL2 (vgl. Bild 5.12) einlaufende Fehler. Während äußere Störeinflüsse auf die untere Lage in dieser Arbeit nicht betrachtet werden, wird der laterale Bahnlauf an der Klemmstelle KL2 für die vorausgehenden Prozessschritte bereits durch einen Drehrahmen ausgerichtet. Diese werden in Kapitel 6.1.1 näher behandelt. Dadurch wird der Fehlerbereich auf die Genauigkeit des Drehrahmens eingegrenzt. Daraus wird die Annahme abgeleitet, dass sich die Position an der Laminierstelle mittels Kleinwinkelnäherung über den gemessenen Winkel γ_U und die gemessene Position bei KS3 $y_U(KS3)$ berechnet werden kann.

$$y_U(LS) = y_U(KS3) - \gamma_U(KS3) \cdot l_{KS3,A} \tag{5.65}$$

Da sich nun wiederum die Änderung der lateralen Verschiebung berechnen lässt, kann diese mit der gemessenen Änderung verglichen und nachgehalten werden.

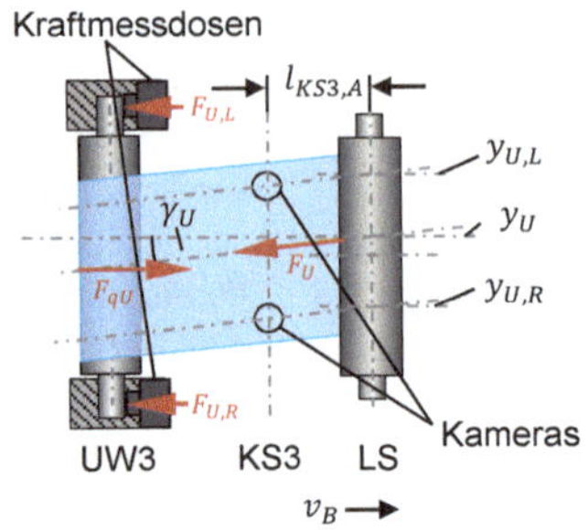

Bild 5.13: Draufsicht auf die untere Lage bei eingebrachtem Winkel γ_U und der lateralen Position y_U

Top view on bottom layer with angle γ_U and lateral position y_U

5.3.3 Ermittlung der Soll-Bahnspannungsverteilung

Determination of setpoint for web tension distribution

Zur Erfassung der Bahnspannungsverteilung der unteren Lage wird mit den beiden gemessenen Kräften $F_{U,L}$ und $F_{U,R}$ an der Messstelle bei UW3 in Kombination mit der Bahnposition BK, UL und BK, UR das Moment $M_U(UW3)$ um L, U berechnet. Unter der Annahme, dass $l_{UW3,LS} \ll l_{U,Ges}$ (vgl. Bild 5.12) wird zunächst angenommen, dass $M_U(UW3) \approx M_U(LS)$ gilt. Da es sich bei der unteren und oberen Lage nicht um identische Substratbahnen handeln muss, werden zudem das Widerstandsmoment $W_{B,U}$ für die untere Lage eingeführt. Damit kann das Moment M_U durch Gleichung 5.66 beschrieben werden.

$$M_U(LS) = \frac{3 \cdot F_{qU}}{2 \cdot d_B} \left(\frac{1}{b_{B,U}} - \frac{2\left(\left(\frac{l_{WU} \cdot F_{U,R}}{F_{U,R} + F_{U,L}}\right) - l_{L,SU}\right)}{{b_{B,U}}^2} \right) \cdot W_{B,U} \tag{5.66}$$

Die Herleitung erfolgt dabei analog zu der in Kapitel 4.2.3 beschriebenen Herleitung der Momente für LL1 und LL2.

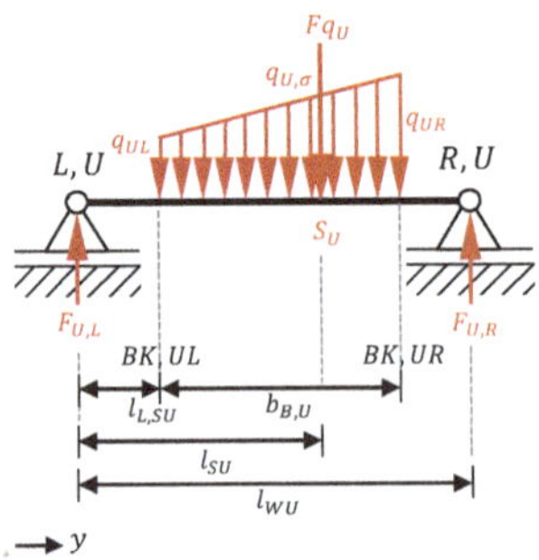

Bild 5.14: Bestimmung des Momentes der unteren Lage über den Kraftangriffspunkt S_U

Identification of torque of bottom layer using point of force S_U

Mit den vier Gleichungen 5.63 – 5.66, kann der Zustand der unteren Lage an der Laminierstelle vollständig beschrieben werden und eine Solltrajektorie für die obere Lage vorgegeben werden.

5.4 Fazit

Conclusion

In diesem Kapitel wurden basierend auf dem in Kapitel 4 entwickelten Systemkonzept die Zusammenhänge zwischen den Messgrößen und den für eine Regelung notwendigen Stellgrößen formal beschrieben. Dazu wurden zunächst Annahmen für eine formale Beschreibung getroffen. Die Beschreibung des Bahnverhaltens der oberen Lage erfolgte in drei Abschnitten.

Zunächst wurde ausgehend von der Kontinuitätsgleichung der Zusammenhang zwischen der Bahnzugkraft und der Geschwindigkeit der Einlaufklemmstellen hergestellt, um über die longitudinalen Bahnzugkräfte eine Beschreibung für die relative Position entlang der beiden Lagen abzuleiten. Dadurch wurde eine Möglichkeit geschaffen, über die Messung der Bahnzugkraft in beiden Lagen die longitudinale Position nachzuhalten.

Im Anschluss wurde das Messprinzip zur Erfassung der lateralen Verschiebung der oberen Lage dargestellt. Mit einem Euler-Bernoulli-Balkenmodell wurde ein Zusammenhang zwischen den Messgrößen, den Stellgrößen und der Änderung der lateralen Position an der Laminierstelle hergestellt. Damit wurde für die weitergehenden Untersuchungen ein Konzept geschaffen, das neben einer Fehlerkorrektur des Bahnverhaltens einen gezielten Zustand der Bahn an der Laminierstelle vorgeben kann.

Die Erweiterung dieses Messprinzips zur Bestimmung der Bahnspannungsverteilung ermöglicht es, aus den erfassten Kräften in den Aufhängungen der Luftlagerwalzen und der Bahnkantenposition den Momentenverlauf für die obere Bahn zwischen der einlaufenden Klemmstelle und der Laminierstelle zu berechnen. Neben dem Momentenverlauf lässt sich darüber hinaus auch die laterale Verschiebung als Biegelinie darstellen. Auf diese Weise kann zudem der Winkel γ an der Laminierstelle berechnet werden.

Mit dem Zusammenhang zwischen dem Winkel γ und der lateralen Verschiebung lässt sich die aktuelle laterale Position der Bahn an der Laminierstelle erfassen und mit einem Vorgabewert vergleichen. Der Vorgabewert wird durch die Erfassung des Zustandes der unteren Lage an der Laminierstelle realisiert. Dabei wird ebenfalls das Moment, die laterale Position, sowie der Winkel und die Bahnzugkraft an der Laminierstelle erfasst.

Die in diesem Kapitel vorgestellten Zusammenhänge ergeben ein Modell für das Bahnverhalten durch die Manipulation der Luftlager und für die Einflüsse durch Störungen auf die obere Lage. Dieses Modell gilt es im Folgenden, auf Basis wissenschaftlichen

Vorgehens zu validieren. Für die weiteren Untersuchungen wird daher zunächst das Konzept des Systems zur Bahnmanipulation in einen realen Prüfstand überführt. Mit diesem werden Versuchsreihen zur Charakterisierung des realen Bahnlaufverhaltens durchgeführt und anschließend werden die Ergebnisse mit dem erwarteten Modellverhalten verglichen.

6 Validierung des entwickelten Konzeptes für die funktionale Schichtlaminierung

Validation of developed concept for functional sheet lamination

Zur Validierung des in Kapitel 4 entwickelten Konzeptes für ein System zur funktionalen Schichtlaminierung und der in Kapitel 5 aufgestellten mathematischen Beschreibung des Bahnlaufverhaltens in einem solchen System, werden Messungen am realen Prüfstand durchgeführt. Das übergeordnete Ziel der Validierung ist die Charakterisierung des realen Systemverhaltens und der Vergleich mit dem modellierten System. Die Genauigkeit, mit der das Modell das Systemverhalten des realen Systems beschreiben kann, ist ausschlaggebend für die Entwicklung eines geeigneten Regelungskonzeptes.

Um die prozesstechnische Untersuchung des Bahnlaufverhaltens zu ermöglichen, wird das Konzept in einen realen Prüfstand überführt. Bei der Umsetzung des Prüfstandes ist sicherzustellen, dass alle relevanten Systemparameter erfasst werden. Dazu gehören neben den Lagerkräften der Luftlager, wie in Kapitel 4 beschrieben, die kamerabasierten Positionsdaten und die Bahnkanten. Zusätzlich wird das Verhalten der Bahn über dem Luftlager untersucht, um zusätzliche Einflüsse, wie beispielsweise durch den Luftfilm induzierte Schwingungen, zu identifizieren und den Verlauf der Bahnspannungsverteilung zu validieren. Für die Untersuchungen werden geeignete Teststrukturen definiert und anschließend gefertigt. Das Systemverhalten wird zunächst bei nicht kontinuierlich geförderter Bahn untersucht. Abgeschlossen wird die Validierung mit dem Vergleich des realen Systemverhaltens mit dem in Kapitel 5 modellierten Verhalten.

6.1 Versuchsaufbau und -vorbereitung

Set-up and preparation of experiments

Ausgehend von den Anforderungen werden die Versuchsbedingungen beschrieben, die den Untersuchungen zu Grunde liegen. Für die Umsetzung des Prüfstandes wird ein zusätzliches Modul in eine bestehende kontinuierliche Fertigungsanlage integriert. Im Folgenden wird die bestehende modulare Anlagentechnik vorgestellt und die Integration des Prüfstandsmoduls für die funktionale Schichtlaminierung beschrieben.

6.1.1 Modulares Rolle-zu-Rolle System und Prüfstandsmodul

Modular roll-to-roll system and test bench

Für die anstehenden Untersuchungen wird ein System benötigt, welches die Integration des Konzeptes und die kontinuierliche Fertigung geeigneter Teststrukturen ermöglicht. Diese Kriterien werden von einer am Fraunhofer IPT entwickelten modularen Rolle-zu-Rolle Produktionsanlage erfüllt. Das Moduldepot umfasst ein UV-NIL-System für die Fertigung optischer Folien und eignet sich durch die geringe Fehlertoleranz bei der Fertigung im besonderen Maße für die Herstellung der Teststrukturen. Zudem können zusätzliche Module in das Steuerungssystem integriert werden und in Kombination mit den bestehenden Modulen genutzt werden.

Für die in dieser Arbeit geplanten Untersuchungen werden das Ab- und Aufwickler-, sowie das UV-NIL-Modul verwendet. Der Prüfstand wird als zusätzliches Modul in das System integriert wie in Bild 6.1 dargestellt.

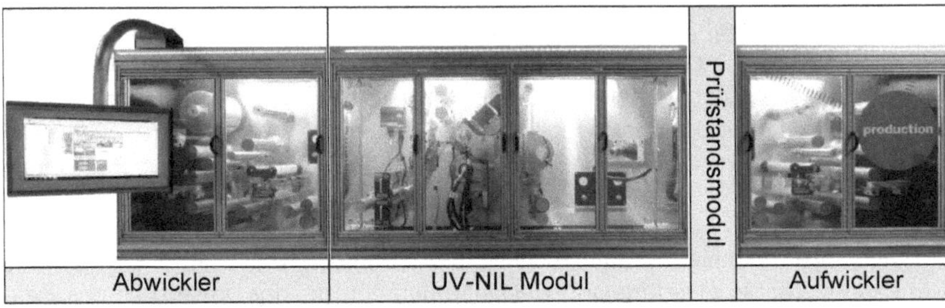

Bild 6.1: Bestehende R2R-Anlagentechnik und geplante Integration des Prüfstands

Existing R2R equipment and intended integration of test bench

In das Prüfstandsmodul sind ein Abwickler für die Zuführung der oberen auszurichtenden Lage und ein Aufwickler zum Abziehen einer Schutzfolie integriert. Der Aufbau des Prüfstandsmoduls und die Position der Sensoren sowie die Bahnlaufführung sind in Bild 6.2 dargestellt.

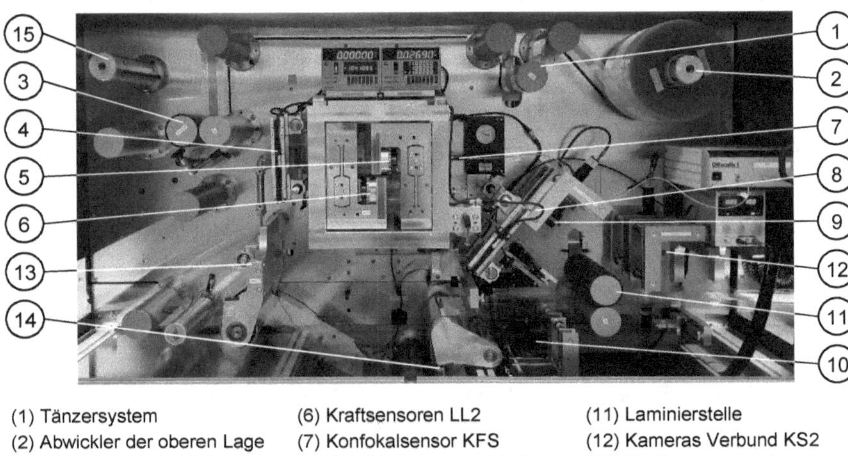

(1) Tänzersystem
(2) Abwickler der oberen Lage
(3) Einlaufklemmstelle KL1
(4) Bahnkantensensor BK1
(5) Kraftsensoren LL1
(6) Kraftsensoren LL2
(7) Konfokalsensor KFS
(8) Bahnkantensensor BK2
(9) Kameras obere Lage KS1
(10) Kameras untere Lage KS3
(11) Laminierstelle
(12) Kameras Verbund KS2
(13) Kraftsensoren untere Lage
(14) Optionale Schlitzdüse
(15) Optionaler Aufwickler

Bild 6.2: Übersicht des realen Prüfstandes

Overview of the real test bench

In Bild 6.3 ist eine Detailansicht des Rahmes für LL1 und eine Ansicht von der Rückseite des Moduls abgebildet. Auf der Rückseite sind die Verstellantriebe und der Kugelgewindetrieb für die Luftlager angebracht, um das in Kapitel 4.2.4 beschriebene Konzept zur Drehung der Luftlager zu realisieren. Um eine genaue Verdrehung der Luftlager zu gewährleisten, werden vorgespannte Kugelgewindetriebe mit einer Steigung von 1 mm eingesetzt.

Die Luftlager der Firma IBS Precison Engineering werden mit Druckluft versorgt. Ebenso werden die Klemmstellen pneumatisch geschlossen. Der verfügbare Versorgungsdruck beträgt 6 bar. Vorgegeben durch die bestehende Anlagentechnik liegt die maximale Bahnbreite bei 250 mm.

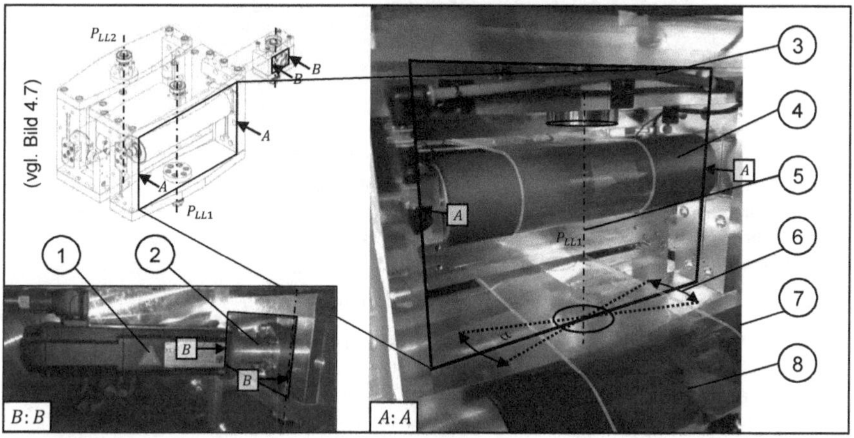

(1) Antrieb Verdrehung um P_{LL1}
(2) Gewindetrieb zu (1)
(3) Druckluftzufuhr oberes Luftlager
(4) Oberes Luftlager
(5) Drehachse P_{LL1} oberes Luftlager
(6) Drehbereich Drehrahmen oberes Luftlager
(7) Fixiertes Luftlager LL3
(8) Auslaufende Bahn (zu LS)

Bild 6.3: Einbringung der Luftlager und der Verstellantriebe

Integration of air turns and adjustment drives

Zur Bedienung des Prüfstandes wird für die Benutzeroberfläche der Anlage eine zusätzliche Schnittstelle entwickelt. Die Schnittstelle ermöglicht die Einstellung der entsprechenden Parameter für die Durchführung von Experimenten und zeigt die relevanten Messdaten der integrierten Sensoren an. Die entwickelte und implementierte Bedienoberfläche ist in Bild 6.4 dargestellt. Die Kernfunktionen des entwickelten Moduls sind über Funktionskacheln im zentralen Bereich der Bedienoberfläche zugänglich. Alle Funktionskacheln zusammengenommen bilden das Prüfstandmodul ab. In den einzelnen Funktionskacheln werden auch die wichtigsten Parameter, wie die Bahnkräfte und -positionen angezeigt. Durch Auswahl einer spezifischen Kachel werden rechts neben der Übersicht die individuellen Einstellungen zugänglich.

Neben den Kameras und den Ab- und Aufwickler stellt die Ausrichtungseinheit bestehend aus den drehbaren Luftlagern LL1 und LL2 die Kernkomponente der Bedienoberfläche dar.

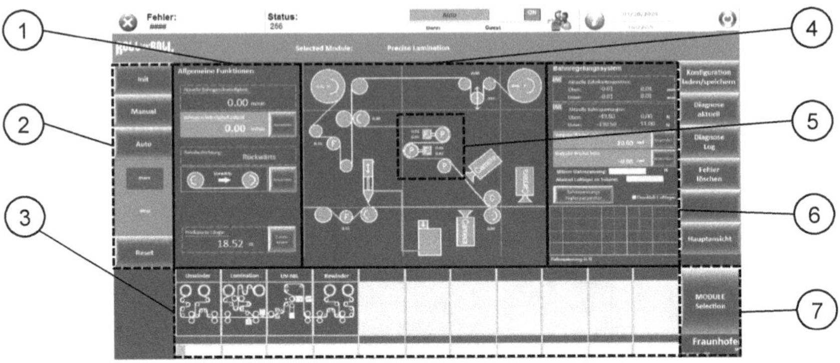

(1) Allgemeine Prozesseinstellungen
(2) Betriebsmodus der Anlage
(3) Auswahl des Moduls
(4) Übersicht des gewählten Moduls
(5) Spezifische Funktionskachel des Moduls
(6) Einstellungen der gewählten Funktionskachel
(7) Übersicht aller verfügbaren Module

Bild 6.4: Übersicht der Benutzeroberfläche für den Prüfstand

Overview of user interface for test bench

Über die Benutzeroberfläche wird die Durchführung und Überwachung der Versuchsreihen vorbereitet. Nachfolgend wird die damit verknüpfte Steuerungsarchitektur beschrieben.

6.1.2 Steuerungsarchitektur

Control architecture

Durch den modularen Aufbau der in dieser Arbeit verwendeten Anlagentechnik wird die benötigte Steuerungsarchitektur direkt in die bestehende Hardwareumgebung integriert. In Bild 6.5 ist der Signallaufplan für den Prüfstand dargestellt. Bei der verwendeten Steuerung handelt es sich um ein Motion-Logic-Control (MLC) vom Hersteller Bosch Rexroth mit dem Kommunikationsprotokoll SERCOS III. Die nach den definierten Anforderungen ausgelegten Antriebsmotoren MSK71 für den Abwickler der oberen Lage, den optionalen Aufwickler, die Einlaufklemmstelle und die Laminierstelle stammen ebenfalls vom Hersteller Bosch Rexroth. Ebenso die beiden Antriebsmotoren MS2N03, die die Verdrehung der zwei Luftlager der Firma IBS Precision Engineering realisieren (Bild 6.3).

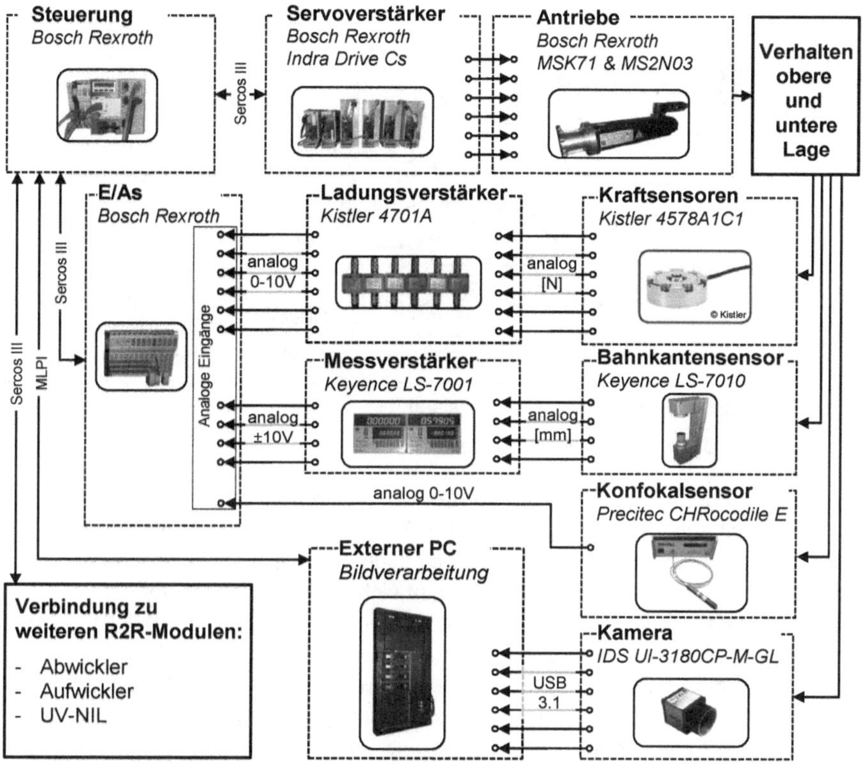

Bild 6.5: Signallaufplan des entwickelten Prüfstandes mit Anbindung an die bestehende Anlagentechnik

Signal scheme of developed test bench with interface to existing equipment

Die Erfassung der Bahnspannungsverteilung erfolgt, wie in Kapitel 4.2.3 beschrieben, mit Hilfe von DMS (Dehnungsmessstreifen)-Kraftsensoren der Firma Kistler. Die in der Aufhängung der Luftlager verbauten Kraftsensoren besitzen einen Messbereich von 0 bis 1000 N, welcher über einen Messkraftverstärker in ein analoges 0 bis 10 V-Signal abgebildet und an die Steuerung weitergegeben wird. Die Kraftsensoren werden mechanisch vorgespannt und erlauben die Erfassung einer Kraftdifferenz von 0,05 N.

In Kombination mit den Bahnkantensensoren der Firma Keyence wird die Berechnung der lateralen Bahnspannungsverteilung an den beiden Messstellen der Kraftsensoren ermöglicht. Die Bahnkantensensoren arbeiten nach dem im Stand der Technik vorgestellten Lichtschrankenprinzip und weisen eine Messgenauigkeit von 1 µm auf. Die Positionen der Sensoren sind in Bild 6.6 dargestellt.

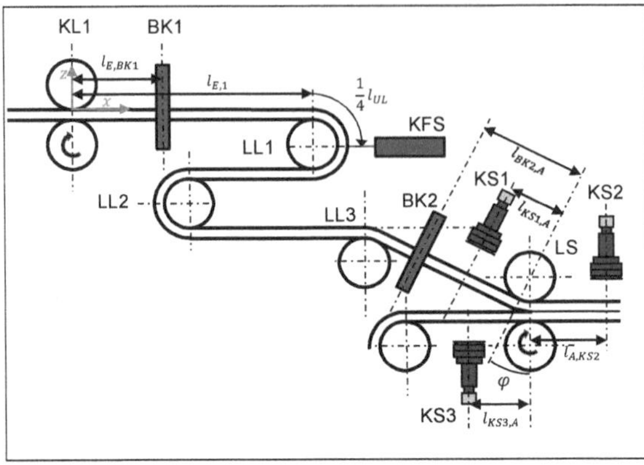

Legende:	
KL1:	Eingangs-Klemmstelle
BK1:	Eingangs-Bahnkantensensor
KFS:	Konfokalsensor
LL1:	Luftlager (drehbar um P_{LL1})
LL2:	Luftlager (drehbar um P_{LL2})
LL3:	Luftlager (nicht drehbar)
BK2:	Ausgangs-Bahnkantensensor
KS1:	Kamerasystem obere Lage
LS:	Laminierstelle
KS2:	Kamerasystem Lagenverbund
KS3:	Kamerasystem untere Lage
UW3:	Umlenkwalze untere Lage

Bild 6.6: Position der Sensorik im Prüfstand

Position of sensors in test bench

Um die in Kapitel 4.2.2 entwickelten Referenzstrukturen zu erfassen, werden Kamerasysteme mit einer Auflösung von 2048 x 2592 Pixel pro Messpunkt integriert. Mit einer Pixelgröße von 4,8 µm und in Kombination mit einem telezentrischen Objektiv und einem Vergrößerungsfaktor von 1 ergibt sich ein Messbereich von 9,83 x 12,44 mm. Die Erfassung der definierten Teststrukturen wird dadurch gewährleistet. Dabei wird der breitere Messbereich parallel zum longitudinalen Verlauf der Bahn ausgerichtet, um durch die Erfassung des Moiré-Effekts den kleinstmöglichen Winkel zu berechnen. Im Prüfstand sind sechs Kamerasysteme integriert. Jeweils zwei für die obere und die untere Lage vor der Laminierstelle und zwei weitere nach der Laminierstelle. Die Kamerapaare erfassen jeweils beide Seiten der Bahn an der Stelle, an der sich die linken und die rechten Marker-Strukturen befinden. Die Kameras lassen sich zur Einrichtung für verschiedene Bahnbreiten lateral zur Bahn verschieben und werden im Betrieb festgestellt. Durch die Kamerapaare wird die Erfassung der Verdrehung zusätzlich zum Moiré-Effekt ermöglicht.

Die Kameradaten werden durch einen in der Programmiersprache Python erstellten Algorithmus ausgewertet und die berechneten Positionen, sowie die Verdrehung über die Motion-Logic-Programming-Interface (MLPI) Schnittstelle der Steuerung übertragen.

Der für die Erfassung des Bahnverhaltens über dem Luftlager integrierte Konfokalsensor der Firma Precitec erfasst den Abstand zwischen Bahn und Sensor in einem Messbereich von 300 µm. Das Messsignal wird über einen Messverstärker als 0 bis 10 V Signal an die Steuerung übertragen. Abweichungen unter 1 µm der Bahnflughöhe lassen sich auf diese Weise erfassen.

Durch die integrierten Sensoren kann das Bahnverhalten bei Manipulation oder Störung durch die Bahnkantenposition, die Bahnflughöhe, die kamerabasierte laterale und longitudinale Position, die Verdrehung, die Bahnzugkraft und die laterale Bahnspannungsverteilung beschrieben werden.

6.1.3 Fertigung der Teststrukturen

Manufacturing of test structures

Wie in Kapitel 4.2.2 beschrieben, hängt die Genauigkeit der Positionierung von der Fehlertoleranz bei der Fertigung der Strukturen ab. Im Stand der Technik wurde dargestellt, dass der UV-NIL Prozess für die Replikation von Strukturen die höchste Genauigkeit aufweist. Für die Evaluierung des Laminierprozesses werden Strukturen verwendet, die im UV-NIL-Verfahren abgeformt und mittels Ultra-Präzisions (UP)-Zerspanung gefertigt werden. Durch die Fertigung mittels UP-Zerspanung kann sichergestellt werden, dass die Strukturen die geforderte Fehlertoleranz von 1 µm nicht überschreiten.

Zur Untersuchung des Bahnpositionsverhaltens werden die in Kapitel 4.2.2 beschriebenen Geometrien gefertigt. Die Strichmuster ermöglichen unter Ausnutzung des Moiré-Effekts die Berechnung der jeweiligen Winkel in Bezug zur Laminierstelle. Die laterale Position wird durch Messung der Verschiebung zweier longitudinal verlaufender Strichmuster realisiert und die Messung der longitudinalen Position entsprechend durch die Verschiebung lateral verlaufender Strichmuster. Als Referenz dienen zusätzlich Linien, die nach der Kaschierung vier Quadrate mit identischem Flächeninhalt bilden.

Die Strukturen werden für den UV-NIL Prozess in eine Kupferwalze eingebracht. In Bild 6.7 ist die Kupferwalze mit den in Kapitel 4.2.2 vorgestellten Marker-Strukturen (vgl. Bild 4.4) abgebildet. Die longitudinalen Liniengitter in Abschnitt A werden durch ein Schneidwerkzeug aus monokristallinem Diamant (MKD) in die Walze eingebracht. Hierfür wird eine Walzendrehmaschine der Firma Precitec verwendet, die speziell für Untersuchungen zur Fertigung von strukturierten Kupferwalzen eingesetzt wird [FRAU20a]. Die Walze wird in Rotation versetzt, während das Schneidwerkzeug mit einer 90° Spitze v-förmige Nuten in die Walzenoberfläche einbringt. Für alle longitudinalen Geometrien in den Abschnitten C1 und C2 kann diese Vorgehensweise ebenfalls angewandt werden. Für die lateralen Liniengeometrien in den Abschnitten C1 und C2 wird die Walze zum Stillstand gebracht und das Diamantwerkzeug verfährt in Radiusrichtung entlang der Walze, um die Nuten einzubringen. Für die nächste laterale Nut wird die Walze entsprechend weiterverfahren. Für das laterale Liniengitter in Abschnitt B ist dieser Prozess, genannt Hobeln, mit einem hohen Kosten- und Zeitaufwand verbunden, da die lateralen Nuten in einem Abstand von 100 µm eingebracht werden müssen. Daraus ergeben sich für eine umlaufende Markerstruktur mehr als 4710 Nuten auf einer Kupferwalze mit einem Radius von 150 mm. Aus diesem Grund wird für die Erzeugung dieses Liniengitters eine Sinusstruktur in Radiusrichtung eingebracht. Hierfür wird die Walze in konstante Rotation versetzt und mittels eines Piezoaktors das Diamantwerkzeug entsprechend der gewünschten Sinusperiode angesteuert und bis zum Erreichen der gewünschten Breite eingebracht. Die gefertigte

Walze wird anschließend in das UV-NIL Modul zur Fertigung multifunktionaler Folien [FRAU20b] integriert.

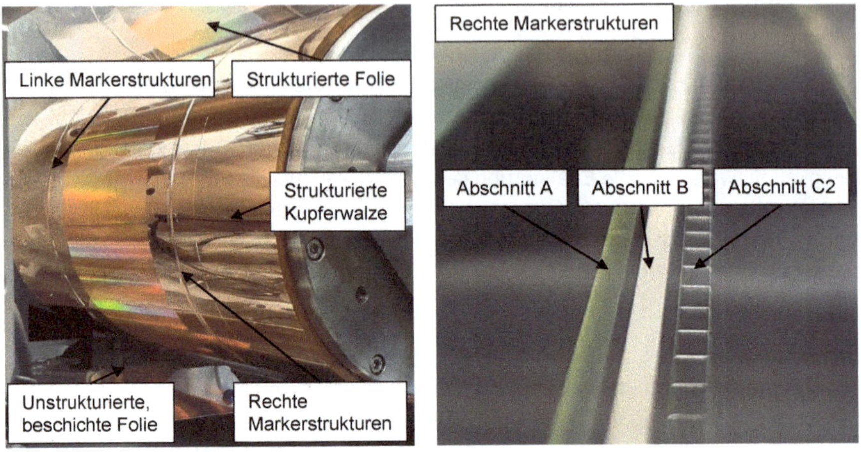

Bild 6.7: *links*: Prägewalze für die Teststrukturen; *rechts*: Die geprägten Teststrukturen der rechten Seite auf dem PET-Substrat

Left: Imprint drum for test structures; right: Imprinted test structures on PET substrate

Als Folienträger wird eine transparente PET-Folie mit einer Dicke von 96 µm gewählt. Der aufgebrachte UV-härtende Lack hat eine Schichtdicke von 25 µm. Die Strukturen sind als Vertiefungen in die Walze eingebracht und sind nach der Abformung als Negativ in der Lackschicht abgebildet. In Bild 6.7 ist links die Fertigung mittels der strukturierten Kupferwalze und rechts die gefertigte rechte Marker-Struktur dargestellt. Zu erkennen sind die drei Abschnitte, die für die Bildverarbeitung benötigt werden.

Um das Strichmuster mit dem in Kapitel 4.2.2 vorgestellten Kamerasystem zu erfassen, wird ein geeignetes Beleuchtungsszenario integriert. Hierfür werden gegenüber den telezentrischen Objektiven der Kameras Lichtquellen mit kollimiertem Licht vorgesehen. Die Strukturen verursachen auf diese Weise an den V-Nuten eine Totalreflexion des kollimierten Lichts und erzeugen ein schwarzes Liniengitter im Kamerabild. Für die Sinusstruktur ergibt sich ebenfalls eine Sinusverteilung der Graustufen im Kamerabild. In Bild 6.8 ist das entstehende Kamerabild für die entsprechenden Geometrien dargestellt.

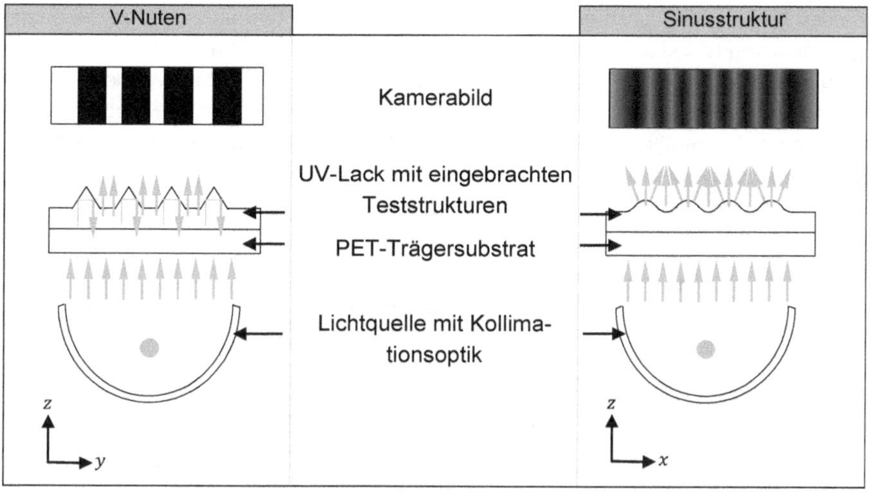

Bild 6.8: Darstellung der optischen Ablenkung der Teststrukturen

Visualization of optical effect for test structures

Die V-Nuten erzeugen im Kamerabild ein Liniengitter mit der gleichen Periode und der identischen Linienbreite wie die Nuten selbst. Die Sinusstruktur erzeugt im Kamerabild ein Muster mit der doppelten Periode. Der Grund hierfür ist, dass weiße Linien sowohl durch die Minima als auch die Maxima erzeugt werden. Pro Periode entstehen auf diese Weise zwei helle Linien, wie in Bild 6.8 verdeutlicht. Das resultierende Gesamtbild von jeweils realen Kameraaufnahmen aus dem Prüfstand ist für die linke und rechte Marker-Struktur in Bild 6.9 dargestellt.

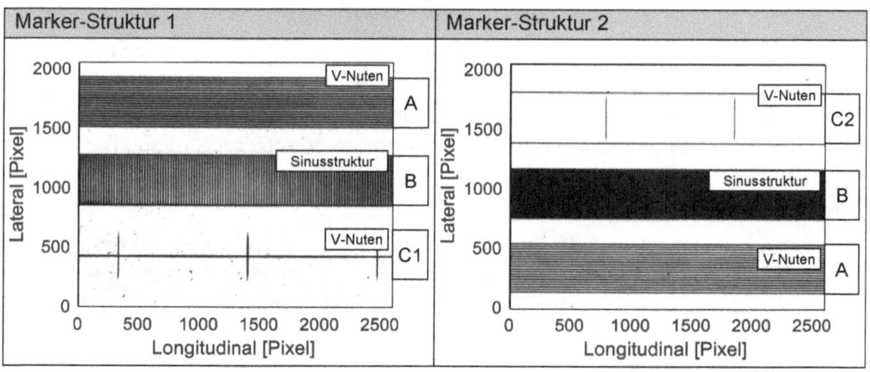

Bild 6.9: Erfasster Bildausschnitt der beiden Marker-Strukturen im Prüfstand

Captured image section of both marker structure in test bench

Mit den kontinuierlich gefertigten Marker-Strukturen werden im Folgenden die Versuchsreihen durchgeführt. Die Ausrichtung der beiden Bahnen orientiert sich an den beiden Marker-Strukturen, so dass jeweils für die obere und untere Bahn die entgegengesetzten Strukturen auf der gleichen Seite sind. In Bild 6.10 sind die erwarteten resultierenden Kamerabilder der nach der Laminierstelle befindlichen Kameras dargestellt. Die Marker-Strukturen der unteren Lage sind dabei gegenüber der oberen Lage entlang der Bahnmitte gespiegelt. Die Abschnitte C1 und C2 werden auf diese Weise überlagert. Bei einer idealen Überlagerung der Abschnitte A ist kein Unterschied zu einem Abschnitt A ohne Überlagerung festzustellen.

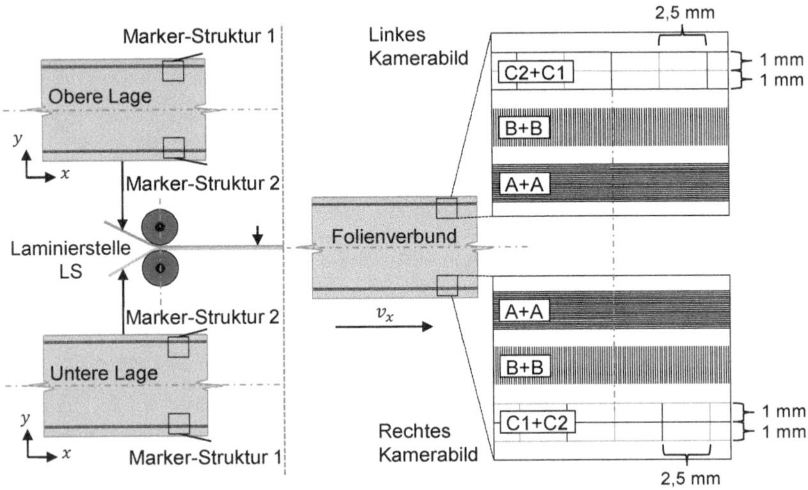

Bild 6.10: Ausrichtung der Marker-Strukturen im idealen Folienverbund

Alignment of structure marks in an ideal laminat

Neben der Erfassungsgenauigkeit des Messsystems ist die Fehlertoleranz bei der Fertigung der eingebrachten Marken zu beachten. Die Genauigkeit der Positionierung der Funktionselemente beider Warenbahnen hängt von dieser Fehlertoleranz ab. Zur Überprüfung der Strukturqualität werden Proben der gefertigten Strukturen mit einem Rasterelektronenmikroskop (REM) vermessen. In Bild 6.11 sind zwei Aufnahmen der V-Nuten abgebildet.

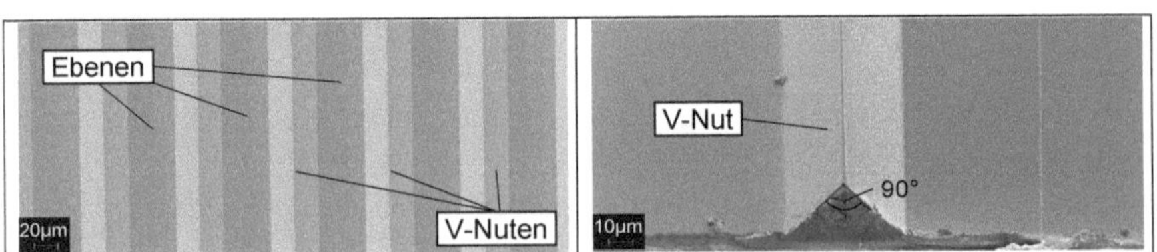

Bild 6.11: REM-Aufnahmen der gefertigten V-Nuten Strukturen

REM records of the manufactured v-groove structures

Die Qualität der Strukturen entspricht den geforderten Genauigkeiten und in den betrachten Ausschnitten wurden keine Abweichungen über 1 µm gemessen. Dabei wurden die Abstände und die Breite der V-Nuten vermessen. Mit den gefertigten Strukturen wird im Folgenden der entwickelte Algorithmus für die Bildverarbeitung bewertet, mit welchem die aktuellen Positionsdaten extrahiert werden.

6.1.4 Bewertung der Bildverarbeitung

Evaluation of measurements

Für die Auswertung des Kamerabildes und der gefertigten Marker-Strukturen ist im Rahmen dieser Arbeit ein Bildverarbeitungsalgorithmus in der Programmiersprache Python entwickelt worden. Für die Auswertung der Bahnposition wird das Kamerabild zunächst in die in Bild 6.10 beschriebenen Abschnitte unterteilt. Zur Unterteilung wird der gemittelte Grauwert in longitudinaler Richtung berechnet. Der resultierende Verlauf ist in Bild 6.12 dargestellt. Anhand eines Schwellwertes wird der Beginn von Bildabschnitt A ermittelt. Aufgrund der festen Abstände der Marker-Strukturen lassen sich anschließend die Bereiche für die beiden anderen Bildabschnitte definieren. Bedingt durch Winkeländerungen variiert lediglich die Breite der Bildabschitte, nicht jedoch der Abstand der jeweiligen Mittelpositionen.

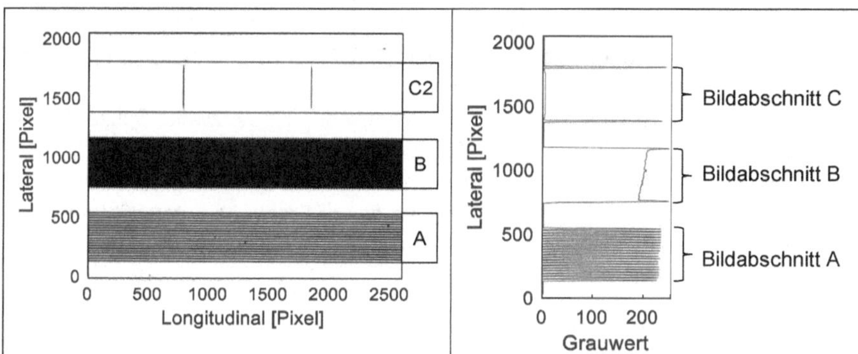

Erfassung des aktuellen Bildausschnitts im Prüfstand (Kameraufnahme)	Visualisierung der Summierung der Grauwerte in longitudinaler Bahnrichtung

Bild 6.12: Unterteilung des erfassten Bildausschnittes in drei Abschnitte

Separation of image section in three areas

Im Folgenden lassen sich die einzelnen Bildabschnitte unabhängig voneinander auswerten. Die Bestimmung des Winkels anhand von Bildabschnitt A erfolgt mittels der Fast-Fourier-Transformation (FFT). Für den Lagenverbund ergibt sich bei eingebrachter Verdrehung der beiden Lagen zueinander der Moiré-Effekt direkt, während für die Einzellagen vor der Laminierstelle ein zusätzlicher Schritt notwendig ist. Die Einzellagen werden mit einem verdrehten Referenzmuster digital überlagert, um den Moiré-

Effekt zu erzeugen. Für den überlagerten Bildausschnitt A wird im Anschluss der gemittelte Grauwertverlauf in lateraler Richtung bestimmt. Das Resultat ist in Bild 6.13 dargestellt.

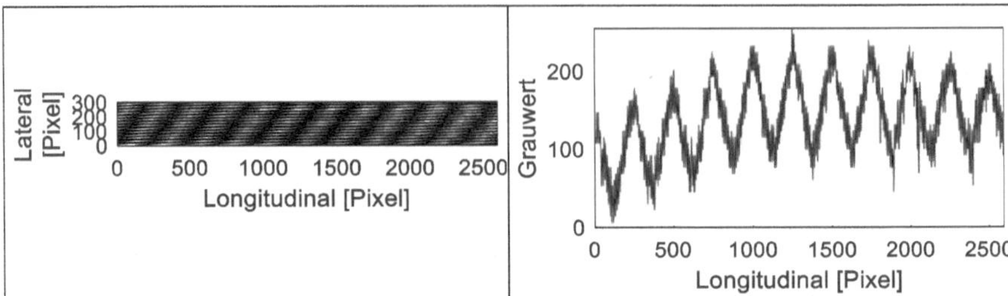

Überlagerung mit Referenz-Gitterstruktur im realen Versuchsaufbau in Bildabschnitt A	Longitudinaler Verlauf der summierten und gemittelten Grauwerte

Bild 6.13: Analyse von Bildabschnitt A zur Ermittlung der Verdrehung im realen Prüfstand

Analysis of image section A for evaluation of rotation angle in testbench

Der Grauwertverlauf wird nun mittels FFT analysiert. Die ermittelte Frequenz lässt sich in der Einheit $\left[\frac{1}{Pixel}\right]$ angeben. Zur Vermeidung des Null-Peaks bei der FFT wird der Mittelwert des Grauwertverlaufs von den einzelnen Grauwerten subtrahiert. Anschließend lassen sich die Frequenzspitzen aus dem FFT-Spektrum darstellen. Für den dargestellten Grauwertverlauf ergeben sich zwei signifikante Spitzen. Die erste und niedrigere Spitze ist die Frequenz des Moiré-Musters, während die zweite Spitze die Teilung des Liniengitters g_{LG} darstellt. Das Frequenzspektrum ist links in Bild 6.14 dargestellt. Da die Frequenz f_{LG} des Moiré-Musters immer niedriger ist als die Teilung des Liniengitters, wird nur das Spektrum unterhalb dieser Frequenz untersucht. Die Frequenz des Liniengitters kann vorab mittels Gleichung 6.1 bestimmt werden, wobei d_k die Pixelgröße darstellt.

$$f_{LG} = \frac{d_k}{g_{LG}} \tag{6.1}$$

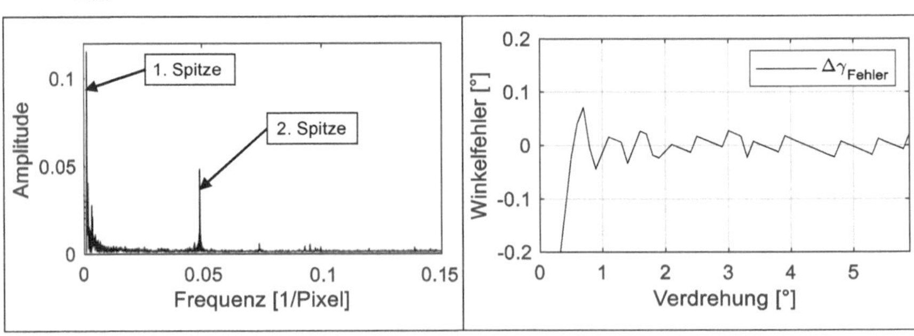

Bild 6.14: FFT-Analyse des Bildabschnitts A

FFT-analysis of image section A

Eine Untersuchung der für die gewählte Liniengitterteilung erfassbaren Winkel zeigt auf, dass sich Winkel, die kleiner als 0.5° sind, nur unzureichend erfassen lassen, da sich hier der Moiré-Effekt nicht über eine komplette Periode in einem Kamerabild darstellt. In rechten Teil von Bild 6.14 ist das Ergebnis dieser Untersuchung dargestellt. Für alle Verdrehungen größer als 1° ergibt sich eine Toleranz von ±0.04°. Für Winkel größer 4° resultiert eine Toleranz im Bereich von ±0.02°. Für die Erfassung eines Winkelfehlers im Lagenverbund ist die Erfassung eines größeren Bildausschnitts notwendig, um die Erfassung kleinerer Winkel zu ermöglichen. Für die Erfassung des Winkelfehlers der Einzellagen wird für Bildabschnitt A eine Überlagerung mit einem um 5° verdrehten Liniengitter implementiert, um die Genauigkeit bei der Erfassung der Verdrehung zu optimieren.

Die Nutzung von Bildausschnitt B (vgl. Bild 6.9 und Bild 6.12) ist für die Einzellagen nicht aussagekräftig. Im Lagenverbund kann über die überlagerte Breite beider Abschnitte eine Aussage über den lateralen Versatz getroffen werden. Dazu wird die Breite des Abschnitts einer Einzellage von der gemessenen Breite subtrahiert. Eine Verdrehung kann durch Messung der Breite an zwei Positionen des Bildausschnitts getroffen werden. Für eine weitergehende Entwicklung kann der Bildausschnitt für die Generierung der aktuellen Bahngeschwindigkeit genutzt werden.

Die Erfassung der longitudinalen Position ist jeweils anhand von Bildabschnitt C1 und C2 möglich. Hierfür werden die Positionen der lateral verlaufenden Striche erfasst. Bei den Einzellagen werden hierbei höchstens drei Striche in einem Bildausschnitt erfasst. Die x-Position wird als Abstand des ersten Striches zum Rand definiert. Aufgrund des Abstandes der lateralen Striche ergibt sich ein Modulo-Positionswert mit Modulo 5 mm.

Für den Lagenverbund wird die Differenz der Striche erfasst (vgl. Bild 6.10). Zur Unterscheidung der oberen und der unteren Lage wird die maximale Amplitude der Grauwerte verglichen. Durch den Höhenversatz der beiden Lagen weist eine der beiden Lagen einen geringeren Grauwert auf. Im Rahmen dieser Arbeit wird der Fokus so eingerichtet, dass dies für die untere Lage der Fall ist. Auf diese Weise kann die Differenz der oberen und der unteren Lage in longitudinaler Richtung unterschieden werden und die Richtung der Differenz bestimmt werden.

Durch weitere Auswertung von Bildabschnitt C1 und C2 kann darüber hinaus auch die laterale Position und die Verdrehung abgeleitet werden. Vergleichbar mit der Vorgehensweise in Bildabschnitt B für den Lagenverbund kann basierend auf der Messung von zwei lateralen Positionen der resultierende Winkel bezogen zur x-Achse berechnet werden. Wie bei der Ermittlung der longitudinalen Position wird für die Bereiche ein Schwellwert festgesetzt. Der Mittelpunkt des Bereiches, in welchem dieser Schwellwert überschritten wurde, wird als laterale Position in diesem Bereich definiert. In Bild 6.15 ist die Vorgehensweise für Bildabschnitt C1 dargestellt.

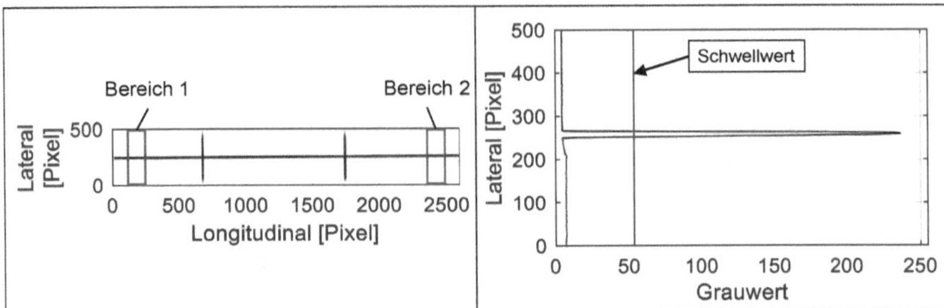

Bereiche für die Ermittlung der lateralen Position an zwei Stellen In Bildausschnitt C1	Lateraler Verlauf der summierten und gemittelten Grauwerte für die Bereiche 1 und 2

Bild 6.15: Analyse von Bildabschnitt C1 zur Ermittlung der y-Position und der Verdrehung

Analysis of image area C1 to detect y-position and rotation angle

Die Verwendung eines Subpixelalgorithmus, wie er in Kapitel 4.2.2 vorgestellt wurde, ermöglicht dabei die benötigte Genauigkeit bei der Bestimmung der Position im Bereich von ±1 µm.

Damit erfüllt die entwickelte Bildverarbeitung die gesetzten Anforderungen für die weitergehende Analyse des Bahnlaufverhaltens.

6.2 Analyse des Bahnlaufverhaltens bei Manipulation

Analysis of web behavior while manipulation

Mit dem realisierten Prüfstand und der integrierten Sensorik steht ein neuartiges System zu Verfügung, welches es ermöglicht, das Bahnverhalten bei Manipulation der Bahn für den funktionalen Schicht-Laminierprozess auf wissenschaftlicher Basis zu untersuchen. Das Bahnverhalten und der damit verbundene Laminierprozess können als unbekannt angesehen werden. Die in Kapitel 5.2 aufgestellten mathematischen Beschreibungen des Bahnverhaltens sind bisher nur theoretische Konzepte, die nun mit Hilfe einer geeigneten Versuchsmethodik validiert werden sollen.

6.2.1 Systematik der Versuchsdurchführung

Systematics of experiments

Um den Einfluss der Stellgrößen auf die relevanten Größen des Bahnverhaltens zu untersuchen, wird ein teilfaktorieller Versuchsplan mit Zentralpunkt gewählt.

Es gibt drei zu variierende Stellgrößen (Faktoren) mit jeweils mindestens sechs Einstellniveaus (Faktorstufen). Untersucht wird der Einfluss der Bahnzugkraft sowie der Einfluss einer Drehung der Luftlager mit dem Winkel α und einer Drehung mit dem Winkel β. Es ergibt sich ein Versuchsplan mit n=192 Versuchsreihen, wobei jede Versuchsreihe zehnmal wiederholt wird. Als Zentralpunkt für die Drehungen um α und β wird ein Winkel von 0° gewählt. Damit lässt sich die Symmetrie des Bahnverhaltens für positive und negative Winkeländerungen untersuchen. Ausgehend von einem Ausgangspunkt für die Bahnzugkraft von 90 N wird diese in einem sinnvollen Bereich nach oben und nach unten variiert. Als unteres Ende des Bereiches werden 30 N festgelegt, da unterhalb dieser Bahnzugkraft eine Manipulation bereits bei geringen Einflussfaktorvariationen einen Verlust der Bahnstabilität in den Bereichen der Klemm- oder Laminierstelle bewirkt und die Sensoren keine aussagekräftigen Messergebnisse liefern. Hierzu findet eine gesonderte Betrachtung der Systemgrenzen in Abschnitt 7.3.4 statt.

Zur Validierung des Modells für die Bahnspannungsverteilung wird die Bahn nicht bewegt, um die Bahnposition am Einlauf und an der Laminierstelle konstant zu halten. Anschließend werden die beiden manipulierbaren Walzen schrittweise verdreht. Das mathematische Modell errechnet aus dem eingestellten Winkel und der gemessenen Bahnkante die erwartete Bahnspannungsverteilung. Diese wird anschließend mit den gemessenen Lagerkräften verglichen.

6.2.2 Variation von α

Variation of α

Zur Analyse des Bahnlaufverhaltens bei einer Drehung beider Luftlager um den Winkel α werden entsprechend des Versuchsplans zunächst die Kraftverläufe der vier Kraftsensoren ausgewertet. Ausgehend von dem Modell in Kapitel 4.2.3 wird ein invertierter Kraftverlauf an den jeweils linkseitig und rechtsseitig angebrachten Kraftsensoren der Messstellen LL1 und LL2 erwartet. Da die Bahnmitte (Mitte zwischen KL1 und LS) und die Mitte zwischen LL1 und LL2 einen Versatz aufweisen, ist an LL2 ein größerer Ausschlag zu erwarten. Bild 6.16 zeigt den gemessenen Kraftverlauf für eine feste Bahnzugkraft und einen Winkel.

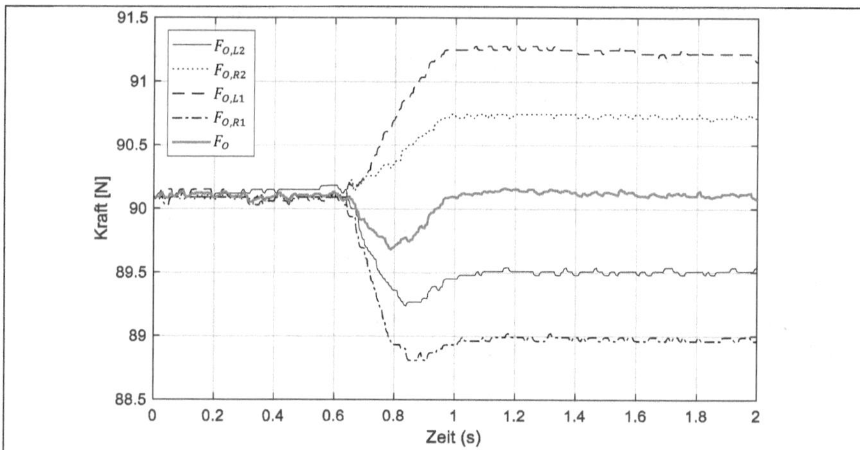

Versuchsparameter:	Bahnzugkraft: α:	160 N 0.12°

Bild 6.16: Kraftverlauf in den Aufhängungen der Luftlager

Force trend in the mountings of the air bearings

Während die Kraft auf das linke obere Lager $F_{O,L1}$ zunimmt, verringert sich die Kraft $F_{O,L2}$ auf das linke untere Lager Für die rechte Seite stellt sich der entsprechend gegenteilige Verlauf dar.

Im Folgenden wird der Zusammenhang der Kraftdifferenz bezogen auf einen Winkel von α=0° genauer betrachtet. Zudem wird der Einfluss der Bahnzugkraft untersucht. Entsprechend dem in Kapitel 5.2.2 aufgestellten Modell ist von einem linearen Zusammenhang auszugehen. Die Messergebnisse sind in Bild 6.17 dargestellt.

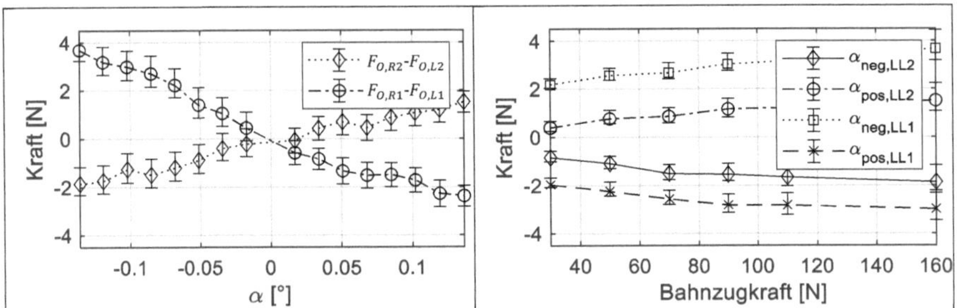

Konstante Parameter:	Bahnzugkraft:	160 N	Konstante Parameter:	$\alpha_{pos,LL1}$ / $\alpha_{pos,LL2}$ $\alpha_{neg,LL1}$ / $\alpha_{neg,LL2}$	0.12° -0.12°
Variation von α			Einfluss der Bahnzugkraft		

Bild 6.17: Einfluss einer Verkippung um den Winkel α und einer Änderung der Bahnzugkraft auf die gemessene Kraftdifferenz

Influence of rotation with α and variation of web tension on force measurement

Es zeigt sich ein annährend linearer Verlauf für variierte α in beide Drehrichtungen. Die Kraftdifferenz ist zudem symmetrisch zu $\alpha = 0°$. Mit zunehmender Bahnzugkraft F_B prägt sich die Kraftdifferenz deutlicher aus. Für den betrachtenden Bereich der Bahnzugkraft erscheint die Zunahme der Kraftdifferenz annährend linear. Das wäre bei zunehmender Bahnzugkraft zunächst zu erwarten, wenn der Kraftangriffspunkt konstant bleibt. Eine Betrachtung des Bahnkantenverhaltens gibt hierüber Aufschluss. Bild 6.18 zeigt die Änderung der Bahnkantenposition in Bezug auf $\alpha = 0°$. An beiden Messstellen wird mit zunehmender Bahnzugkraft eine geringere Positionsänderung gemessen. Für größere Drehungen um α ist dieser Effekt deutlicher ausgeprägt. Dieses Verhalten ist erklärbar mit einer zunehmenden Steifigkeit des Materials durch die zunehmende Bahnzugkraft.

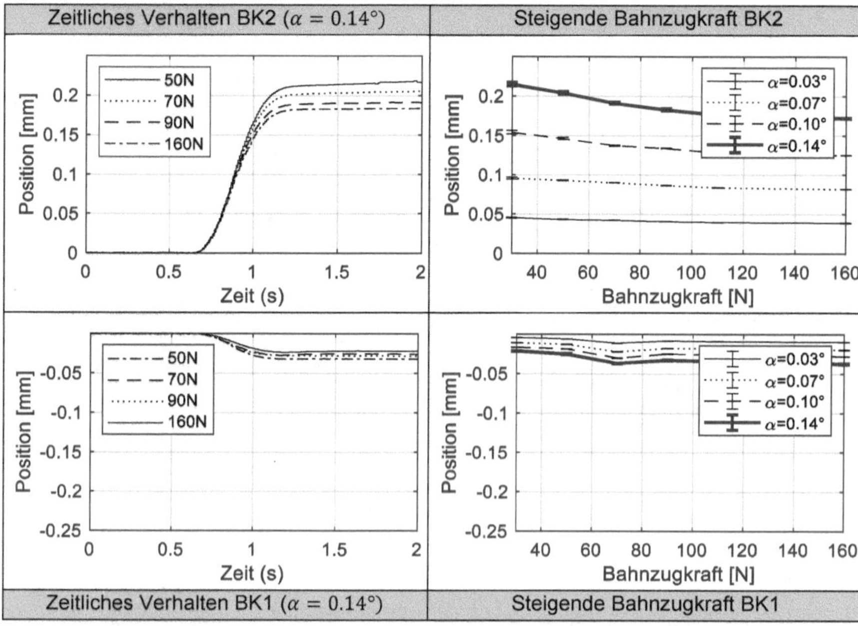

Bild 6.18: Einfluss der Bahnzugkraft auf die Bahnkantenposition bei BK1 und BK2 bei einer Drehung um den Winkel α

Influence of web tension on web edge position at BK1 and BK2 while a rotation with α

Es zeigt sich, dass der Einfluss der Bahnzugkraft auf die Auslenkung nicht so stark ausgeprägt ist, wie der Einfluss der Drehung um α. Schwankungen in der Bahnzugkraft infolge von Anpassungen führen nur zu geringen Änderungen in der Auslenkung der Bahn. Bild 6.19 zeigt den zeitlichen Verlauf für eine feste Bahnzugkraft und die Differenz der Auslenkung für verschiedene Bahnzugkräfte an den zwei Messstellen der Bahnkante. Die maximale Auslenkung für den betrachteten Winkelbereich ist wesentlich größer als die Änderung der Auslenkung im betrachteten Bahnzugkraftbereich. Hinzu kommt, dass der betrachtete Bahnzugkraftbereich im Prozess nicht in diesem Maße schwankt. Versuche mit dem existierenden Prüfstand weisen im idealen Prozessverlauf Schwankungen von 1 N auf (vgl. auch Abschnitt 7.3.2). Bei der Angleichung der x-Positionen beider Bahnen ist der maximale Differenzwert als Grenzwert vorzugeben. Auch hier werden Differenzen von mehr als 50 N nicht auftreten, da die Spannungsdifferenz eine Wölbung der Bahn hervorruft, die bei hohen Differenzen die Funktion des Mehrlagensystems beeinflusst.

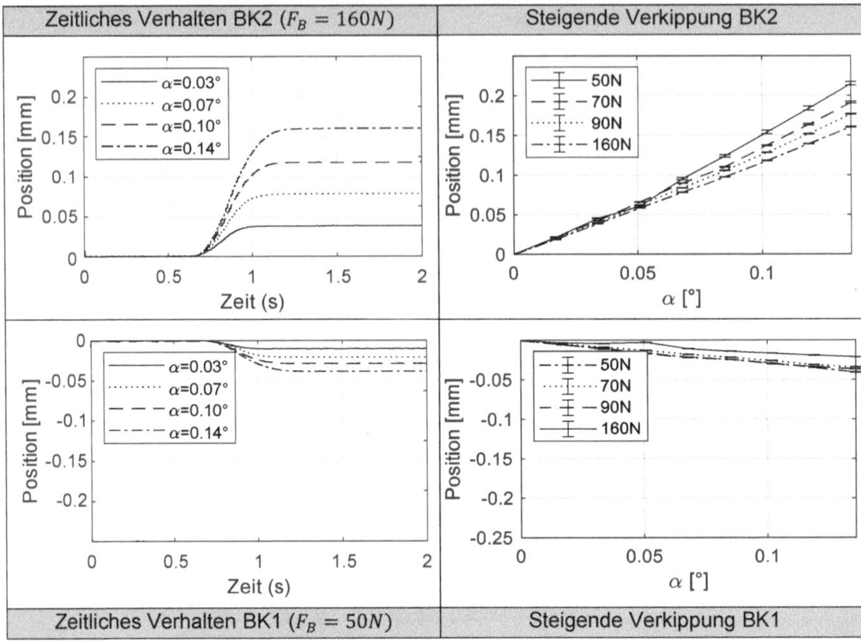

Bild 6.19: Einfluss einer Verkippung um den Winkel α und einer Änderung der Bahnzugkraft auf die Bahnkantenposition

Influence of rotation with α and variation of web tension on web edge position

Zum Vergleich des Modellverhaltens mit den Messdaten wird aus den Kraftmessdaten und den Bahnkantenpositionen das Moment an den beiden Messstellen berechnet. Das berechnete Moment dient im Modell als Ausgangspunkt für die Berechnung der Auslenkung. Im Anschluss werden diese mit den realen Messdaten verglichen.

Über die in Kapitel 5.2.2 aufgestellten Zusammenhänge zwischen dem Moment und der Durchbiegung lässt sich aus dem Verlauf der Winkeländerung γ_α berechnen und die Verschiebung der lateralen Position an den Messstellen. Zur Validierung des Modells für die laterale Verschiebung werden zunächst die Materialparameter des Systems identifiziert. Dafür wird die aus den Kraftmessungen resultierende laterale Verschiebung mit der tatsächlich gemessenen Verschiebung verglichen. Der entscheidende Parameter ist hierbei das Widerstandsmoment des Materials. Bild 6.20 zeigt den Vergleich zwischen der gemessenen und der berechneten lateralen Verschiebung. Die Berechnung erfolgte mit Hilfe des in Kapitel 5.2.2 hergeleiteten Modells und der in Kapitel 5.2.3 eingeführten und im Rahmen der Versuche angepassten Korrekturvariable K_α.

Das Widerstandsmoment W_B (vgl. Gleichung 4.15) wird über den Abstand der Bahnkante zur angenommen neutralen Faser $d_{neutral}$ und dem axialen Flächenträgheitsmoment I_y berechnet. Zur Überprüfung des Modells wird $d_{neutral}$ zu $b_B/2$ gesetzt und zur Berechnung des Flächenträgheitsmomentes I_y die Bahnbreite b_B und die Dicke des Materials d_B ebenfalls festgesetzt, sodass die verbleibende Unbekannte K_α ist. In Bild 6.20 ist zudem der Verlauf von K_α bei zunehmender Bahnzugkraft dargestellt. Der Wert nimmt mit steigender Bahnzugkraft ab, jedoch nimmt zugleich auch die Änderung mit Zunahme der Bahnzugkraft ab. Durch Verwendung der Korrekturvariablen kann der Einfluss der Bahnzugkraft mit in das Modell übernommen werden. Es zeigt sich, dass die Änderung der Korrekturvariablen in einem lokalen Arbeitsbereich von ±2N als konstant angenommen werden kann. Für größere Änderungen der Bahnzugkraft während des Prozesses ist jedoch die Anpassung der Korrekturvariablen erforderlich.

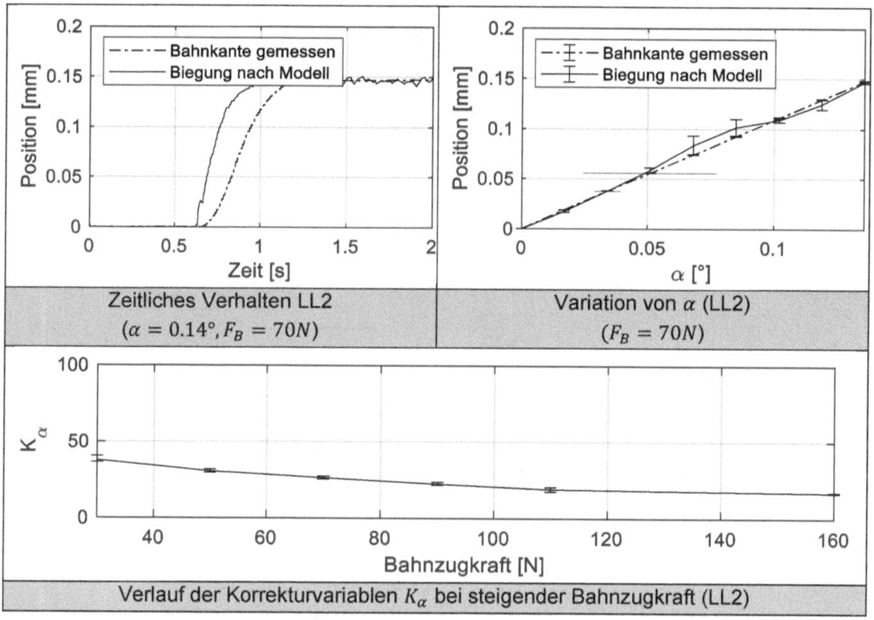

Bild 6.20: Vergleich der gemessenen und aus den Kraftmessungen berechneten lateralen Verschiebung

Comparison of measured and from force signals calculated values for lateral displacement

Der in Bild 6.20 dargestellte Vergleich des zeitlichen Verlaufs der gemessenen und berechneten Bahnkante zeigt auf, dass eine Änderung der Bahnposition basierend auf dem Modell bereits vor der Messung dieser Änderung erkannt werden kann. Dies erlaubt ein früheres Ansprechen des Reglers bei einer Regelabweichung. Zudem ändert sich der Wert der Korrekturvariablen bei Änderung des Winkels nicht.

Mit der Quantifizierung der Korrekturvariablen K_α ist es nun möglich, das Moment an den beiden Messstellen zu berechnen und den Momentenverlauf entlang der Bahn abzuleiten. Bild 6.21 zeigt den Momentenverlauf für eine Drehung um einen ausgewählten Winkel in positive und negative Drehrichtung. Die zwei gemessenen Momente an den Messstellen LL1 und LL2 dienen als Stützpunkte für die lineare Extrapolation des Momentenverlaufs über die Gesamtlänge l_B des Bahnabschnitts. Zunächst wird deutlich, dass der Momentenverlauf für beide Winkel bei der Mitte des Bahnabschnitts ein Moment von näherungsweise 0 Nm aufweist und zu beiden Rändern hin einen jeweils inversen Wert aufweist. Durch den Abstand der Messstellen zu den Rändern hin vergrößern sich die durch die Messtoleranz verursachten Fehler.

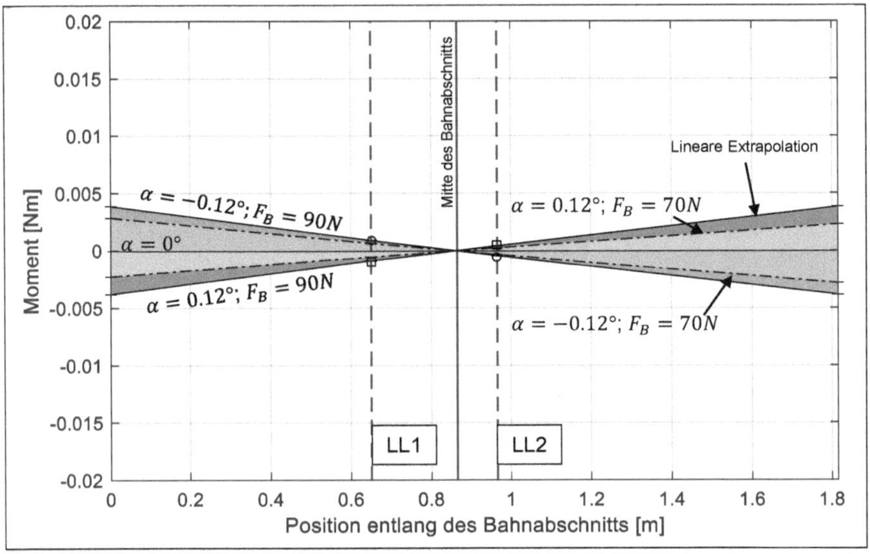

Bild 6.21: Linear extrapolierter Momentenverlauf für eine Drehung um $\alpha = \pm 0.12°$ bei einer Bahnzugkraft von 90 N

Linear extrapolated torque curve for rotations with $\alpha = \pm 0.12°$ for a web tension with 90 N

Mit dem Momentenverlauf ist es nun möglich, die Biegung der Bahn w_α' an der Stelle $(l_B - \Delta x(\Delta t))$ zu bestimmen und die laterale Verschiebung zu berechnen (vgl. Gleichung 5.38 und 5.41). Da die in den Untersuchungen aufgezeigten Toleranzen des Modells langfristig zu zunehmenden Abweichungen zwischen Modell und tatsächlichem Wert führen können, wird für die Entwicklung eines Regelungskonzepts zudem ein Abgleich und eine Korrektur mit dem tatsächlich erreichten Ergebnis durchgeführt. Dies kann über die Messung der erreichten Ausrichtungsgenauigkeit des Lagenverbundes erfolgen.

Neben der Variation von α, bei der beide Luftlager LL1 und LL2 um α gedreht werden, erfolgt im Anschluss die Untersuchung einer Variation von β, bei der das zweite Luftlager LL2 zusätzlich um β gedreht wird. Zusätzlich zum Vergleich mit dem aufgestellten Modell bei einer Drehung von α wird der Anteil des Momentes von β bei der Momenten-Differenz betrachtet. Dadurch kann dieser Anteil im Modell von α berücksichtigt und Modellfehler vermieden werden.

6.2.3 Variation von β

Variation of β

Im Gegensatz zur Einbringung eines Winkels α ist basierend auf dem in Kapitel 5 entwickelten Modell bei einer Drehung um β an beiden Messstellen eine Bewegung in die gleiche Richtung zu erwarten. Dementsprechend ist für die Kraftverläufe an den Messstellen, die sich auf der gleichen Seite der Bahn befinden, das gleiche Verhalten zu erwarten. Der am Prüfstand gemessene Kraftverlauf für eine Variation von β ist in Bild 6.22 dargestellt. Die gemessenen Kraftverläufe entsprechen dem erwarteten Verhalten.

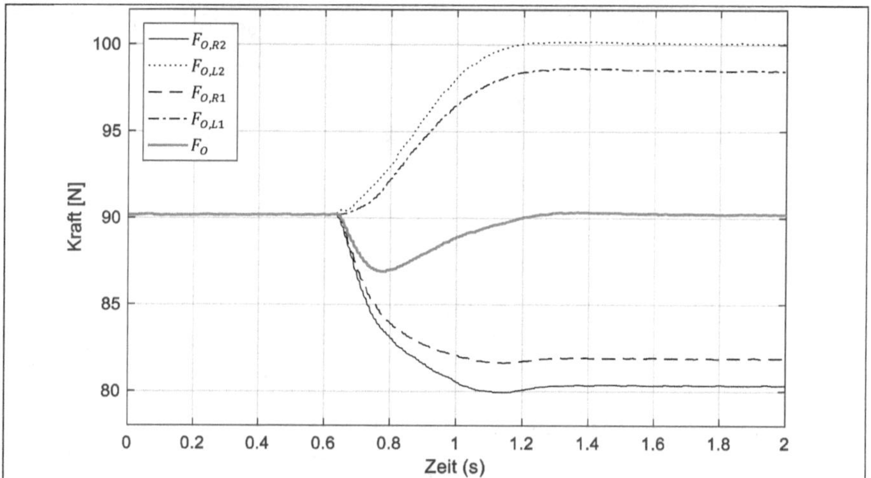

Versuchsparameter:	Bahnzugkraft:	160 N
	β:	0.272°

Bild 6.22: Kraftverlauf in den Aufhängungen der Luftlager

Force trend in the mountings of the air bearings

Die Abweichung der mittleren Bahnspannung ist mit den lateralen Wegen der Bahn entlang der Luftlager zu erklären. Während sich die Bahn entlang der Luftlager bewegt, verläuft die Bahnzugkraft nicht senkrecht zur Achse der Luftlager und ein Teil der Bahnzugkraft wird nicht von den Kraftmessdosen erfasst und verursacht zudem die laterale Bewegung.

Ebenso wird für das Verhalten für die Differenz $(F_{O,R2} - F_{O,L2}) - (F_{O,R1} - F_{O,L1})$ der Maximalausschlägen auf den jeweiligen Seiten deutlich. In Bild 6.23 ist zu erkennen, dass die Differenz mit zunehmendem Winkel steigt und mit zunehmender Bahnzugkraft bei konstantem Winkel ein nahezu konstantes Verhalten aufweist. Aufgrund des linearen Zusammenhangs zwischen Moment und Kraft, (vgl. Gleichung 4.15) kann aus dem Verhältnis $\left((F_{O,R2} - F_{O,L2})/(F_{O,R1} - F_{O,L1}) - 1\right)$ der gesuchte Faktor K_F (Gleichung 5.61) bestimmt werden und kann zu dem Wert 0.109 festgelegt werden.

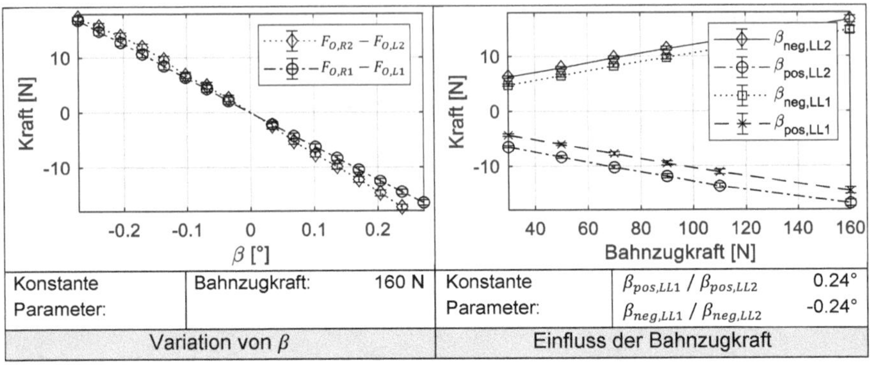

Bild 6.23: Einfluss einer Verkippung um den Winkel β und einer Änderung der Bahnzugkraft auf die Kraftmessungen

Influence of rotation with β and variation of web tension on force measurement

Die Differenz zwischen den auf der gleichen Seite gemessenen Kraftwerten kann durch das Balkenmodell, wie es in Kapitel 5.2.3 aufgestellt wurde, beschrieben werden. Aus dem Modell folgt zudem, dass eine Variation von β dann ebenfalls eine Verschiebung verursachen muss. In Bild 6.24 ist der Verlauf der Verschiebung der Bahnkante bei BK1 und BK2 bei Variation von β bei zunehmender Bahnzugkraft dargestellt.

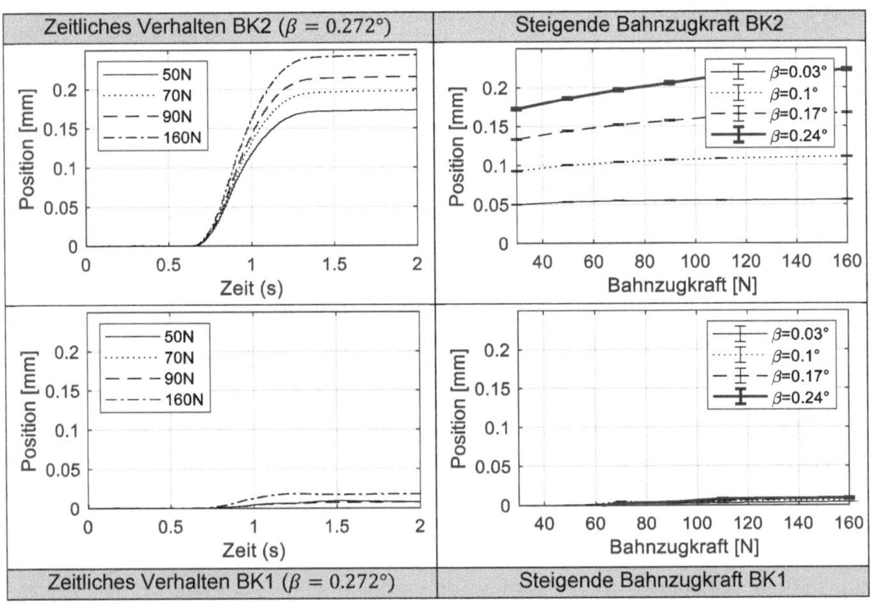

Bild 6.24: Einfluss der Bahnzugkraft auf die Bahnkantenposition bei BK1 und BK2 bei Variation des Winkels β

Influence of web tension on lateral displacement with variation of β

In Bild 6.25 wird der Zusammenhang zwischen Verschiebung der Bahnkantenposition mit zunehmendem Winkel β bei verschiedenen Bahnzugkräften dargestellt. Mit steigender Bahnzugkraft nimmt auch die Auslenkung bei konstantem Winkel zu. Bei großen Winkeln wird zudem deutlich, dass die Änderung der Auslenkung bei gleicher Änderung der Bahnzugkraft geringer wird und sich die maximale Auslenkung einem Grenzwert nähert. Da höhere Bahnzugkräfte bei der Durchführung von R2R-Prozessen meistens vermieden werden sollen, da durch eine zu hohe Dehnung das Material plastisch und somit irreversibel verformt wird, wird der Grenzwert für eine maximale Auslenkung bei höheren Bahnzugkräften nicht weiter betrachtet.

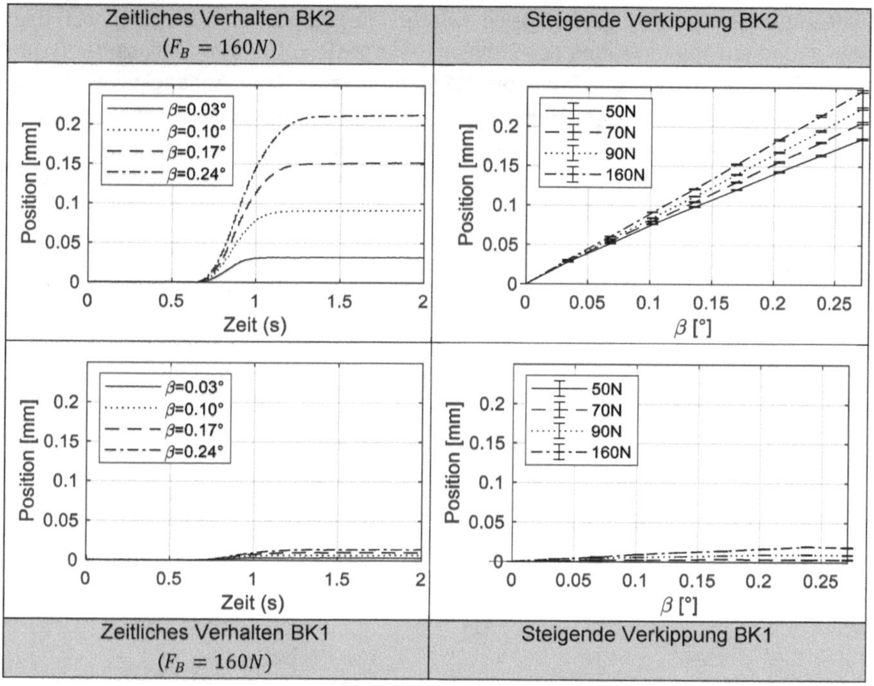

Bild 6.25: Einfluss der Drehung um den Winkel β auf die Bahnkantenposition bei BK1 und BK2 mit verschiedenen Bahnzugkräften

Influence of rotation of β on web edge position at BK1 and BK2 with different web tensions

Mit Steigerung des Drehwinkels β steigt auch die Verschiebung der Bahnkante. Aufgrund der kleinen Winkel ist der Verlauf der Auslenkung bei zunehmendem Winkel nahezu linear. Eine Auslenkung der Bahn ist an allen vier Messstellen in die gleiche Richtung zu beobachten, wobei an der Messstelle bei BK1 eine deutlich geringere Auslenkung erfasst wird. Diese Beobachtung stimmt mit dem Modell zur Variation von β überein.

Die durch β verursachte Verschiebung der Bahn ist für die zu entwickelnde Momenten-Regelung ein unerwünschter Nebeneffekt und ist nach Möglichkeit zu vermeiden. Für eine Entkopplung muss zunächst validiert werden, ob sich basierend auf dem Modell, die resultierende Auslenkung berechnen lässt. Auf diese Weise kann das Modell genutzt werden, um den notwendigen Winkel α zur Korrektur einzustellen. Darüber hinaus muss evaluiert werden, ob das wiederum durch die Korrektur eingebrachte Moment kleiner als das nur durch β eingebrachte Moment ist, da ansonsten keine Entkopplung und somit gleichzeitige Regelung realisiert werden kann.

Zunächst wird das Modell für die Auslenkung mit der real gemessenen Auswertung evaluiert. In Bild 6.26 ist der Vergleich zwischen der berechneten Biegung nach dem Modell und der Verschiebung der Bahnkante dargestellt. Um den Einfluss der Bahnzugkraft zu berücksichtigen, wird die Korrekturvariable K_β in Abhängigkeit von der Bahnzugkraft bestimmt. Der resultierende Verlauf ist ebenfalls in Bild 6.26 dargestellt. Da im Prozess selbst im eingeschwungenen Zustand nur mit einer geringen Abweichung der Bahnzugkraft zu rechnen ist, ist für den Prozess nur der Verlauf der Modellvariablen für den notwendigen Bahnzugkraftbereich zu betrachten.

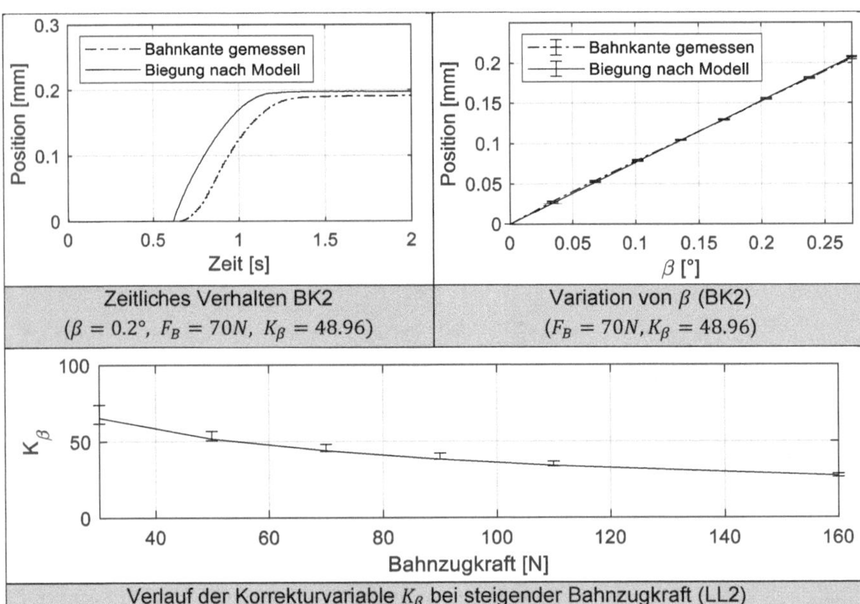

Bild 6.26: Vergleich der gemessenen und aus den Kraftmessungen berechneten lateralen Verschiebung

Comparison of measured force sensor values and calculated lateral displacement

Durch die Quantifizierung von K_β kann die verursachte Biegung durch Drehung um β anhand des Modells mit hoher Genauigkeit berechnet werden. Zur Unterscheidung der Momentendifferenz durch β von der durch α wird zudem die gemessene Momentendifferenz mit der aus dem Modell hervorgehenden Momentendifferenz verglichen. Dadurch wird sichergestellt, dass bei der Regelung des Momentes das System nicht auf die durch β eingebrachte Differenz reagiert. In Bild 6.27 ist der Vergleich dargestellt.

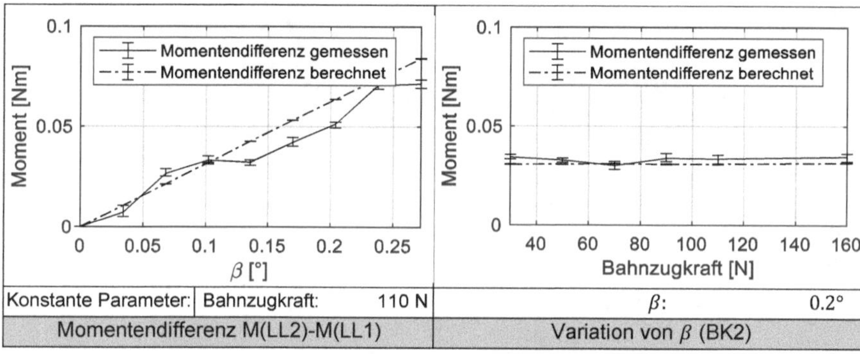

Bild 6.27: Vergleich der gemessenen und der berechneten Momentendifferenz bei zunehmendem Winkel β und bei zunehmender Bahnzugkraft

Comparison of measured and calculated difference of inertia with increasing rotation of β and increasing web tension

Es ist zu erkennen, dass die Differenz mit zunehmender Bahnzugkraft näherungsweise konstant bleibt. Für zunehmende Winkel β folgt nach dem Modell ein linear zunehmender Verlauf der Momentendifferenz, welcher sich auch im mittleren Verlauf der Messdaten zeigt. Mit dem Modell für das Moment lässt sich der Momentenverlauf entlang der Bahn berechnen. Für sechs ausgewählte Kombinationen aus Bahnzugkraft und Drehwinkel β ist der Momentenverlauf in Bild 6.28 dargestellt.

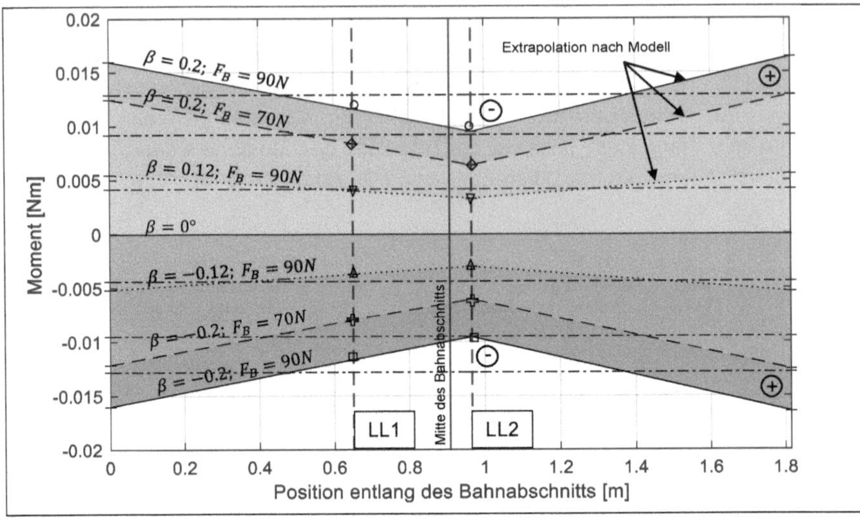

Bild 6.28: Linear extrapolierter Momentenverlauf für eine Drehung von $\beta = \pm 0.12°$ und $\beta = \pm 0.2°$ bei einer Bahnzugkraft von 70 N und 90 N

Linear extrapolated torque curve for rotations with $\beta = \pm 0.12°$ *and* $\beta = \pm 0.2°$ *and web tensions of 70 N and 90 N*

Für kleine Winkel β ist der Anteil der Momentendifferenz im Verhältnis zum kleinsten Moment an der Stelle LL2 gering, nimmt jedoch mit zunehmendem Winkel β deutlich zu. Da diese Differenz in dem Modell der Drehung um α als laterale Verschiebung interpretiert wird, müssen die beiden Differenzen in der gemessenen Gesamtdifferenz voneinander abgegrenzt werden. Um die Fehlertoleranz für die Regelung des Momentes gering zu halten, ist daher ein Bereich für den Winkel β von $\pm 0.1°$ empfehlenswert.

Aus den Betrachtungen geht hervor, dass anhand des Modells der Momentenverlauf entlang der Bahn extrapoliert werden kann. Eine Anpassung der Momente beider Lagen ist daher realisierbar. Die Modelle wurden erfolgreich mit den Auslenkungen der Bahn validiert. Ebenso konnten die Momentenverläufe entlang der Bahn berechnet werden. Da die Berechnungen der Momente für eine Drehung um α und um β auf unterschiedlichen Modellen beruhen, werden die Ergebnisse zusätzlich anhand des Verhaltens der Bahn über dem Luftfilm der Luftlager evaluiert. Insbesondere soll validiert werden, dass das Moment für β über dem von α liegt, wie es bereits aus den Modellen hervorgeht. Daher ist bei Drehung mit β eine größere Änderung der Flughöhe über dem Luftfilm in den Randbereichen der Bahn zu erwarten.

6.3 Verhalten der Bahn über dem Luftfilm

Behavior of web on air cushion

Zur Untersuchung des Einflusses der Luftlager und der Auswirkungen auf die Kraftverläufe wird das Bahnverhalten über dem Luftfilm der Luftlager untersucht. Diese übertragen die Kraft, die die Bahn ausübt, auf die Kraftmessdosen, die sich in den Aufhängungen der Luftlager befinden. Mit der Analyse des Bahnverhaltens über den Luftlagern lassen sich Rückschlüsse auf die gemessenen Kraftverläufe ziehen und die Messdaten überprüfen. Schwingungen innerhalb der Bahn werden auf diese Weise erfassbar und lassen auf die Systemgrenzen rückschließen.

Um das Verhalten der Bahn über dem Luftlager zu untersuchen, wird der Abstand der Bahn zum Luftlager untersucht. In Bild 6.29 sind die fünf Messstellen abgebildet, an denen die Messungen mittels eines Konfokal-Sensors erfolgen. Mit einer Bahnbreite von 250 mm liegen die Messstellen, gemessen von der rechten Bahnkante und bei mittiger Ausrichtung der Bahn auf dem Luftlager, bei 25, 75,125, 175 und 225 mm.

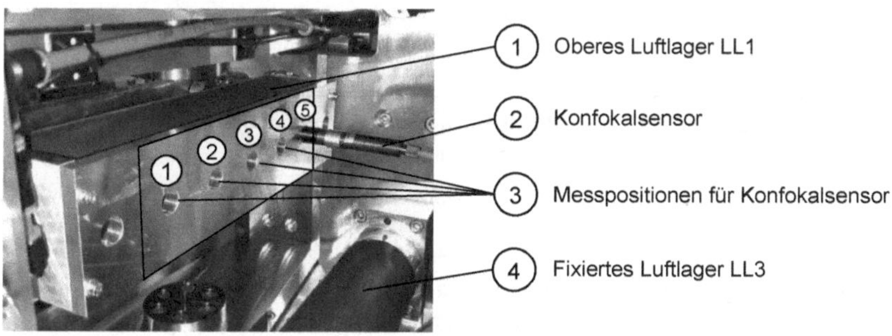

Bild 6.29: Messpositionen des Konfokalsensors über der Bahn bei LL1

Measurement positions of confocal sensor over web at LL1

Die bisherige Diskussion zu den Messdaten legt nahe, dass die Bahnspannungsverteilung sich bei Drehung um die beiden Winkel α und β symmetrisch zur Bahnmitte verteilt. Dabei wird in dem entwickelten Modell ein linearer Verlauf der lateralen Bahnspannungsverteilung angenommen. Die Messergebnisse zur Bahnflughöhe über dem Luftfilm legen nahe, dass diese Annahme in guter Näherung zutreffend ist.

Bild 6.30 zeigt die Position der Bahn über dem Luftfilm an den fünf Messpunkten bei Variation der Drehwinkel. Während sich bei der Messstelle an der Bahnmitte die Bahnhöhe über dem Luftlager bei den verschiedenen Winkeln nur unmerklich ändert, ist in den Randbereichen der Bahn eine deutliche Änderung zu erkennen. Deutlich ausgeprägter ist die Änderung bei Drehung mit β, was mit den Beobachtungen des Moments an der Messstelle übereinstimmt. Über die gesamte Bahnbreite betrachtet, neigt sich die Bahn an der Seite mit dem höheren Moment in Richtung Luftlager. Der Verlauf der Neigung lässt sich über die 5 Messpunkte als lineare Funktion annähern. In [IBS15] stellt sich die Spalthöhe der Bahn über dem Luftlager als konkav dar. Durch den Bezug zu den in dieser Arbeit vorgestellten Messdaten hinsichtlich der Spalthöhe bei Nullstellung der Drehachsen ist dieser Verlauf nicht unmittelbar zu erkennen. Daraus kann abgeleitet werden, dass der initiale konkave Verlauf nicht maßgeblich verstärkt wird.

	Drehung um α			Drehung um β	

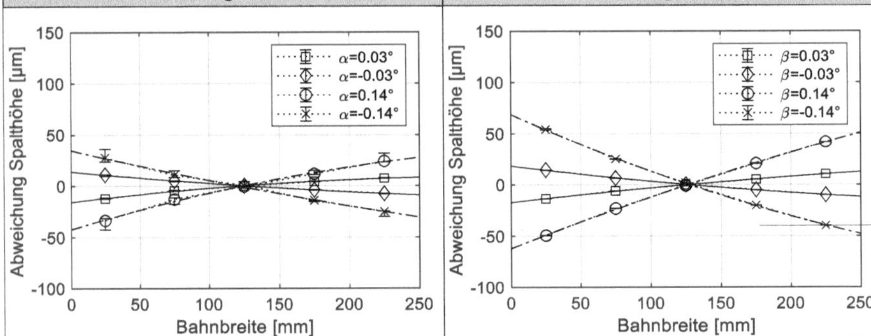

Konstante Parameter:	Bahnzugkraft:	90 N	Bahnzugkraft:	90 N
	Luftdruck:	5 bar	Luftdruck:	5 bar
	β:	0°	α:	0°

Bild 6.30: Einfluss auf die Luftspalthöhe entlang der Bahn über dem Luftlager bei LL1 bei einer Drehung mit den Winkeln α und β

Influence on air gap along the lateral web at LL1 and air turn during rotation with α and β

Um die Betrachtungen zwischen Momentenverlauf und lateraler Auslenkung der Bahn zu validieren, wird die Bahnflughöhe über dem Luftlager in Abhängigkeit zu der gemessenen Auslenkung dargestellt. Dabei wird die Spalthöhe im Randbereich der Bahn betrachtet. Gemäß Gleichung 5.21 verringert sich die Differenz der Spalthöhe mit zunehmender Bahnzugkraft. Darüber hinaus lässt sich durch den Vergleich der Spaltänderung bei Drehung um α und β auf die laterale Bahnspannungsverteilung rückschließen.

In Bild 6.31 ist die Differenz der Spalthöhe bei Drehung um die beiden Winkel dargestellt. Es zeigt sich, dass sich die Spalthöhe bei gleicher lateraler Bahnauslenkung bei Drehung um β stärker ändert. Damit werden die Beobachtungen der bisherigen Messungen bestätigt und das Modell zur Beschreibung der Momente gestützt. Zudem wird dadurch bestätigt, dass sich bei entsprechender Wahl der Winkel eine definierte Bahnspannungsverteilung erzielen lässt, ohne eine laterale Verschiebung zu verursachen.

Variation von α	Variation von β
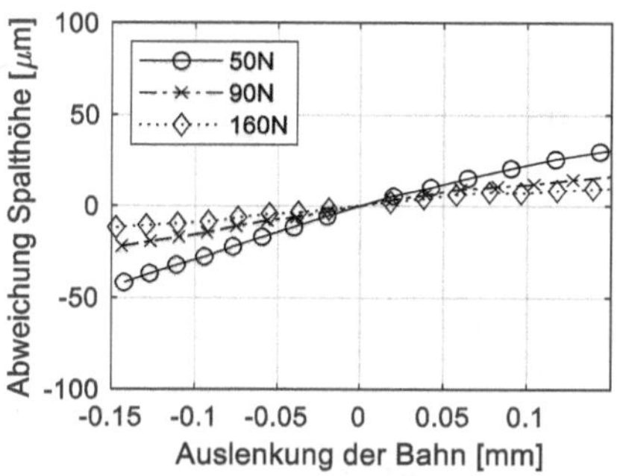	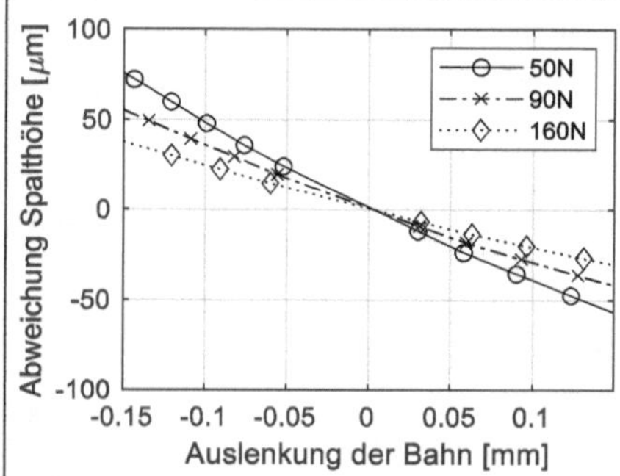
Änderung der Flughöhe bei LL1 in Bezug zur Auslenkung gemessen bei BK2 und der lateralen Bahnposition 225 mm *(Messpunkt 5)*	*Änderung der Flughöhe bei LL1 in Bezug zur Auslenkung gemessen bei BK2 und der lateralen Bahnposition 225 mm* *(Messpunkt 5)*

Bild 6.31: Zusammenhang zwischen der lateralen Auslenkung und der Luftspalthöhe zwischen Bahn und Luftlager bei einer Variation der Winkel α und β bei verschiedenen Bahnzugkräften

Connection between lateral web displacement and air gap between web and air turn during rotation with α and β at different web tensions

Wird zusätzlich der Einfluss der Bahnzugkraft betrachtet, ist basierend auf den Betrachtungen der resultierenden Momente auch ein zunehmender Einfluss auf die Spalthöhe der Bahn zu erwarten. Während sich eine Änderung der Bahnzugkraft deutlich auf die Spalthöhe der Bahn auswirkt, ist die Differenz bei gleicher Winkeländerung für verschiedene Bahnzugkräfte deutlich geringer. Dieses Verhalten ist in Bild 6.32 hervorgehoben.

Durch die Messdaten werden die Beobachtungen der Auswirkungen auf die Änderungen der Bahnkante bestätigt. Diese haben aufgezeigt, dass Abweichungen der Bahnzugkraft auf einem höheren Bahnzugkraftniveau einen geringeren Einfluss auf das Bahnverhalten haben.

Die bisherigen Betrachtungen umfassen einen Bereich, der bei Änderungen der Winkel eine positive Bahnspannung an beiden Rändern der Bahn sicherstellt. Die Auswirkungen auf das Bahnverhalten sobald die Bahnspannung einseitig wegfällt, zeigt sich am Verhalten der Bahn über dem Luftfilm. Die Bahn fängt an den Rändern an zu schwingen. Die Messdaten des Konfokalsensors zeigen in diesem Fall meist nur Ausschläge über die Grenzen des Messbereichs in beide Richtungen.

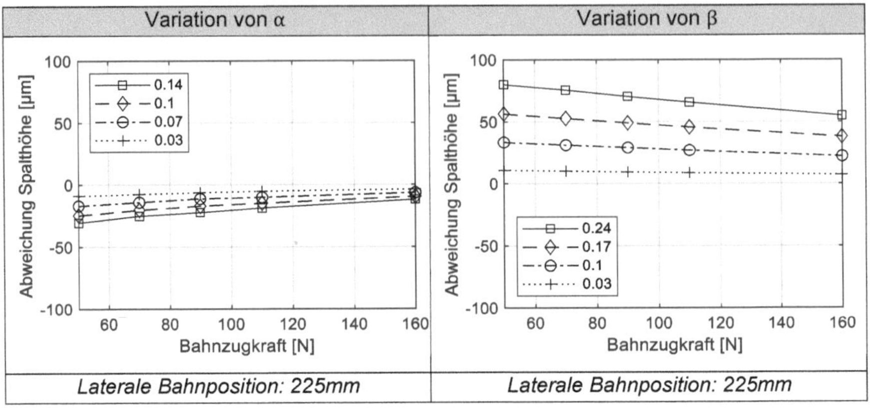

Bild 6.32: Einfluss auf die Luftspalthöhe zwischen Bahn und Luftlager bei Variation der Winkel α und β mit zunehmender Bahnzugkraft

Influence on air gap between web and air turn during rotation with α and β with increasing web tension

Anhand dieser Schwingungen lassen sich in Kapitel 7 die Grenzen für die Entwicklung des Regelungskonzepts aufzeigen. Während sich der Verlust der Bahnspannung an den Rändern der Bahn in den Messdaten der Kraft- und der Bahnkantensensoren nicht eindeutig zuordnen lässt, gelingt dies mithilfe der Messungen des Luftspaltes. Für das spätere Regelungskonzept sind diese Grenzen deshalb von Bedeutung, da die Berechnungen des Momentenverlaufs stets von einer Bahnspannung über die gesamte Bahnbreite ausgehen und im Falle einer Überschreitung das im Regelungskonzept enthaltene Modell durch die Kraftmessungen keine validen Daten erhält und dadurch fehlerhafte Werte zurückgibt.

6.4 Fazit

Conclusion

Basierend auf dem in Kapitel 5 aufgestellten Modell zur Beschreibung des Systemverhaltens bei Drehung der beiden Luftlager wurde zu Beginn dieses Kapitels zunächst das Systemkonzept aus Kapitel 4 in einen realen Prüfstand überführt.

Der Prüfstand wurde in ein bestehendes R2R-Anlagensystem integriert. Die Steuerungsarchitektur des Prüfstandes ist in die R2R-Anlage erfolgreich integriert, und eine Bedienschnittstelle ist implementiert worden. Im Anschluss wurden die Teststrukturen gefertigt. Damit wurden die Vorbereitungen für die Analyse abgeschlossen.

In einem ersten Schritt der Analyse wurde die Erfassung der Marker-Strukturen validiert und die Algorithmen für die Bildverarbeitung getestet. Es konnte gezeigt werden, dass sich die gefertigten Marker-Strukturen mit der geforderten Genauigkeit erfassen lassen und für die weitere Entwicklung des Laminierprozesses geeignet sind.

Im Anschluss wurde das Systemverhalten anhand der Messdaten der Kraft- und Bahnkantensensoren sowie der Kamerabilder und eines Konfokalsensors charakterisiert. Dabei wurde das Verhalten der Bahnkante und der Bahnspannungsverteilung untersucht, sowie die Spalthöhe zwischen der Bahn und dem Luftlager. Dabei konnte gezeigt werden, dass das Verhalten der Bahn bei Drehung jeweils um α und β mittels des Modells beschrieben werden kann.

Mit dem Abschluss der Validierung des Systemkonzeptes und der Quantifizierung der Modellparameter, insbesondere der Korrekturparameter K_α und K_β, kann im folgenden Kapitel ein geeignetes Regelungskonzept implementiert und evaluiert werden.

7 Regelungskonzept für den kontinuierlichen Schicht-Laminierprozess

Control concept for continuous sheet lamination process

Mit den in den vorangegangenen Kapiteln entwickelten mathematischen Modellen wird in den realisierten Prüfstand eine Regelung für den kontinuierlichen Schicht-Laminierprozess implementiert. Für die Umsetzung eines geeigneten Regelungskonzepts werden die auftretenden Fehler betrachtet. Diese werden unterteilt in Fehler, die nach der Laminierung im Lagenverbund auftreten und in Fehler, die vor der Laminierung durch Vergleich der Lagenzustände ermittelt werden.

Im ersten Teil dieses Kapitels erfolgt die Entwicklung des Regelungskonzepts. Im zweiten Abschnitt wird das Regelungskonzept in die Steuerung des Prüfstandes implementiert. Den Abschluss des Kapitels bildet die Validierung des Konzeptes, um die vierte Forschungsfrage zu beantworten.

7.1 Auswahl einer geeigneten Regelungsstrategie

Selection of suitable control strategy

Zur Wahl einer geeigneten Regelungsstrategie wird das System unter regelungstechnischen Aspekten noch einmal betrachtet. Die Stellgrößen, die eine Manipulation der Bahn zulassen, sind die Geschwindigkeit der Walzen der beiden Eingangsklemmstellen und die beiden Verdrehwinkel der Luftlager. Die Zusammenhänge mit den Bahnzustandsgrößen sind in Kapitel 5 beschrieben und wurden in Kapitel 6 validiert.

Die Messgrößen sind die Kräfte in den Aufhängungen der Luftlager der Bahn, die Bahnpositionen und die Bahngeschwindigkeit an der Laminierstelle. Aus den Lagerkräften lässt sich anhand des entwickelten Modells der Momentenverlauf entlang der Bahn und somit auch an der Laminierstelle berechnen. Da ein direkter Zusammenhang zwischen dem Momentenverlauf und dem lateralen Bahnversatz besteht, kann aus den Momenten auch der Versatz berechnet werden. Durch die zusätzliche Messung der Bahnkanten können diese zur Optimierung und für die Festlegung des Ausgangszustandes der Bahn genutzt werden.

Für die Entwicklung einer Regelungsstrategie gilt es, neben der lateralen Position die longitudinale Position und das Moment an der Laminierstelle in beiden Bahnen aufeinander anzupassen. Da es sich um ein gekoppeltes Mehrgrößensystem handelt, ist zudem die Entkopplung der Stellgrößen und der Regelgrößen zu betrachten.

Im Folgenden wird zunächst ein Konzept zur Regelung des lateralen Versatzes entwickelt. Aufgrund der in Kapitel 6 aufgezeigten Zusammenhänge zwischen den Stellgrößen des lateralen Versatzes und der des Momentes, wird im Anschluss ein Konzept für die Regelung des Momentes betrachtet.

Für die Regelung des longitudinalen Versatzes wird abschließend das Konzept vorgestellt. Da hier die einzige Kopplungsgröße die Bahnzugkraft ist und deren Einfluss auf die Stellgrößen für den lateralen Versatz und das Moment in der Validierung in Kapitel 6 hinreichend untersucht wurde, ist eine Entkopplung bei bekannter Bahnzugkraft bereits über den ermittelten Verlauf der Korrekturvariablen gegeben.

7.1.1 Kaskadierter Regler für die Folgeregelung der oberen Lage

Cascade controller for sequence control of top layer

Zur Realisierung einer Folgeregelung, bei der die obere Bahn auf die untere geregelt wird, werden zunächst die Möglichkeiten betrachtet. Für die Vorgabe der lateralen Position in y wäre ein naheliegender Ansatz, die aktuelle Position zurückzuführen und die Abweichung in y als Fehler einem PI-Regler zuzuführen und den Reglerausgang auf die Stellgröße α zu schalten. Aus dem mathematischen Modell wird ersichtlich, dass sich dadurch entsprechend der Winkel γ verändert und somit eine Verschiebung in y stattfindet, jedoch bleibt dieser durch die Klemmung in der Laminierstelle erhalten. Das bedeutet, dass, sobald die vorgegebene Position erreicht ist, weiterhin ein Winkel γ dennoch vorhanden ist und eine Verschiebung in y weiterhin erfolgt. Erst durch den Vorzeichenwechsel in der Positionsabweichung verringert sich in der Folge der Winkel γ wieder. Auf diese Weise kann die Bahnposition nicht in einen stabilen Zustand überführt werden. Damit eignet sich die Fehlerabweichung in y nicht als Eingangsgröße für den Regler zur Vorgabe der Stellgröße α.

Eine Möglichkeit dieses Problem zu lösen, ist die Regelung auf eine Position vor der Klemmstelle, da so der Vorzeichenwechsel bereits vor Erreichen der Sollposition stattfindet und das System sich einschwingt. Eine weitere Möglichkeit ist die Reglung des Winkels γ_A an der Laminierstelle selbst. Dazu wird zusätzlich ein zweiter Regelkreis integriert. Dieser regelt die Abweichung in γ_A und der Reglerausgang gibt die Stellgröße α vor. Für die Sollvorgabe wird der Reglerausgang des Reglers für die Abweichung in y genutzt. Auf diese Weise entsteht ein kaskadierter Regler [LUNZ10b] für die Folgeregelung der lateralen Position. In Bild 7.1 ist die so entstehende Regelkreisstruktur dargestellt, wobei γ_{ist} den aktuellen Wert von γ_A darstellt und γ_{Soll} dem gewünschten Soll-Wert entspricht. Die Regelung des Winkels erlaubt eine gezielte Beeinflussung des Regelverhaltens und bietet zudem die Möglichkeit, Winkelfehler zu korrigieren.

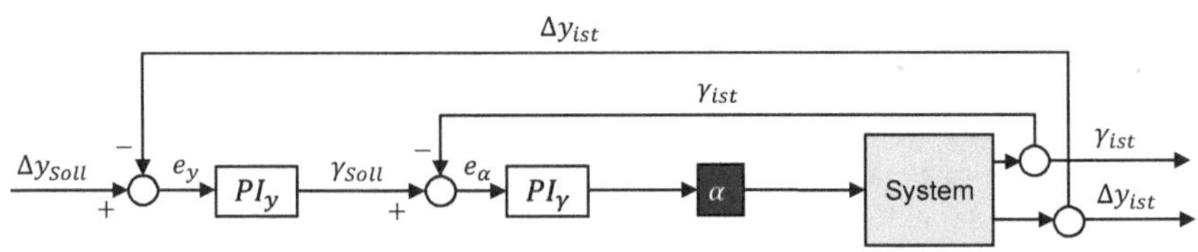

Bild 7.1: Kaskadierte Reglerstruktur für die Folgeregelung der lateralen Position

Cascade control structure for sequence control of lateral position

Die Regelung der Bahnposition erfolgt somit über die Vorgabe des Sollwinkels γ_{Soll}. Die Sollvorgabe für die Verschiebung in y wird über die Differenz Δy_{Soll} der aktuellen Bahnpositionen der unteren und oberen Lage bei der Laminierstelle beschrieben. Die Sollvorgabe des inneren Regelkreises ist durch den Winkel γ_{Soll} gegeben, der durch die untere Bahn vorgegeben wird, wie es in Kapitel 5.3 beschrieben ist.

Ausgehend von diesen Betrachtungen wird für die Regelung der lateralen Position die kaskadierte Folgeregelung gewählt. Im nächsten Schritt wird die Regelung der Momentendifferenz beider Lagen betrachtet. In Kapitel 6 wurde bereits aufgezeigt, dass hierbei eine Kopplung zwischen dem Drehwinkel α und dem für die Momentenregelung geeigneten Drehwinkel β besteht. Die bisherige Reglerstruktur muss daher auf eine Weise ergänzt werden, durch die die laterale Bahnregelung nicht beeinflusst wird. Hierfür eignet sich eine Entkopplung mit einer Störgrößenaufschaltung, wobei die unerwünschten Einflüsse der Drehung um β die Störgröße im Regelkreis von α darstellen.

7.1.2 Entkopplung durch Störgrößenaufschaltung für die Momenten-Regelung

Encoupling of moment control by feedforward control

Um mit der Drehung um β eine Regelung des Momentes zu ermöglichen, ist zunächst die Berechnung des Moments basierend auf dem Drehwinkel nicht notwendig. Stattdessen genügt die Messung der Momentendifferenz. Da jedoch gleichzeitig eine Auslenkung der Bahn verursacht und somit eine laterale Verschiebung erfolgen wird, liegt ein gekoppeltes System vor [LUNZ10a]. Daher ist es notwendig, die Auslenkung durch eine Drehung beider Walzen um α zu kompensieren und gleichzeitig das dadurch eingebrachte Moment ebenfalls zu berücksichtigen. Die entstehende Regelkreisstruktur ist in Bild 7.2 dargestellt.

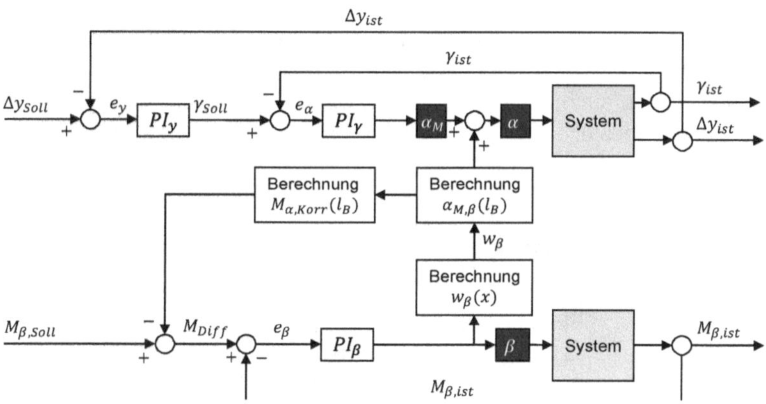

Bild 7.2: Erweiterte Regelkreisstruktur mit Entkopplung der lateralen Positionsregelung und der Momenten-Regelung

Extended control structure with decoupling of lateral position control and moment control

Die Entkopplung erfolgt über das Model für die Variation von β mit welchem die erwartete Auslenkung berechnet wird und durch Variation von α kompensiert wird. Das dadurch entstehende Moment $M_{\alpha,Korr}$ wird dabei in der Sollvorgabe für $M_{\beta,Soll}$ berücksichtigt. Das durch einen Winkel α entstehende Moment M_{α} wird für die Momentenregelung nicht berücksichtigt, da dies indirekt bereits über die Regelung der lateralen Position erfolgt. Zudem ist ein hohes Moment durch α einem hohen lateralen Fehler geschuldet, der für die Ausrichtung der Lagen noch vor dem Momentenfehler kompensiert werden soll.

Neben dem Moment und der lateralen Position ist die longitudinale Ausrichtung beider Bahnen zueinander in das Konzept zu integrieren. Dies erfolgt über die Bahnzugkraftdifferenz. Eine Entkopplung ist für dieses Konzept nicht notwendig, da die Bahnzugkraft bereits über die Korrekturvariablen in dem bestehenden Konzept berücksichtigt ist.

7.1.3 Upstream-Regelung der Bahnzugkraft in beiden Lagen

Upstream controller for web tension control in both layers

Da an der Laminierstelle die obere und untere Warenbahn zusammengefügt werden, ist diese als Stellglied für die Bahnspannungsregelung nicht geeignet. Eine Downstream- oder Differenz-Regelung kann daher ausgeschlossen werden. Eine Upstream-Regelung wie sie in Kapitel 2.3.2 beschrieben wird (vgl. Tabelle 2.9), ermöglicht die separate Regelung der Bahnzugkraft in beiden Lagen. Das Stellglied ist dabei die Eingangs-Klemmstelle. Die Laminierstelle wird nicht geregelt. Die verschiedenen Varianten der Bahnzugkraftdifferenz-Regelung sind bereits in Kapitel 5.3 betrachtet worden und in Tabelle 5.3 zusammengefasst.

Um die Vorgabe der Sollwerte durch die untere Lage nicht durch Änderungen der Bahnzugkraft zu beeinflussen, wird die Einfache-Differenz-Regelung gewählt. Dabei wird nur die Bahnzugkraft der oberen Lage mit einem Differenzwert beaufschlagt. Dieser kann dabei jedoch auch negativ werden. In Bild 7.3 ist das Konzept für die Upstream-Regelung dargestellt.

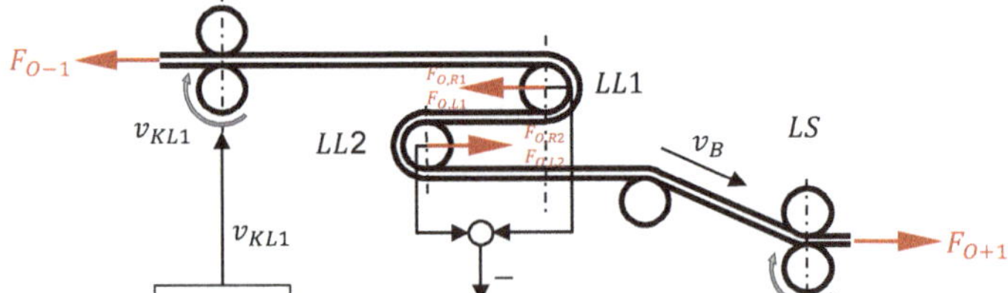

Bild 7.3: Upstream Regelung für die obere Lage des funktionalen Schicht-Laminierprozesses

Upstream feedback control for top layer of functional layer lamination

Die aktuelle Bahnzugkraft der oberen Bahn F_O wird aus dem Mittelwert der vier Kraftsensoren an den beiden Messstellen berechnet.

In einem ersten Schritt werden zunächst die beiden Regler für die Regelung der Bahnzugkräfte in den beiden Lagen konzeptioniert. Da die Bahnzugkraft kontinuierlich gemessen wird, genügt ein einfacher Regelkreis wie er in Bild 7.4 dargestellt ist.

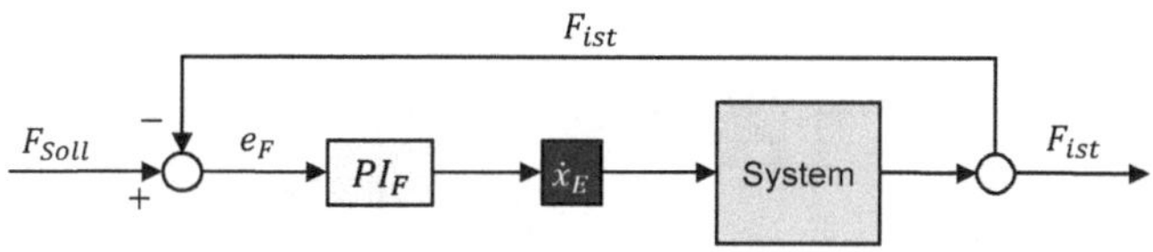

Bild 7.4: Regelungskonzept für die Bahnzugkraftregelung

Control concept for web tension control

Dieses Regelungskonzept wird für die obere und die untere Lage verwendet. Wie für die Einfache-Differenzen-Regelung vorgestellt, wird dem Sollwert der oberen Lage ein Differenzwert hinzugefügt, der durch einen dritten Regelkreis aus der berechneten und gemessenen Differenz der longitudinalen Position vorgegeben wird.

Die initiale Vorgabe der Differenz erfolgt über die zu Beginn gemessene Differenz. Durch das Modell wird im Anschluss die aktuelle longitudinale Position an der Laminierstelle berechnet. Erreicht die Bahn die Position der Kameramessstelle KS2 nach der Laminierstelle (vgl. Bild 6.6), erfolgt ein Abgleich zwischen dem Modellwert $\Delta x_{ist,M}$ und dem realen Wert Δx_{ist}. Die Verzögerung t_D des Modells kann durch

$$t_D = \frac{l_{A,KS2}}{v_B} \tag{7.1}$$

berechnet werden, wobei $l_{A,KS2}$ der Abstand der Kamera zur Laminierstelle ist (Bild 6.6). Im Anschluss kann der Faktor $K_{M,\Delta x}$ durch

$$K_{M,\Delta x} = \frac{\Delta x_{ist}(t)}{\Delta x_{ist,M}(t)} \tag{7.2}$$

ermittelt werden.

Durch den Faktor $K_{M,\Delta x}$ wird der durch das Modell vorgegebe Wert im Anschluss korrigiert. Diese Korrektur zwischen Modell und realem System erlaubt die Anpassung des Modells im Prozess, wenn die Modellparameter nicht genau ermittelt werden konnten. Auf diese Weise kann zu Beginn des Laminierprozesses ein Fehler durch das Modell entstehen, dieser wird aber nach erstmaligem Erreichen der Messstelle korrigiert. Die Regelkreisstruktur erweitert sich dadurch zu der in Bild 7.5 dargestellten Struktur.

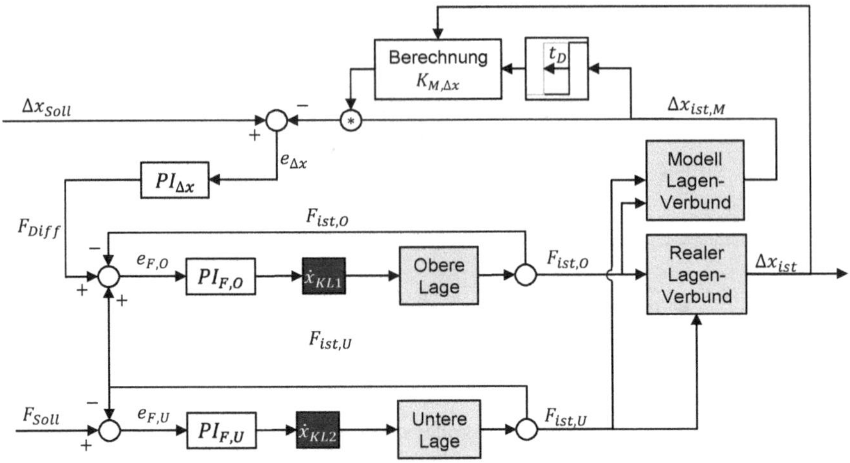

Bild 7.5: Regelungskonzept für den longitudinalen Lagenversatz im Lagenverbund

Control concept for longitudinal layer displacement in multilayer system

7.1.4 Störgrößenaufschaltung zur Kompensation des Lagenversatzes

Feedforward control for compensation of layer misalignment

Die Erkennung der Fehler im Lagenverbund erfolgt mit einer Verzögerung und eine Korrektur wird daher nicht unmittelbar vorgenommen. Dies hat zu Folge, dass der Regelkreis für den Lagenverbund nur langsam reagieren kann. Die Anpassung beider Lagen vor der Laminierung, basierend auf der Erfassung beider Lagenzustände, erfolgt daher bereits unmittelbar vor der Laminierung durch die kaskadierte Regelung in Abschnitt 7.1.2.

Zur Überprüfung der erreichten Ausrichtungsgenauigkeit wird die kamerabasierte Positionserfassung bei Messstelle KS2 genutzt. Wie bereits für die Regelung des longitudinalen Versatzes, ist die Rückführung des erfassten lateralen Versatzes durch die Verzögerung t_D möglich. Mittels einer Störgrößenaufschaltung wird die Differenz zwischen Modell und Messwert als Störung zurückgeführt. Dabei wird der Fehler als fehlerhafte Position der unteren Lage interpretiert und die Sollvorgabe der Position für die obere Lage um den entsprechenden Wert korrigiert.

In Bild 7.6 ist das resultierende Gesamtkonzept der Regelung für den kontinuierlichen Schicht-Laminierprozess dargestellt.

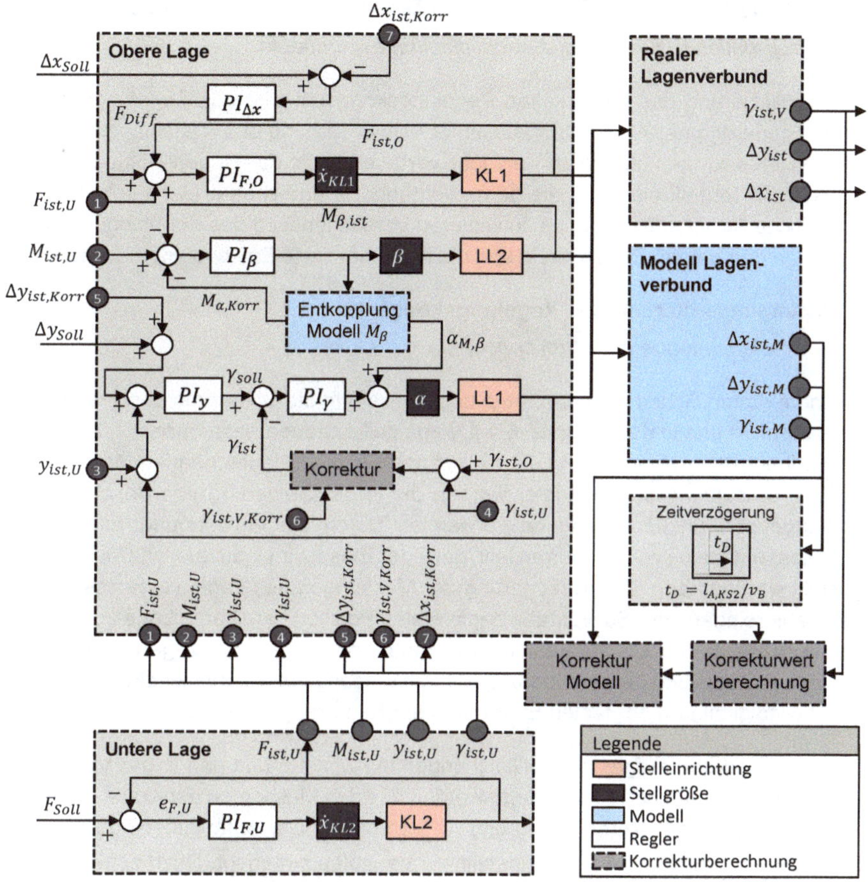

Bild 7.6: Gesamtregelungskonzept für den kontinuierlichen Laminierprozess

Complete feedback control concept for continuous sheet lamination process

Mit dem Gesamtregelungskonzept können im nächsten Schritt die abschließenden Experimente zur Validierung des neu entwickelten kontinuierlichen Schicht-Laminierprozesses vorbereitet werden.

7.2 Vorbereitung der funktionalen Schicht-Laminier-Versuche

Preparation of functional sheet lamination experiments

Zur Qualifizierung des entwickelten Regelungskonzepts wird das Regelungskonzept in der Steuerung der Anlage umgesetzt. Zur Untersuchung des Regelungsverhaltens des Systems werden geeignete Versuche vorbereitet, die das Regelverhalten der verschiedenen Regelkreise und die damit verbundene erreichbare Genauigkeit für die spezifische Regelgröße aufzeigt. In weiteren Versuchen wird das Kopplungsverhalten zwischen den beiden Drehwinkeln und die implementierte Entkopplung bewertet.

7.2.1 Implementierung des Regelungskonzepts

Implementation of control concept

In einem ersten Schritt wird das Regelungskonzept in die Steuerung des Prüfstandes implementiert und in die in Kapitel 6.1.1 vorgestellte Steuerungsarchitektur. Hierfür erfolgt zunächst die Umrechnung der Messsignale in die entsprechenden Messgrößen. Für die Umsetzung der PI-Regler werden die in der Steuerung von Bosch Rexroth vorhandenen Funktionsbausteine verwendet. Durch die Verwendung vorhandener Funktionsbausteine wird sichergestellt, dass der Einsatz im industriellen Umfeld nachgestellt werden kann. Zur Verzögerung der Messungen des Lagenversatzes, die auf den Fehlereingang der Sollvorgabe der lateralen Position der oberen Lage addiert werden, wird ein ebenfalls in der Funktionsbibliothek vorhandenes Verzögerungsglied verwendet. Die notwendige Verzögerung wird als Eingangssignal aus der aktuellen Bahngeschwindigkeit und der festen Entfernung der Kamerasysteme berechnet.

Entsprechend den aufgestellten Gleichungen in Kapitel 5 und den in der Validierung in Kapitel 6.2 ermittelten Parametern, werden aus den Messdaten der Kraft- und Bahnkantensensoren die Momente M_α und M_β berechnet. Die Anfangsbedingungen des Systems werden als zu Beginn einstellbare Variablen hinterlegt. Dazu zählen die aktuellen Positionen an der Eingangswalze und an der Laminierstelle, sowie die jeweiligen Winkel an diesen beiden Stellen. Die Systemparameter und die Maße werden fest hinterlegt. Gemäß den in Kapitel 7.1 entwickelten Regelkonzepten werden die Eingangsvariablen der Regler-Bausteine mit den Differenzen der Soll- und Ist-Positionen sowie des Moments gleichgesetzt.

Basierend auf den Kameramessungen wird die reale Position und die aus den Momenten hervorgehende Position stets aktualisiert. Mit dem Erhalt eines neuen Datensatzes wird die Aktualisierung der Position über eine Trigger-Variable ausgelöst. Dabei überschreibt die gemessene Position die alte Position, die sich in der Zeit zwischen zwei Kamerasätzen aus den Momenten errechnet.

7.2.2 Versuchsaufbau für die funktionalen Schicht-Laminier-Versuche

Preparation of experiments for functional sheet lamination

Ausgehend von dem in Kapitel 6.1.1 vorgestellten Prüfstand wird das System für Versuche im Trockenkaschierverfahren vorbereitet. Die hergestellte Testmaterialbahn wird zu diesem Zweck aufgeteilt und 100 m des Materials auf einen zweiten Wickelkern umgespult. Aus dem existierenden Modulsystem wird der Ab- und Aufwickler mit dem Prüfstand verbunden.

Die erreichbare Genauigkeit im Laminierprozess zeigt sich bei der Laminierung zweier funktionaler Warenbahnen im entwickelten Prüfstand. Zu diesem Zweck wird das entwickelte Regelungskonzept in die Maschinensteuerung des realen Systems überführt. Die Validierung erfolgt anhand der in Abschnitt 6.1.2 definierten optischen Strukturen.

Am Beispiel der optischen Strukturen wird die Genauigkeit des Gesamtkonzepts aufgezeigt. Anschließend erfolgt eine Betrachtung des Materialeinflusses und der Systemparameter. Basierend darauf werden die Systemgrenzen untersucht sowie die Stabilität und Robustheit des Reglers evaluiert.

7.3 Charakterisierung des Regelungsverhaltens

Characterization of control behavior

Zur Überprüfung des gewählten Regelungskonzepts werden Messungen am finalen System durchgeführt. Im Fokus der Betrachtung steht die erreichbare Genauigkeit. Es werden die Zusammenhänge der verschiedenen Prozess- und Materialparameter hinsichtlich des Laminiergebnisses aufgezeigt und entsprechend gewichtet. Im Fokus des Regelungskonzepts steht die Positioniergenauigkeit in lateraler und longitudinaler Richtung. Zur Bewertung des Regelverhaltens werden Langzeituntersuchungen durchgeführt und anschließend die erreichte Genauigkeit ermittelt. Dabei werden jeweils 2 m der beiden Lagen miteinander im Trockenkaschierverfahren verbunden.

7.3.1 Analyse des Kopplungsverhaltens der Stellgrößen

Analysis of coupling behavior between control values

Die Untersuchungen zum Bahnlaufverhalten in Kapitel 6.2.2 und 6.2.3 zeigen eine Kopplung der lateralen Verschiebung und der Bahnspannungsverteilung insbesondere bei Drehung um β. Die Auswirkungen dieser Kopplung auf das Regelverhalten und die resultierenden Abweichungen bei der Genauigkeit der Laminierung werden im Folgenden betrachtet. Im Anschluss werden die Methoden zu den Entkopplungen, wie sie in Abschnitt 7.2 vorgestellt wurden, hinzugefügt. Hierfür werden beide Regelkreise geschlossen und durch einen Sollwertsprung eine Störung simuliert. Die Versuche werden bei einer Bahngeschwindigkeit von 0,1 m/min durchgeführt. Der Einfluss höherer

Bahngeschwindigkeiten wird in Abschnitt 7.3.5 diskutiert. In Bild 7.7 und Bild 7.8 sind die zeitlichen Verläufe der Momente, der Auslenkung und der Stellgrößen dargestellt.

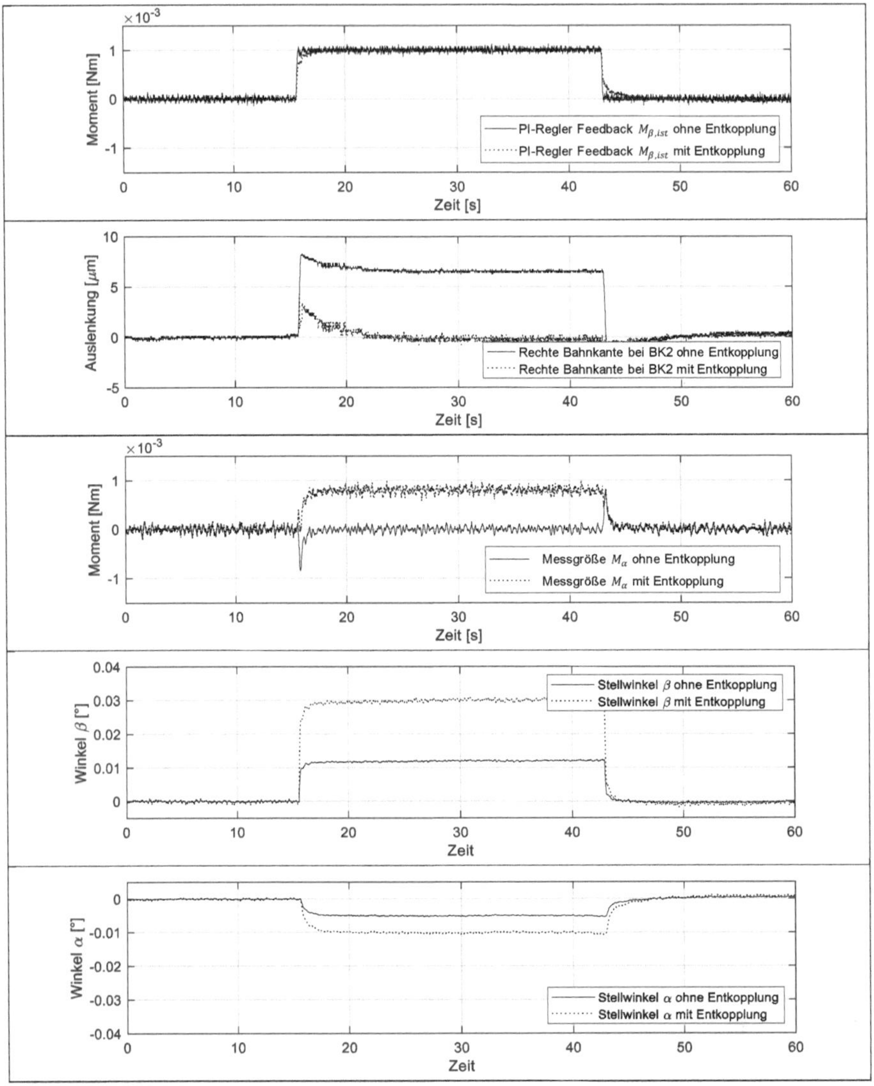

Bild 7.7: Verläufe der wichtigsten Parameter für die Entkopplung bei der Regelung des Momentes M_β

Trend of relevant parameters for decoupling for feedback control of inertia M_β

Für die Regelung des Momentes durch die Stellgröße β wird die Kopplung mit der Stellgröße α deutlich. Ohne Entkopplung spricht der Regler der Stellgröße α an, da das Modell aufgrund der Abweichungen im Moment M_α einen Winkel γ an den Regler zurückgibt und entsprechend korrigiert wird. Die Korrektur reicht jedoch nicht aus, um die tatsächlich durch die Stellgröße β verursachte laterale Verschiebung zu korrigieren.

Die Entkopplung durch Störgrößenaufschaltung, wie sie in Abschnitt 7.1.2 beschrieben wurde, fügt dem Regelkreis der Stellgröße α daher eine zusätzliche Differenz für die Drehung hinzu. Diese bewirkt, dass der Regelkreis von α ein zusätzliches Moment zulässt und dieses nicht als Abweichung des Winkels γ durch das Modell weitergegeben wird. Um dieses Moment für die Regelung des Momentes zu berücksichtigen, wird für die Entkopplung nun die Momentendifferenz M_{Diff} zwischen diesen beiden Momenten für die Regelung genutzt.

Durch die Berechnung des Momentes $M_{\alpha,Korr}$ wird die Entkopplung ermöglicht und die resultierende Abweichung der Bahnposition erfolgreich ausgeglichen. Als Resultat ergeben sich entsprechend erhöhte Auslenkungen der Stellgrößen α und β wie in den Verläufen der Stellwinkel in Bild 7.7 zu erkennen.

Für die Betrachtung der Regelung durch die Stellgröße α ist zwar eine Kopplung an das Moment der Bahn gegeben, jedoch wird diese, wie bereits diskutiert, nicht entkoppelt, da die Regelung der lateralen Position Vorrang gegenüber der Regelung des Moments hat.

In Bild 7.8 ist das Verhalten bei der Regelung durch α dargestellt. Da das Moment M_α nicht an den Regelkreis des Moments zurückgeführt wird, reagiert dieser entsprechend nicht. M_α ist zudem in M_{Diff} enthalten. Die zu erkennenden Ausschläge der Stellgröße β und entsprechend bei dem erfassten Moment M_β sind durch die unterschiedlichen Geschwindigkeiten bei der Angleichung der Bahn an die neue Sollposition zu erklären (vgl. Bild 6.16). Bei der Vorgabe eines Sollwertsprunges fallen diese entsprechend hoch aus. Durch die kurzzeitig nicht symmetrisch zur longitudinalen Bahnmitte verlaufenden Momente an den Messstellen LL1 und LL2 wird eine Abweichung im Moment M_β vorgegeben. Die kurze Abweichung hat jedoch keine weiteren Auswirkungen auf die Regelung, da für die Bahnposition ein regelmäßiger Abgleich mit dem realen System erfolgt.

Die Analyse des Kopplungsverhaltens zeigt, dass die Entkopplung der Momentenregelung funktioniert und zur Anpassung der Momente der beiden Lagen an der Laminierstelle genutzt werden kann.

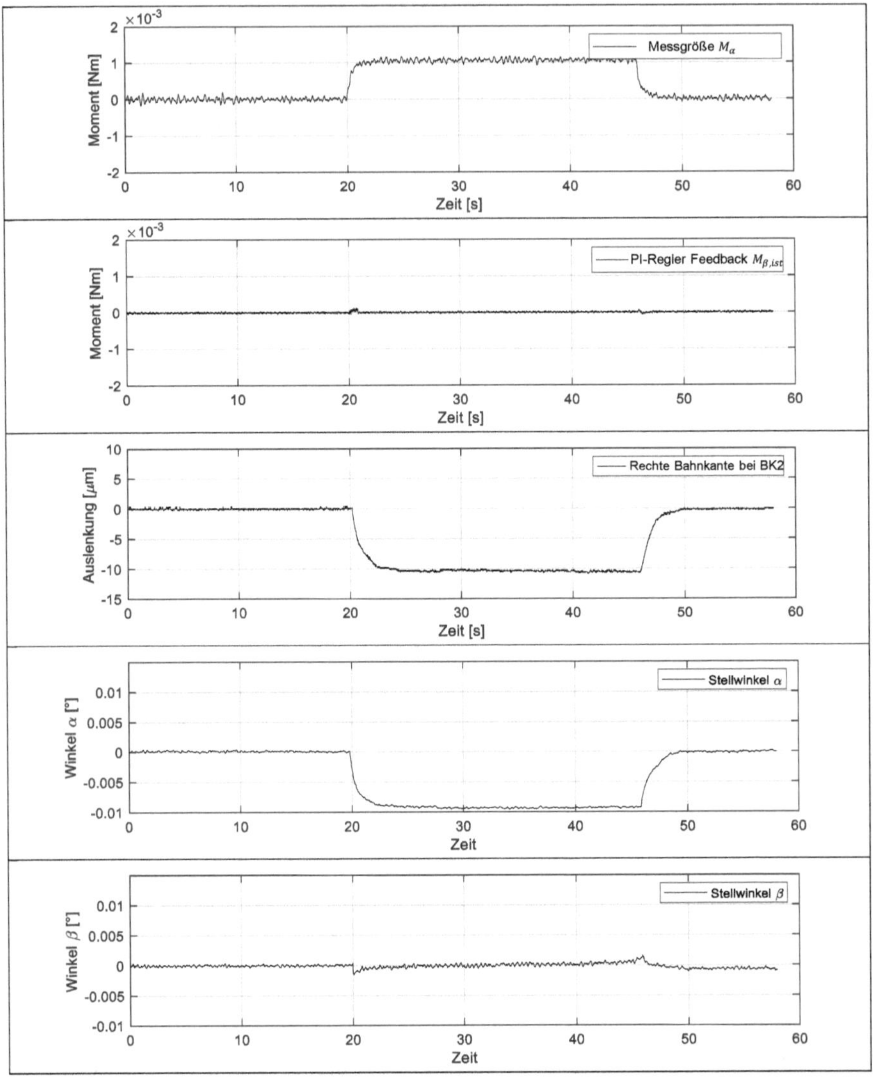

Bild 7.8: Verläufe der wichtigsten Parameter bei der Regelung durch die Stellgröße α

Trend of relevant parameters for feedback control with manipulated variable α

Im nächsten Schritt wird das Verhalten der Positionsregelungen für den longitudinalen und den lateralen Versatz untersucht. Die Momentenregelung ist in den entsprechenden Betrachtungen ebenfalls aktiv.

7.3.2 Analyse des Regelverhaltens

Analysis of control behaviour

Für die Analyse des Regelungsverhaltens wird zunächst das Verhalten der Folgeregelung der Bahnzugkraft betrachtet. In Bild 7.9 ist im oberen Abschnitt die Sprungantwort der Bahnzugkraftregelung der unteren Lage dargestellt und im unteren Abschnitt das Verhalten der Folgeregelung bei Einbringung einer Schwingung in die untere Lage abgebildet.

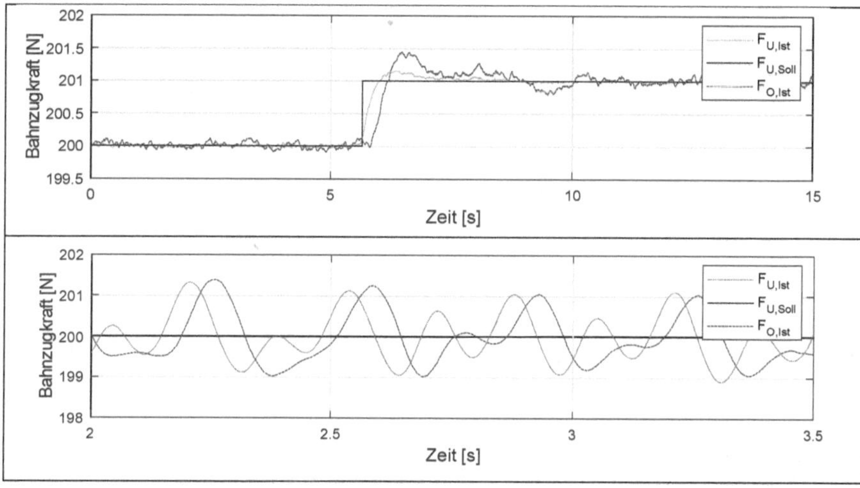

Bild 7.9: Folgeregelung der Bahnzugkraft

Follow-up control of web tension

Nach der Betrachtung des Regelverhaltens der Bahnzugkräfte beider Lagen wird die Regelung des longitudinalen Versatzes betrachtet. Ausgehend von einem eingebrachten Fehler in der longitudinalen Position wird der gewünschte Sollwert auf 2,5 mm eingestellt. Das entspricht einer gleichmäßigen Aufteilung der lateral eingebrachten Striche in den Abschnitten C1 und C2 der Marker-Strukturen (vgl. Bild 4.4).

Mit der Anfangsabweichung beginnt das Modell, die basierend auf der Bahnzugkraftdifferenz berechnete longitudinale relative Verschiebung dem Regler als Ist-Wert zurückzuführen. In Bild 7.10 ist dieser Vorgang zu sehen. Sobald der Sollwert erreicht ist, werden die Bahnzugkräfte angeglichen und die relative Bewegung somit gegen Null geführt. Die Vorgabe des Modells wird zudem verzögert. Die Verzögerung ergibt sich aus der aktuellen Bahngeschwindigkeit und dem Abstand der Laminierstelle zur Messstelle KS2. Sobald erstmalig der Zeitpunkt nach der Verzögerung erreicht ist, wird der vergangene Modellwert mit dem nun gemessenen realen Wert der longitudinalen Differenz verglichen. Aus dem Vergleich ergibt sich der Korrekturwert, der zu einer angepassten Sollvorgabe führt. Im Verlauf der vom Modell berechneten Differenz in Bild 7.10 ist zu erkennen, dass der Wert um einen geringen Faktor falsch ist und es erfolgt eine Anpassung. In den realen Messdaten zeigt sich dieser Vorgang im Beispiel als anfängliches Überschwingen. Nach erstmaliger Berechnung des Modell-Korrekturwertes bleibt die longitudinale relative Position beider Lagen jedoch nahezu konstant.

Im Verlauf der Bahnzugkräfte ist die eingebrachte Differenz in der oberen Lage zu erkennen. Bei erstmaliger Berechnung des Korrekturwertes ist nochmals ein Ausschlag zu erkennen.

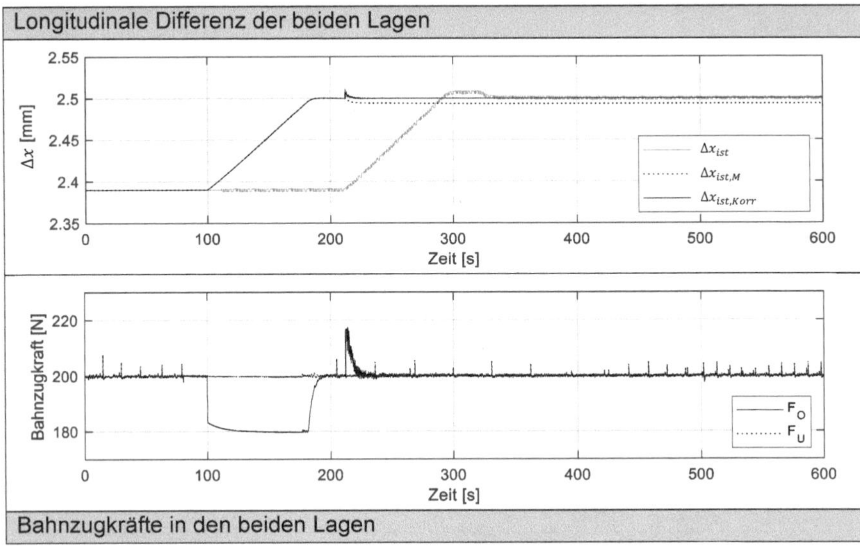

Bild 7.10: Regelung der longitudinalen Positionsdifferenz im Lagenverbund

Control of longitudinal difference in multilayer system

Nachdem sich die longitudinale Position um den Sollwert eingeschwungen hat und auch die anfänglichen Auswirkungen der Korrektur mit eingeflossen sind, wurden 2 m produziert und die longitudinale Genauigkeit betrachtet. In Bild 7.11 ist die Abweichung der Position vom Sollwert dargestellt. Es ist zu erkennen, dass dich die maximalen Abweichungen in einem Bereich von ±4 µm befinden und damit innerhalb der geforderten Genauigkeit.

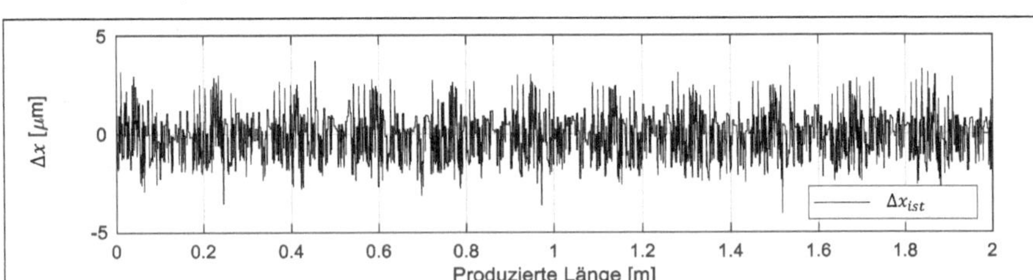

Bild 7.11: Verlauf des gemessenen longitudinalen Versatzes nach dem Einschwingvorgang

Trend of measured longitudinal displacement after settling process

Neben der Ausrichtung der longitudinalen Position erfolgt die Ausrichtung der lateralen Position. Dabei wird der Winkel γ in einer kaskadierten Regelung vom äußeren Regelkreis vorgegeben und durch den inneren Regelkreis angepasst.

In Bild 7.12 ist der Verlauf der Soll- und Ist-Größen der beiden Regelkreise dargestellt.

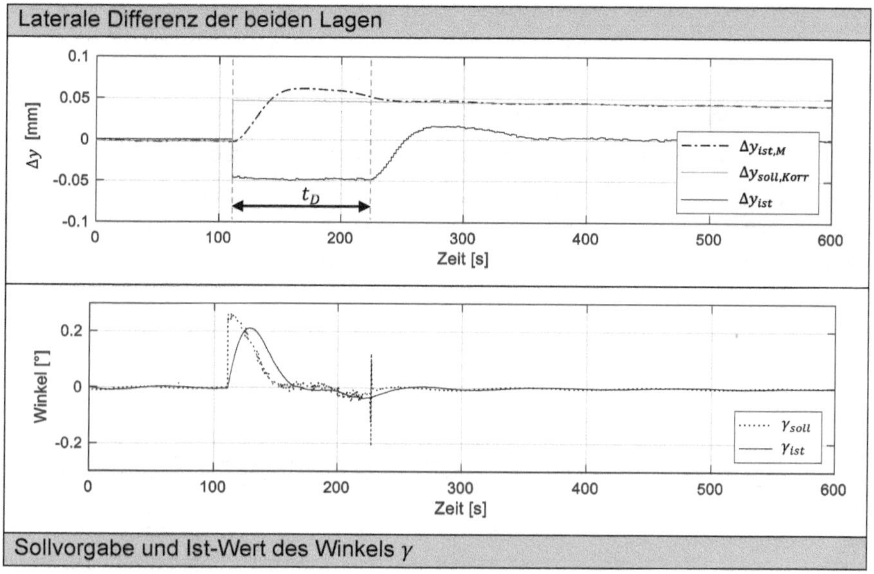

Bild 7.12: Regelung der lateralen Positionsdifferenz im Lagenverbund

Control of lateral position in multilayer system

Wie bereits bei der longitudinalen Ausrichtung, wird nach einer Einlaufzeit der Regelungsvorgang mit einer ersten Messung gestartet. Im Folgenden berechnet das Modell den weiteren Verlauf des lateralen Versatzes beider Lagen und wird nach Erreichen der Messstelle nach der Verzögerung des Modellwertes mit dem realen erreichten Wert verglichen. Die Berechnung eines Korrekturwertes erfolgt analog zur Vorgehensweise bei der Regelung des longitudinalen Versatzes.

Die Abweichungen der lateralen Differenz sind in Bild 7.13 dargestellt. Die Abweichungen liegen in einem Bereich von ±5 µm, wobei in der Darstellung noch das Ende des Einschwingvorgangs nach der Korrektur zu erkennen ist.

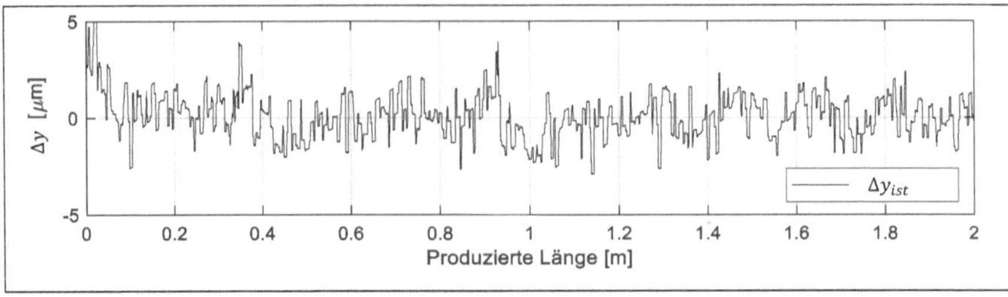

Bild 7.13: Verlauf des gemessenen lateralen Versatzes nach dem Einschwingvorgang

Trend of measured lateral displacement after settling process

Mit den gemessenen Abweichungen lässt sich die Gesamtabweichung der Ausrichtung berechnen. Hierfür wird die euklidische Distanz der jeweiligen Abweichung in lateraler und longitudinaler Richtung zur entsprechenden Sollposition berechnet. Das Ergebnis ist in Bild 7.14 dargestellt.

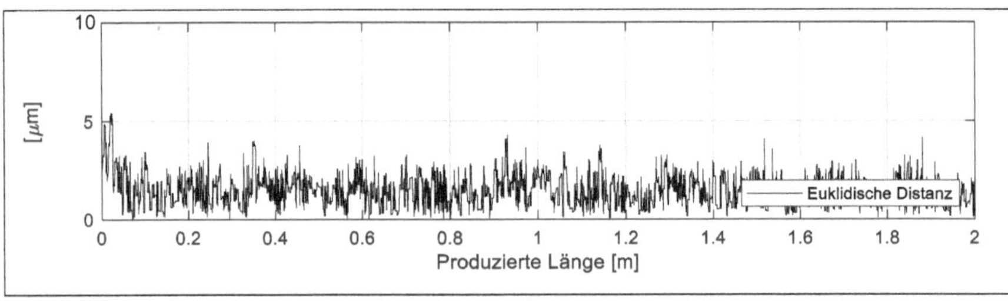

Bild 7.14: Verlauf der euklidischen Distanz des lateralen und longitudinalen Versatzes nach dem Einschwingvorgang

Trend of Euclidean distance of lateral and longitudinal displacement after settling process

Mit einer maximalen Abweichung von 5 µm liegt die erreichte Genauigkeit über der geforderten Genauigkeit von 10 µm.

7.3.3 Einfluss der Materialeigenschaften

Influence of material characteristics

Die in dieser Arbeit durchgeführten Untersuchungen zum Bahnlaufverhalten sind mit PET Material durchgeführt worden. Für die Herstellung von mehrlagigen Foliensystemen ist die Verwendung von unterschiedlichen Materialien notwendig. In diesem Abschnitt soll das Systemverhalten bei der Verwendung unterschiedlicher Materialien evaluiert werden. Die in Kapitel 6.2 durchgeführte Analyse für das Verhalten von PET dient als Ausgangspunkt. Da die Fertigung weiterer Teststrukturen im Rahmen dieser Arbeit nicht möglich ist, wird das Systemverhalten bei Einsatz verschiedener Materialien anhand der Momentenverläufe und des Bahnkantenverhaltens mit dem bekannten Verhalten von PET verglichen. Basierend auf den Ergebnissen können Rückschlüsse auf den Einfluss der Materialeigenschaften hinsichtlich des Systemverhaltens gezogen werden.

Getestet werden PMMA, PS und PET mit Dicken von 25 µm und 96 µm. Eine Übersicht der Eigenschaften der getesteten Materialien ist in Tabelle 7.1 gegeben. Zu beachten ist, dass die Angaben für die Korrekturwerte nur Gültigkeit für die getestete Materialcharge haben.

Tabelle 7.1: Überblick über die Eigenschaften der getesteten Materialien und die Korrekturwerte für α und β bei einer Bahnzugkraft von 90 N

Overview of properties of tested materials and correctional values for α and β at a web tension of 90 N

Material	E-Modul [Mpa]	Trägheitsmoment I_y [m^4]	Bahnbreite [mm]	Dicke Trägerfolie [µm]	Korrekturwert	
					K_α	K_β
PET	2800	0,000000125	250	96	24,375	44,375
PET	2800	0,000000016	200	25	360,525	2,465
PMMA	3000	0,000000227	200	175	10,615	24,215
PS	3200	0,000000162	250	125	26,515	49,225

Zum Vergleich der Materialien werden die gemessenen und aus dem Modell resultierenden Auslenkungen bei Variation der Drehwinkel betrachtet. In Bild 7.15 sind die Ergebnisse dargestellt. Während bei einer Drehung um α PMMA eine höhere Auslenkung als die anderen getesteten Materialen zeigt, ist für eine Drehung um β die höchste Auslenkung bei PET (25 µm) festzustellen. Eine Umkehrung des Verhaltens für die jeweiligen Drehungen ist aus den Messdaten jedoch nicht erkennbar.

Ein weiterer Aspekt, der sichtbar wird, ist die Grenze des Modells bei Überschreitung des zulässigen Drehwinkels für α. Da die Auslenkung basierend auf den Kraftmessungen und dem daraus resultierenden Moment für die komplette Bahnbreite berechnet wird, liefert das Modell keine korrekten Werte mehr, wenn die Bahnspannung nicht über die gesamte Bahnbreite verteilt ist. In Bild 7.15 wird dies für PET (25 µm) ab einem Drehwinkel von $\alpha = 0{,}085°$ sichtbar. Trotz Zunahme der realen Auslenkung liefert das Modell eine zunehmend niedrigere Auslenkung. Eine Erklärung für die zunehmend geringere Bahnbreite, in der sich die Bahnspannung verteilt, kann durch das in Kapitel 4.2.3 vorgestellte Messprinzip der Bahnspannungsverteilung gegeben werden. Die konstante Bahnbreite b_b in Gleichung 4.5 bezeichnet zudem die Breite, über die sich die Bahnspannung verteilt. Da die Materialbahnen keine negativen Bahnspannungen aufweisen können, sondern stattdessen in diesen Bereichen ein Erschlaffen der Bahnen zu beobachten ist, muss für eine akkurate Beschreibung an dieser Stelle im Modell die Breite, auf der sich die Bahnspannung verteilt, eingesetzt werden, um eine korrekte Beschreibung zu erhalten. Da dieser Zustand der Bahn jedoch im Prozess nicht erwünscht ist, wird die Grenze des Modells als Prozessgrenze definiert, da ein Erschlaffen der Bahn ebenfalls zu Schwingungen im kontinuierlichen Prozess führen kann und die Regelung der Bahn negativ beeinflussen kann.

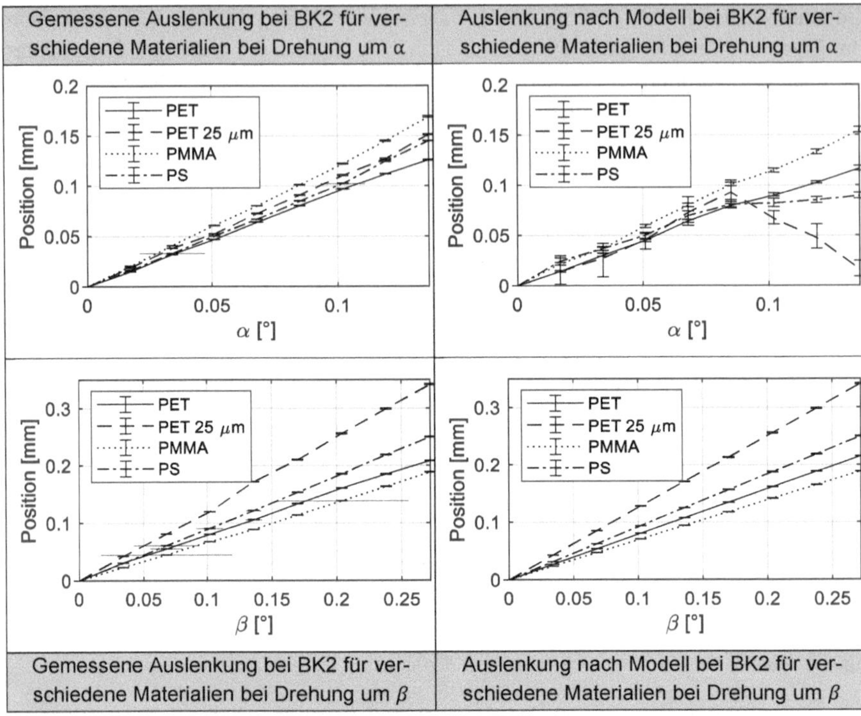

Bild 7.15: Vergleich der lateralen Auslenkung der verschiedenen Materialien

Comparison of lateral deflection for different materials

Für unterschiedliche Materialien sind daher zunächst die Korrekturwerte zu bestimmen und im Anschluss die Prozessgrenzen festzulegen. Diese Werte können, wie in Kapitel 6 für das PET-Material bereits beschrieben worden ist, ermittelt werden.

7.3.4 Betrachtung der Prozessgrenzen

Assessment of system boundaries

Durch die Bahnspannungsverteilung und die damit verbundene Notwendigkeit, diese stets über die gesamte Bahnbreite positiv zu halten, ist bereits eine der wichtigsten Prozessgrenzen gegeben. Eine Abschätzung kann über die Gleichungen 4.7 und 4.8 erfolgen, indem ein Wert für q_L oder q_R gewählt wird, der nahe Null ist. Daraus lässt sich für die aktuelle Bahnzugkraft der kritische Abstand zwischen Kraftangriffspunkt l_s und Bahnkante berechnen. Wird dieser Wert überschritten, sind die durch das Modell berechneten Werte nicht mehr belastbar.

Weitere Systemgrenzen sind durch die Bildverarbeitung und den erfassten Messbereich gegeben. Bewegen sich die Bahnen aus diesem Messbereich, ist keine Regelung mehr möglich. Ein solches Verhalten kann durch schief ausgerichtete Walzen oder schlecht gewickelte Bahnen verursacht werden. Eine genaue Ausrichtung der

Walzen ist daher notwendig. Zur Realisierung höherer Bandgeschwindigkeiten ist die Abtastrate durch die Bildverarbeitung ebenfalls ein zentraler Aspekt. Eine höhere Abtastrate reduziert bei höheren Bandgeschwindigkeiten den Modellfehler und erlaubt die Verwendung kleinerer Messbereiche. Da die Bildverarbeitung im Rahmen dieser Arbeit für die Erfassung verschiedener Strukturen ausgelegt wurde, können die Ergebnisse genutzt werden, um eine schnellere Erfassung der Position zu integrieren.

Durch die Kopplung des Momentes an die laterale Verschiebung ist auch der maximale Winkel γ und damit die maximale laterale Geschwindigkeit der Bahn an der Laminierstelle begrenzt. Eine initiale Ausrichtung kann große Einlaufstrecken zum erstmaligen Erreichen der Sollposition vermeiden.

7.3.5 Bewertung des Einflusses der Systemparameter

Assessment of influence of system parameters

Neben den Materialeigenschaften haben weitere Systemparameter Einfluss auf das Bahn- und Regelungsverhalten des Systems. In den bisherigen Betrachtungen wurden diese konstant gehalten. Für weitere Untersuchungen und eine Skalierung des Systems ist es von Interesse, den Einfluss dieser Parameter abzuschätzen. Dazu zählen insbesondere der anliegende Luftdruck an den Luftlagern und die Bahnlaufgeschwindigkeit. Während die Variation des Luftdruckes Aufschluss über mögliche Störeinflüsse durch Schwankungen im Luftdruck gibt, ist der Einfluss der Bahnlaufgeschwindigkeit ein wichtiger Indikator für die Möglichkeiten zur Produktivitätssteigerung des Prozesses.

Der anliegende Luftdruck wurde durch den Hersteller der Luftlager bereits in [IBS15] betrachtet. Der gewählte Luftdruck von 5 bar folgt diesen Untersuchungen. Für die Stabilität der Bahn über dem Lager ist dieser für den Bereich der Verkippung stabil. Untersuchungen mit niedrigeren Luftdrücken unter 3 bar zeigten auf, dass es bei größeren Verkippungen zu Schwingungen in den Randbereichen der Bahn kommt. Dabei ist die Kopplung mit der Bahnzugkraft ausschlaggebend. Mit höheren Bahnzugkräften können die Schwingungen teilweise wieder eliminiert werden. Tiefergehende Untersuchungen zum Einfluss des Luftdruckes sind aufgrund des stabilen Verhaltens der Bahn im Rahmen dieser Arbeit nicht vorgesehen.

Höhere Bahngeschwindigkeiten führen zu einer Reduzierung der Totzeit t_D und können zu einer Reduktion des Modellfehlers führen. Bei ersten Untersuchungen mit 0,5 m/min und 1 m/min blieb die maximale Abweichung beider Lagen zueinander innerhalb der geforderten Toleranz von 10 µm. Weitergehende Untersuchungen zu höheren Bahngeschwindigkeiten basierend auf dem in dieser Arbeit erarbeiten Konzept sind daher vielversprechend.

7.4 Abschließende Bewertung des Regelungskonzeptes und Fazit

Final evaluation of control concept and conclusion

Die reibungsfreie und kamerabasierte Regelung der Bahn in einem funktionalen Schicht-Laminierprozess ermöglicht die Ausrichtung beider Lagen zueinander sowie eine Anpassung der Bahnspannungen beider Lagen. Ein vergleichbares Konzept ist nicht bekannt. Vergleicht man die erreichten Genauigkeiten mit den erreichbaren Genauigkeiten der im Stand der Technik vorgestellten Drehrahmen, kann festgestellt werden, dass das entwickelte System höhere Genauigkeiten erreichen kann und dabei nicht auf eine hohe Reibung zwischen Bahn und System angewiesen ist.

Zudem erlaubt die reibungsfreie Bahnlaufführung, Störeinflüsse frühzeitig in den Messdaten zu erkennen, sodass eine Kompensation durch das Regelungskonzept direkt möglich ist. Insbesondere werden Fehler durch Schlupf an den Umlenkwalzen vermieden und beeinflussen das Bahnlaufverhalten nicht.

Im Speziellen erlaubt die Vorgabe des Winkels die genaue Regelung des Bahnlaufs. Dabei spielt das mathematische Modell eine zentrale Rolle, indem es die Auswirkungen eines gemessenen Winkels auf den aktuellen Zustand der Bahn berechnet und eine künftige Positionsabweichung bereits erfassbar macht.

Ein weiterer Vorteil des Regelungskonzepts ist die Möglichkeit zur Anpassung der Bahnspannungsverteilung. Durch die Anpassung der Bahnspannungen beider Lagen wird die Wölbung des Lagenverbundes reduziert. Bei ideal passenden Lagen kann sie sogar ganz vermieden werden. Zur Herstellung idealer Lagen ist die Implementierung des System- und Regelungskonzepts bei der Fertigung der Lagen notwendig, da die Kopplung zwischen den gefertigten Strukturen und der dabei herrschenden Bahnspannungsverteilung nicht mehr aufgehoben werden kann. Dieser Aspekt zeigt die Verknüpfung der verschiedenen Fertigungsverfahren bei der Herstellung mehrlagiger Foliensysteme auf. Das Regelungskonzept und das Modell zur Beschreibung der Positionen beider Lagen an der Laminierstelle weisen die besten Ergebnisse bei geringen Abweichungen beider Momentenverläufe voneinander auf. Der Einsatz des Systems bereits in der Fertigung der Lagen ist daher auch unter wirtschaftlichen Gesichtspunkten interessant. Die Informationen über die Bahnspannungsverteilung können somit bereits in der Fertigung einzelner Lagen erfasst und kompensiert werden und bei der Herstellung des Mehrlagensystems verwendet oder in weiteren darauffolgenden Prozessschritten berücksichtigt werden. Dies ermöglicht eine weitere Steigerung der Genauigkeit bei der Ausrichtung.

Die Korrektur der longitudinalen Position wurde ebenso in das Regelungskonzept implementiert. Dabei sind drei unterschiedliche Varianten zu den Einbringungen der bei Korrektur notwendigen Bahnzugkraftdifferenzen umsetzbar. Auf diese Weise lässt sich die für den Prozess und das Material am besten geeignete Variante wählen. Über die Bahnzugkraftdifferenz wird zudem die erwartete relative Verschiebung der Lagen berechnet und kompensiert. Mit der anschließenden Messung des realen Versatzes werden Modellfehler korrigiert. Durch dieses Vorgehen wurde die in der Zielsetzung vorgegebene Genauigkeit der longitudinalen Ausrichtung erreicht.

Die durchgeführten Untersuchungen und die Auswertung der Ergebnisse weist das in diesem Kapitel entwickelte Regelungskonzept als ideal aus, um einen funktionalen Schichtlaminier-Prozess mit den in der Zielsetzung definierten Genauigkeiten zu realisieren. Erstmals liegt damit ein validiertes Systemkonzept vor, welches eine reibungsfreie Bahnlaufkorrektur für eine dynamische Sollwertvorgabe der Position und der Bahnspannungsverteilung erlaubt und mit welchem durch die Steigerung der Positioniergenauigkeit funktionale Schicht-Laminierprozesse realisiert werden können.

8 Zusammenfassung und Ausblick

8.1 Zusammenfassung

Die vorliegende Arbeit ist dem Forschungsgebiet zum Verhalten kontinuierlich prozessierter Warenbahnen im Laminierprozess zuzuordnen. Im Speziellen wird ein neuartiges Systemkonzept für die Fertigung mehrlagiger Foliensysteme im Rolle-zu-Rolle Fertigungsverfahren untersucht. Die Möglichkeiten zur Fertigung folienbasierter Systeme haben in den letzten Jahren zugenommen. Diese Entwicklung beruht auf neuen Verfahren zur Herstellung gedruckter Elektronik und neuen präzisen Methoden zur Einbringung kleinster Struktur-Geometrien. Dazu stellt der R2R-Prozess als kontinuierliches Massenproduktionsverfahren einen wichtigen Faktor bei der Reduzierung der Kosten dar.

Im Stand der Technik wurden im Kontext ausgewählter Anwendungsgebiete von Mehrlagensystemen zunächst die gängigen Herstellungsverfahren für einzelne Lagen erläutert und die Fertigungsgenauigkeiten dargestellt. Insbesondere der UV-NIL Prozess bietet bereits aktuell die Möglichkeit, ausgewählte optische Geometrien mit Abmessungen unter 1 µm zu fertigen.

Im Anschluss daran wurden die verfügbaren Systeme und Verfahren zur Bahnlaufmanipulation betrachtet. Hierbei wurde aufgezeigt, dass die verfügbare Anlagentechnik und insbesondere Bahnkorrektursysteme nur in einem begrenzten Rahmen für die funktionale Schicht-Laminierung geeignet sind.

So werden Laminier- und Kaschierprozesse hauptsächlich zum Aufbringen von Schutzfilmen oder dem einfachen Positionieren von Strukturen in einem definierten Bereich genutzt. Eine vertikale Funktionsverknüpfung zur Realisierung einer additiven Fertigung mehrlagiger Folienverbände im kontinuierlichen Prozess findet sich im Stand der Technik nicht. In diesem Kontext wurde der Forschungs- und Entwicklungsbedarf herausgestellt. Für einen funktionalen Schicht-Laminierprozess basierend auf einer reibungsfreien Bahnlaufregelung und Erfassung der Bahnspannungsverteilung wurde aufgezeigt, dass weder Dokumentationen zur Konzeption eines solchen Systems verfügbar sind, noch Untersuchungen des Bahnverhaltens bei Manipulation durch Verdrehung von Luftlagerrollen existieren.

Das übergeordnete Ziel der vorliegenden Arbeit war es daher, eine Vorgehensweise zu erarbeiten, die die Konzeption und Umsetzung eines Systems zur Bahnlaufmanipulation mittels reibungsfreier Bahnführung sowie die Erfassung und Korrektur inhomogener Bahnspannungsverteilungen ermöglicht, und das Systemverhalten anschließend auf wissenschaftlicher Basis zu untersuchen sowie zu charakterisieren. Damit soll auch ein Beitrag zur Steigerung der Fertigungsgenauigkeit nicht nur bei funktionalen Schicht-Laminier-Prozessen geliefert werden, sondern auch für kontinuierliche Fertigungsprozesse im Allgemeinen.

In einem ersten Schritt wurden zunächst die Anforderungen an ein Bahnmanipulationssystem für einen kontinuierlichen funktionalen Schicht-Laminierprozess abgeleitet. Ausgehend von existierenden Konzepten für die Bahnmanipulation wurden die Auswirkungen der berührungslosen Bahnlaufführung durch die Verwendung von Luftlagern betrachtet. So konnte gezeigt werden, dass sich eine berührungslose Bahnlaufmanipulation bereits mit zwei Luftlagern realisieren lässt und zudem die Korrektur der Bahnspannungsverteilung durch eine separate Drehung beider Luftlager umgesetzt werden kann. Damit wurde die erste Forschungsthese erfolgreich bestätigt.

Zur Untersuchung des Bahnlaufverhaltens durch Manipulation mit dem neuartigen System, wurde in einem zweiten Schritt das entwickelte Systemkonzept theoretisch betrachtet und das Bahnlaufverhalten durch ein mathematisches Modell beschrieben. Das zu Grunde gelegte Modell bedient sich der Euler-Bernoulli-Balkentheorie, um aus den ermittelten Momenten an zwei Messstellen und der Messung der Bahnkanten die laterale Verschiebung der Bahn und den Momentenverlauf zu berechnen. Somit wurde die Grundlage für ein Regelungskonzept geschaffen. Zur weiteren Verbesserung der Genauigkeit und um Modellfehler zu kompensieren, wurde eine kamerabasierte Positionserfassung integriert. Hierfür wurde eine Marker-Struktur entworfen, die pro Kamerabild neben der lateralen und der longitudinalen Bahnposition auch die Verkippung der Bahn erfassen kann. Dies geschah unter Ausnutzung des Moiré-Effekts, wobei zwei übereinander liegende Liniengitter, eines mit einer unbekannten Verdrehung und eines mit bekannter Referenzgeometerie, ein periodisches Muster erzeugen (Moiré-Linien). Die Periode der erzeugten Moiré-Linien wurde wiederum aus den Bilddaten der Kamerasysteme errechnet und in den Winkel der Verkippung umgerechnet. Die auf diese Weise ermittelten Positionsdaten wurden genutzt, um die laterale Verschiebung der Bahn mit hoher Präzision nachzuhalten und die auf Basis der Momentenverläufe berechnete Verschiebung stetig zu aktualisieren. Die zweite Forschungsthese konnte somit erfolgreich validiert werden.

Diese Vorgehensweise erlaubt darüber hinaus, Verzögerungen in der Datenübertragung durch die Bildverarbeitung zu kompensieren, da zu jedem Zeitpunkt Positionsdaten aus den Momentenverläufen generiert und dem Regler bereitgestellt werden. Mit der genauen Erfassung der Merkmale auf beiden Lagen und des mathematischen Modells für das Bahnverhaltens konnte das Regelungssystem erfolgreich validiert werden und die dritte Forschungsthese bestätigt werden.

Im nächsten Schritt wurden das System und das Modell validiert und das Systemverhalten charakterisiert, um zunächst die untergeordneten Forschungsfragen dieser Arbeit zur Funktionalität eines reibungsfreien Systemkonzeptes und zur Genauigkeit bei der Erfassung der Position zu beantworten. Zur Beantwortung wurde ein Versuchsplan erarbeitet, der den Einfluss der Stellgrößen auf das Bahnverhalten aufzeigt und der mit dem entwickelten Modell verglichen werden kann. Die Bewertung des Modells durch den Vergleich mit den Versuchsergebnissen hat ergeben, dass sich das Systemverhalten mit dem Modell beschreiben lässt und sich verschiedene Störeinflüsse ermitteln lassen. Die Versuchsergebnisse wurden nochmals durch die Messung des Bahnverhaltens über dem Luftlager selbst überprüft und konnten bestätigt werden.

Abschließend wurde die übergeordnete Forschungsfrage dieser Arbeit zur realisierbaren Genauigkeit einer kontinuierlichen Positionierung zweier Bahnen in einem funktionalen Schicht-Laminierprozess behandelt. Basierend auf dem zuvor untersuchten Bahnlaufverhalten wurde ein Regelungskonzept entwickelt und in das System implementiert. Insgesamt wurden drei Regelstrecken entworfen. Für die Korrektur eines longitudinalen Versatzes beider Bahnen wird über die Vorgabe einer Bahnzugkraftdifferenz eine relative longitudinale Bewegung verursacht. Der Regler erhält als Vorgabe die notwendige Bahnzugkraftdifferenz und hält diese bis zum Erreichen der gewünschten Position aufrecht. Zur Korrektur einer lateralen Verschiebung wurde ein Kaskadenregler implementiert. Die innere Regelstrecke erfasst und regelt den Winkel der oberen Bahn an der Laminierstelle und passt ihn an den Winkel der unteren Bahn an. Der äußere Regelkreis korrigiert Abweichungen der relativen lateralen Position beider Bahnen zueinander, indem er dem inneren Regelkreis ein Winkeloffset vorgibt. Der dritte Regelkreis erfasst das Moment an der Laminierstelle und folgt dem Moment, welches durch die untere Lage vorgegeben wird. Es wurde gezeigt, dass die Stellgrößen für die Regelung des Winkels und die des Momentes gekoppelt sind. Die Regelung des Momentes konnte dabei erfolgreich von der Regelung des lateralen Versatzes gezeigt werden. Da die Regelung des Momentes zu längeren Korrekturzeiten für die Regelung des lateralen Versatzes führt, ist es für größere laterale Abweichungen empfehlenswert, auf die Regelungen des Momentes, bis zum Erreichen einer vorgegebenen Toleranz, zu verzichten. Mit der erfolgreichen Validierung der Regelungskonzeptes wurde auch die vierte und letzte Forschungsthese erfolgreich validiert.

Durch einen Vergleich der Zielsetzung dieser Arbeit mit den erreichten Ergebnissen wird deutlich, dass die übergeordnete Forschungsfrage erfolgreich beantwortet wurde. Erstmals wurde im Rahmen dieser Dissertation ein reibungsfreies Bahnmanipulationssystem untersucht und erfolgreich in ein darauf angepasstes Regelungskonzept für einen funktionalen Schicht-Laminierprozess integriert. Die Ergebnisse zeigen, dass sich mit dem entwickelten Konzept neben der Bahnposition auch die Bahnspannungsverteilung einstellen lässt. Dadurch werden die notwendigen Genauigkeiten zur kontinuierlichen Fertigung mehrlagiger Foliensysteme mit vertikal verknüpften Funktionen erreicht. Somit konnte die Forschungshypothese bestätigt und das übergeordnete Forschungsziel erreicht werden.

8.2 Ausblick

Die Ergebnisse der vorliegenden Arbeit bieten die Grundlage für weitergehende Untersuchungen im Bereich der reibungsfreien Bahnlaufführung und der präzisen und funktionalen Schicht-Laminierung für Mehrlagensysteme. Basierend auf den fundierten Erkenntnissen der Arbeit, lässt sich die weitere Entwicklung in vier Bereiche aufteilen:

Erstens können die erarbeiteten Erkenntnisse zur Erfassung der Position weiterverfolgt werden und insbesondere mit einem erhöhten Fokus für die Herstellung mehrlagiger optischer Systeme eingesetzt werden. So lassen sich mit der in dieser Arbeit verwendeten Fertigungsmethode von Teststrukturen noch höhere Genauigkeiten bei der Fertigung optischer Geometrien erzielen und somit die Genauigkeit bei der Winkel- und Versatzerkennung basierend auf dem Moiré-Effekt nochmals deutlich steigern. Ein weiteres vielversprechendes Konzept, basierend auf der Streifengeometrie, ist der Einsatz von Leseköpfen, wie sie standardmäßig in inkrementellen Positionsmessköpfen zum Einsatz kommen, für die Positionserfassung zu verwenden. Hierbei würden die optischen Maßstäbe durch die gefertigten Linienmuster ersetzt werden. Auf diese Weise könnte die Genauigkeit bei der Positionserfassung und die Geschwindigkeit bei der Datenerfassung nochmals deutlich gesteigert werden.

Ein zweiter Forschungsaspekt ist die Untersuchung weiterer Einflussfaktoren bei verschiedenen Kaschierverfahren. Neben dem in dieser Arbeit untersuchten Trockenkaschierverfahren sind beim Heiß- und beim Nasskaschieren Temperatur- und Schrumpfeffekte bei der Verwendung von UV-härtende Klebstoffen zu vermuten. Es ist daher anzunehmen, dass für die Erreichung einer Genauigkeit, wie sie in dieser Arbeit gezeigt wurde, diese Einflüsse untersucht und gegebenenfalls kompensiert werden sollten.

Ein dritter Bereich für weitere Entwicklungsansätze ist die Skalierung des Konzeptes auf breitere Bahnen. Es wird erwartet, dass bei größeren Breiten die laterale Verjüngung der Bahn, die Dehnung, mitberücksichtigt werden muss. Ebenso stellt sich bei der Skalierung die Frage, welche Auswirkungen die größeren Kraftdifferenzen aufgrund breiterer Bahnen haben. Es gilt zu untersuchen, inwieweit größere Kraftdifferenzen eine genauere Regelung erlauben. Zudem ist eine Untersuchung der Durchbiegung der Walzen und die möglichen Auswirkungen auf die lateral Bahnspannungsverteilung von Interesse.

Den vierten Forschungsbereich stellt die Einbindung des neuartigen Bahnmanipulationssystems in den Herstellungsprozess einzelner Lagen dar. Ein Aspekt der Untersuchungen kann dabei die Vermeidung einer inhomogenen Bahnspannung beim Herstellungsprozess selbst sein. Für den nachgelagerten Laminierprozess kann somit durch die Erfassung der Position bereits eine angepasste Bahnspannungsverteilung sichergestellt werden. Zudem können die vorgelagerten Messungen und die erzeugten Messdaten über den Bahnlauf und den Prozess erfasst, gespeichert und für den Laminierprozess zur Prädiktion des Bahnlaufverhaltens genutzt werden. Auf diese Weise können bereits im Fertigungsprozess eingebrachte Fehler kompensiert und die Sollwertvorgaben im Laminierprozess besser vorausberechnet werden.

Summary and Outlook

Summary

The present work is part of the research area of the behavior of continuously processed webs in a lamination process. In particular, a novel system concept for the production of multilayer systems in a roll-to-roll manufacturing process is analyzed. The scope for manufacturing foil-based systems has increased in the last years. This development is based on new processes for the manufacturing of printed electronics and new precise methods for the integration of smallest structural geometries. In addition, the R2R process as a continuous mass production process is an important factor for reducing manufacturing costs.

In the state of the art, in the context of selected fields of application of multilayer systems, the current manufacturing processes for individual layers were first explained and the manufacturing accuracies were discussed. Especially the UV-NIL process already offers the possibility to manufacture selected optical geometries with feature sizes below 1 µm.

In the following, the available systems and processes for web handling and manipulation were discussed. It was shown that the available equipment and especially web guiding systems are only suitable for functional sheet lamination to a limited extent.

Lamination processes are mainly used for applying protective films or for simple positioning of structures in a defined area. A vertical functional connection across multiple layers for the realization of an additive production of multilayer film composites in a continuous process is not found in the state of the art. In this context the need for research and development was highlighted. For a functional sheet lamination process based on a contactless web guiding system including a method for the measurement of the web tension distribution it was pointed out that neither documentation for the conception of such a system is available nor investigations of the web behavior during manipulation by pivoting air bearing rolls exist.

The overall objective of the present work was therefore to find a method that enables the design and implementation of a system for web guiding optimization by means of contactless web guiding and the detection and correction of inhomogeneous web tension distributions, and to subsequently investigate and characterize the system behavior on a scientific level. This shall also contribute to improve the accuracy in manufacturing not only for functional sheet lamination processes, but also for continuous manufacturing processes in general.

In a first step, the requirements for a web handling system for a continuous functional lamination process were derived. Based on existing concepts for web manipulation, the effects of non-contact web guiding by using air bearings were considered. It could be shown that non-contact web guiding can be realized with two air bearings and that the correction of the web tension distribution can be realized by an independent pivoting of both air bearings. This successfully confirmed the first research thesis.

In a second step, the developed system concept was examined theoretically, and the web movement behavior was described by a mathematical model to investigate the web movement behavior by manipulation with the novel system. The underlying model uses the Euler-Bernoulli beam theory to calculate the lateral displacement of the web and the profile of the moments from the measured moments at two measuring points and the measurement of the web edges. Thus, the basis for a feedback control concept was created. To further improve the accuracy and to compensate for model errors, a camera-based position detection was integrated. For this purpose, a marker structure was designed, by which the lateral and longitudinal position of the web as well as the tilt of the web for each camera image can be detected. This was achieved by exploiting the moiré effect, where two sets of lines, one with an unknown tilt and one providing a known reference geometry, generate a periodic pattern (moiré lines). The period of the generated moiré lines was again calculated from the image data of the camera systems and converted into the angle of tilt. The position data obtained this way was used to track the lateral displacement of the web with high precision and to continuously update the displacement calculated based on the bending moment curves. Thus, the second research thesis was successfully validated.

This approach also allowed to compensate for delays in data transmission caused by image processing, since at any given time, position data was generated from the bending moment curves and were provided to the controller. With the exact recording of the characteristics on both layers and the mathematical model for the web behavior, the control system was successfully validated, and the third research thesis was confirmed.

In the next step, the system and the model were validated, and the system behavior was characterized to answer the research questions concerning the functionality of a contactless system concept and the accuracy of the position detection. To answer these questions, an experimental design was developed which shows the influence of the control variables on the web behavior and which can be compared with the developed model. The evaluation of the model by comparison with the experimental results has shown that the system behavior can be described with the new model and different disturbing influences can be determined. The test results were checked once again by measuring the web behavior over the air bearing itself and were successfully confirmed.

Finally, the overall research question of this thesis was addressed regarding the achievable accuracy for the continuous positioning of two webs in a functional multilayer sheet lamination process. Based on the previously investigated web behavior a feedback control concept was developed and implemented into the real system. A total of three control loops were designed. For the correction of a longitudinal offset of both webs, a relative longitudinal movement is caused by the specification of a web tension difference. The controller receives the necessary calculated web tension difference as setpoint and follows the set value until the desired position is reached. A cascade controller was implemented to correct lateral displacement. The internal control system detects and controls the angle of the upper web at the lamination position and adjusts it to the angle of the bottom web. The outer control loop corrects deviations of the relative lateral position of both webs to each other by giving the inner control loop an angular offset. The third control loop detects the moment at the lamination point and follows the moment given by the bottom layer. It was shown that the control variables for the control of the angle and the moment are coupled. The control of the moment was successfully demonstrated by the control of the lateral offset. Since the control of the moment leads to longer compensation times for the control of the lateral displacement, it is recommended to refrain from the control of the moment until a given tolerance is reached. With the successful validation of the control concept, the fourth and last research thesis was successfully validated.

By comparing the objectives of this thesis with the achieved results it becomes clear that the overall research topic was successfully answered. Within the scope of this dissertation, a contactless web manipulation system was investigated for the first time and successfully integrated into an adapted control concept for a functional lamination process. The results demonstrate that the developed concept can be used to adjust not only the web position but also the web tension distribution. This enables the necessary accuracy for the continuous production of multi-layer film systems with vertically linked functionalities. Thus, the research hypothesis was confirmed, and the overall research objective was achieved.

Outlook

The results of the present work provide the background for further investigations in the field of contactless web guiding and precise and functional lamination for multilayer systems. Based on the solid findings of this thesis, the further development can be divided into four areas:

Firstly, the knowledge gained can be further exploited to determine the position of the web and can be used with a higher focus for the production of multilayer optical systems. Thus, with the manufacturing method of test structures used in this thesis, even higher accuracies in the production of optical geometries can be achieved and thus the accuracy in the detection of angles and offsets based on the Moiré effect can be increased significantly. Another promising concept, based on the used geometry, is the use of optical sensors for position detection, as they are used as a standard in incremental position detection sensors. In this case the optical scales would be replaced by the manufactured line patterns. In that way, the accuracy of position detection and the speed of data acquisition could be significantly increased.

A second research aspect is the investigation of further influencing factors in different lamination processes. In addition to the dry lamination process investigated in this thesis, temperature and shrinkage effects can be assumed in hot and wet lamination when UV-curing adhesives are used. Therefore, it can be assumed that, to achieve an accuracy as shown in this thesis, these influences should be investigated and eventually compensated.

A third area for further development approaches is the scaling of the concept to broader webs. It is expected that for larger widths the lateral narrowing of the web, the elongation, must be considered. The scaling of the concept also raises the question which effects the larger force differences cause due to wider webs. It is necessary to investigate to what extent larger force differences allow a more precise control. Furthermore, an investigation of the deflection of the rolls and the possible effects on the lateral web tension distribution is of interest.

The fourth research area is the integration of the novel web handling system into the production process of the individual layers. One aspect of the investigations can be the avoidance of inhomogeneous web tension during the manufacturing process itself. For the following lamination process an adapted web tension distribution can be ensured by the detection of the position. In addition, the upstream measurements and the generated measurement data about the web run and the process can be recorded, stored, and used for the lamination process to predict the web behavior. In this way, errors already occurring in the manufacturing process can be compensated and the setpoint values specified in the lamination process can be calculated more accurately in advance.

9 Literaturverzeichnis

References

[AHN06] Ahn, S.; Cha, J.; Myung, H.; Kim, S.-m.; Kang, S.: *Continuous ultraviolet roll nanoimprinting process for replicating large-scale nano- and micropatterns.* In: *Appl. Phys. Lett.* 89 (2006), Nr. 21, S. 213101

[ANNE04] Anne Angermann: *Entkopplung von Mehrgrößensystemen durch Vorsteuerung am Beispiel von kontinuierlichen Fertigungsanlagen.* Dissertation. Technische Universität München, München, 2004

[BELT18] Belt Technologies, I.: *Zurück zur Normalität: Grundlagen der Bandsteuerung bei endlosen Metallbändern. – Aktualisierungsdatum:* 11.2016 – Überprüfungsdatum 02.10.2020

[BÖHR11] Böhringer, J.; Bühler, P.; Schlaich, P.: *Drucktechnik.* In: Böhringer, J.; Bühler, P.; Schlaich, P. (Hrsg.): Kompendium der Mediengestaltung. Berlin, Heidelberg: Springer Berlin Heidelberg, 2011 (X.media.press), S. 541–733

[BRAN13] Brandenburg, G.: *Fadenmodell zur Beschreibung des Seitenkantenverhaltens von durch-laufenden Bahnen: Kurzdarstellung theoretischer Ergebnisse.* In: Fügmann, U. (Hrsg.): Bahnführung von Papier und Folien: Proceedings zum 11. Bahnlaufseminar 2011. Berlin: VWF Verlag für Wissenschaft und Forschung, 2013 (pmTUC series Advances in print and media technologies, 1), S. 61–82

[BRAN76] Brandenburg, G.: *Verallgemeinertes Prozessmodell für Fertigungsanlagen mit durchlaufenden Bahnen und Anwendung auf Antrieb und Registerregelung bei Rotationsdruckmaschinen,* Düsseldorf: VDI-Verlag, 1976 (Fortschritt-Berichte VDI Reihe 1 46)

[BREC15] Brecher, C.; Baum, C.; Bastuck, T.; Priwisch, M.: *Kontinuierliche Fertigung hybrider Mehrlagensysteme.* In: Saile, V. (Hrsg.): MEMS, Mikroelemente, Systeme: MikroSystemTechnik Kongress 2015; 26. – 28. Oktober 2015 in Karlsruhe; Proceedings. Berlin: VDE-Verl., 2015, S. 201–202

[BST20a] BST eltromat International GmbH: *Höchste Präzision für Ihre Bahnführung: BST eltromat Bahnlaufregelung.* URL: https://bst.help/document/bste-b303-webguiding-2017-low/file/show/1304?search=1. – Aktualisierungsdatum: 2020 – Überprüfungsdatum 02.10.2020

[BST20b] BST eltromat International GmbH: *Übersicht Sensoren:* Für jedes Material das optimale Abtastsystem. URL: https://bst.help/document/bsteb405-sensors-2017-low/file/show/1306?search=1. – Aktualisierungsdatum: 2020 – Überprüfungsdatum 02.10.2020

[CHAR84] Charles F. Farrell: *Keyboard switch assembly.* Patentschrift, US4524249A, 1984

[CHEN16] Chen, J.; Liu, H.; Huang, Y.; Yin, Z.: *High-rate roll-to-roll stack and lamination of multilayer structured membrane electrode assembly.* In: *Journal of Manufacturing Processes* 23 (2016), S. 175–182

[CHEN18] Chen, S.; Chen, W.; Liu, J.; Jin, Y.: *Development of an aerostatic bearing system for roll-to-roll printed electronics.* In: *Journal of Micromechanics and Microengineering* 28 (2018), Nr. 6

[CHEN19] Chen, Z.; Zheng, Y.; Zhang, T.; Wong, D. S.-H.; Deng, Z.: *Modeling and Register Control of the Speed-Up Phase in Roll-to-Roll Printing Systems.* In: *IEEE Trans. Automat. Sci. Eng.* 16 (2019), Nr. 3, S. 1438–1449

[CHEN20] Chen, J.; Jiang, X.; Tang, W.; Ma, L.; Li, Y.; Huang, Y.; Yin, Z.: *Roll-to-roll stack and lamination of gas diffusion layer in multilayer structured membrane electrode assembly.* In: *Proceedings of the Institution of Mechanical Engineers, Part B: Journal of Engineering Manufacture* 234 (2020), 1-2, S. 66–74

[CHOI10a] Choi, B.-O.; Kim, C. H.; Kim, D. S.: *Manufacturing ultra-high-frequency radio frequency identification tag antennas by multilayer printings.* In: *Proceedings of the Institution of Mechanical Engineers, Part C: Journal of Mechanical Engineering Science* 224 (2010), Nr. 1, S. 149–156

[CHOI10b] Choi, K. H. (Hrsg.); Tran, T. T. (Hrsg.); Ganeshthangaraj, P. (Hrsg.); Lee, K. H. (Hrsg.); Nguyen, M. N. (Hrsg.); Jo, J. D. (Hrsg.); Kim, D. S. (Hrsg.): *Web register control algorithm for roll-to-roll system based printed electronics,* 2010

[DEUT03] DIN 8580:2003-09. *Fertigungsverfahren – Begriffe, Einteilung*

[DEUT17a] DIN EN ISO ASTM 52900:17. *Additive Fertigung*

[DEUT17b] DIN 16500:2017-07. *Drucktechnik – Grundbegriffe*

[DING16] Ding, X.; Liu, J.; Harris, T. A. L.: *A review of the operating limits in slot die coating processes.* In: *AIChE J.* 62 (2016), Nr. 7, S. 2508–2524

[DRES19] Drese, K. S.: *„Lab on a Chip“.* In: *Wien klein Mag* 17 (2019), Nr. 5, R15

[EGGE08] Egger, M.: *Laufverhalten von Flachbändern,* Düsseldorf, Deutschland: Verlag Stahleisen GmbH, 2008

[ERH20] Erhardt+Leimer: *ELGUIDER Kontinuierliche Erfassung und Regelung der Bahnposition:* Bahnlaufregelsysteme mit Kompaktdrehrahmen

[FRAU20a] Fraunhofer-Institut für Produktiontechnologie IPT: *Herstellung von Prägewalzen.* URL https://www.ipt.fraunhofer.de/de/kompetenzen/Produktionsmaschinen/praezisionstechnik-und-kunststoffreplikation/praegewalzen.html – Überprüfungsdatum 02.10.2020

[FRAU20b] Fraunhofer-Institut für Produktiontechnologie IPT: *Multifunktionale Folien für die Mikrofluidik, Elektronik oder Optik.* URL https://www.ipt.fraunhofer.de/de/kompetenzen/Produktionsmaschinen/praezisionstechnik-und-kunststoffreplikation/multifunktionale-folien.html – Überprüfungsdatum 02.10.2020

[FROS17] Frost & Sullivan: *Manufacturing Innovations for Flexible Electronics:* Innovation Landscape Across the Globe Accelerating Developments in Manufacturing Flexible Electronics Cost Effectively. April 2017

[FRÖM93] Frömel, G.: *CCD-Sensoren.* In: Schnell, G. (Hrsg.): Sensoren in der Automatisierungstechnik. Wiesbaden: Vieweg+Teubner Verlag, 1993, S. 271–296

[GALA11] Galagan, Y.; Vries, I. G. de; Langen, A. P.; Andriessen, R.; Verhees, W. J.H.; Veenstra, S. C.; Kroon, J. M.: *Technology development for roll-to-roll production of organic photovoltaics.* In: *Chemical Engineering and Processing: Process Intensification* 50 (2011), 5-6, S. 454–461

[GEBH13] Gebhardt, M.; Hänel, J.; Allenstein, F.; Scholz, C.; Clair, M.: *Laser Structuring of Flexible Organic Solar Cells.* In: *LTJ* 10 (2013), Nr. 1, S. 25–28

[GERH75] Gerhardt, C. W.: *Der Buchdruck:* Teil 2. Der Buchdruck: Anton Hiersemann Verlag, 1975 (Bibliothek des Buchwesens 3)

[GIES10] Giessmann, A.: *Substrat- und Textilbeschichtung,* Berlin, Heidelberg: Springer Berlin Heidelberg, 2010

[GLAW15] Glawe, A.; Doell, H.: *Flexibilität in der Anwendung von intermittierenden Beschichtungsverfahren.* In: Coating International, 2015

[GÖB13] Göb, M.: *Dynamisches Bahnzugkraft- und -geschwindigkeitsverhalten kontinuierlicher Fertigungsanlagen unter rheologischen, klimatischen und regelungstechnischen Aspekten.* 1. Aufl., München: Dr. Hut, 2013 (Ingenieurwissenschaften),

[GRAU16] Grau, G.; Cen, J.; Kang, H.; Kitsomboonloha, R.; Scheideler, W. J.; Subramanian, V.: *Gravure-printed electronics: recent progress in tooling development, understanding of printing physics, and realization of printed devices.* In: *Flex. Print. Electron.* 1 (2016), Nr. 2, S. 23002

[GROS07] Gross, D.; Hauger, W.; Schröder, J.; Wall, W. A.: *Technische Mechanik 2:* Elastostatik. 9., vollst. Neu bearbeitete Aufl., Berlin, Heidelberg: Springer-Verlag Berlin Heidelberg, 2007 (Springer-Lehrbuch)

[GROS09] Gross, D.; Hauger, W.; Wriggers, P.: *Technische Mechanik 4:* Hydromechanik, Elemente der Höheren Mechanik, Numerische Methoden. 7. Aufl., Berlin, Heidelberg: Springer-Verlag Berlin Heidelberg, 2009 (Springer-Lehrbuch)

[HABE09] Habenicht, G.: *Kleben:* Grundlagen, Technologien, Anwendungen. 6., aktualisierte Aufl., Berlin, Heidelberg: Springer Berlin Heidelberg, 2009 (VDI-Buch)

[HO09] Ho, T.; Shin, H.; Lee, S.: *Fuzzy Control of the Lateral Position of a Moving Web in Roll-to-Roll Processes.* In: IEEE International Conference on Robotics and Biomimetics, 2008: ROBIO 2008; 22 - 25 Feb. 2009, Bangkok, Thailand; [verschoben von Dezember 2008, ursprüngliches Konferenzdatum: December 14 - 17, 2008. Piscataway, NJ: IEEE, 2009, S. 1637–1642

[HOPM18] Hopmann, C.; Petzinka, F.: *Use of variothermal heating for the extrusion embossing of microstructured poly(methylmethacrylate) and polycarbonate optical films.* In: *Journal of Plastic Film & Sheeting* 34 (2018), Nr. 1, S. 98–112

[HÖSE13] Hösel, M.; Søndergaard, R. R.; Angmo, D.; Krebs, F. C.: *Comparison of Fast Roll-to-Roll Flexographic, Inkjet, Flatbed, and Rotary Screen Printing of Metal Back Electrodes for Polymer Solar Cells.* In: *Adv. Eng. Mater.* 19 (2013)

[HU10] Hu, J.: *Overview of flexible electronics from ITRI's viewpoint.* In: 2010 28th VLSI Test Symposium (VTS): IEEE, 2010 - 2010, S. 84

[HYUN10] Hyun-Kyoo Kang, Chang-Woo Lee, Kee-Hyun Shin: *Compensation of Machine Directional Register in a Multi-layer Roll-to-Roll Printed Electronics.* In: 2010 International Conference on Control, Automation and Systems (ICCAS 2010): KINTEX, Goyang-si], Gyeonggi-do, South Korea, 27 - 30 October 2010. Piscataway, NJ: IEEE, 2010, S. 2494–2497

[IBS15] IBS Precision Engineering BV: *Porous Air Bearing Techniques for Web Handling:* Contactless handling, flattening and stabilisation. URL https://www.ibspe.com/public/uploads/content/files/Porous Air Bearing Techniques for Web Handling -March 2015.pdf – Überprüfungsdatum 02.10.2020

[JUNG16] Jung, M.; Kim, Y.; Oh, D.: *A robust position measurement system for precision alignment of roll-to-roll printing using alignment patterns and light quantity.* In: *Microsystem Technologies* 22 (2016), Nr. 6, S. 1381–1387

[KANG11] Kang, H.-K.; Lee, C.-W.; Shin, K.-H.; Kim, S.-C.: *Modeling and matching design of a tension controller using pendulum dancer in roll-to-roll systems.* In: *IEEE Trans. on Ind. Applicat.* 47 (2011), Nr. 4, S. 1558–1566

[KEYE20] KEYENCE DEUTSCHLAND GmbH: *Optische Messtechnik / Messtaster:* Optisches CCD-Mikrometer. URL https://www.keyence.de/products/measure/micrometer/ls-7000/specs/. – Aktualisierungsdatum: 2020 – Überprüfungsdatum 02.10.2020

[KHAN15] Khan, S.; Lorenzelli, L.; Dahiya, R. S.: *Technologies for Printing Sensors and Electronics Over Large Flexible Substrates: A Review.* In: *IEEE Sensors J.* 15 (2015), Nr. 6, S. 3164–3185

[KIM13] Kim, C. H.; You, H.-I.; Jo, J.: *Register control of roll-to-roll printing system based on statistical approach.* In: *Japanese Journal of Applied Physics* 52 (2013), 5 PART 2

[KIPP00] Kipphan, H. (Hrsg.): *Handbuch der Printmedien:* Technologien und Produktionsverfahren, Berlin, Heidelberg: Springer Berlin Heidelberg, 2000

[KOOY14] Kooy, N.; Mohamed, K.; Pin, L. T.; Guan, O. S.: *A review of roll-to-roll nanoimprint lithography.* In: *Nanoscale research letters* 9 (2014), Nr. 1, S. 320

[KRAW86] Krawietz, A.: *Rheologische Modelle.* In: Krawietz, A. (Hrsg.): Materialtheorie. Berlin, Heidelberg: Springer Berlin Heidelberg, 1986, S. 9–28

[LAU17] Lau, G.-K.; Shrestha, M.: *Ink-Jet Printing of Micro-Electro-Mechanical Systems (MEMS).* In: *Micromachines* 8 (2017), Nr. 6, S. 194

[LUNZ10a] Lunze, J.: *Regelungstechnik 2:* Mehrgrößensysteme, digitale Regelung. 6., neu bearbeitete Aufl., Berlin: Springer, 2010 (Springer-Lehrbuch)

[LUNZ10b] Lunze, J.: *Regelungstechnik.* 8., neu bearb. Aufl., Berlin: Springer, 2010 (Springer-Lehrbuch)

[MICR20] microsonic GmbH: *Alles Ultraschall:* bks+ Ultraschall-Bahnkantensensoren. URL https://www.microsonic.de/DWD/_111327/pdf/1031/microsonic_bks+.pdf. – Aktualisierungsdatum: 2020 – Überprüfungsdatum 02.03.2020

[NOEB14] Noebels, M.; Cross, R. E.; Evans, D. A.; Finlayson, C. E.: *Characterization of spray-coating methods for conjugated polymer blend thin films.* In: *J Mater Sci* 49 (2014), Nr. 12, S. 4279–4287

[NUMA09] Numakura, D.: *Advanced Screen Printing "Practical Approaches for Printable & Flexible Electronics"*. In: 2008 3rd International Microsystems, Packaging, Assembly & Circuits Technology Conference: 22-24 October 2008. New York: IEEE, 2009, S. 205–208

[PATO93] Patorski, K.; Kujawińska, M.: *Handbook of the moiré fringe technique*, Amsterdam: Elsevier, 1993

[PETR10] Petrova-Belova, L.: *Mehrlagige mikrofluidische Systeme aus Polymeren zur zweidimensionalen Kapillarelektrophorese*. Zugl.: Karlsruhe, KIT, Diss., 2010, Karlsruhe: KIT Scientific Publishing, 2010

[PRIT06] Pritschow, G.: *Einführung in die Steuerungstechnik*, München: Hanser, 2006

[PRIW19] Priwisch, M.; Dormann, S.; Zontar, D.; Hönninger, C.; Penning, L.; Loor, R. de; Bruneel, D.; Brecher, C.: *Polygon scanner based ultrashort pulse laser processing for continuous manufacturing*. In: Applied Industrial Optics 2019. Washington, D.C.: OSA, 2019, W3A.3

[SEO13] Seo, Y.; Kim, Y.-M.; Oh, D.: *A position measurement system for precision alignment of roll-to-roll printing and sensitivity analysis of thermal deformation*. In: *Microsystem Technologies* 19 (2013), 9-10, S. 1539–1548

[SESH10] Seshadri, A.; Pagilla, P. R.: *Optimal Web Guiding*. In: *J. Dyn. Sys., Meas., Control* 132 (2010), Nr. 1, S. 11006

[SHAN12] Shan, X. C.; Mohahidin, M. B.; Lu, A. C. W.: *Roll-to-Roll (R2R) Hot Embossing for Structuring 3D Microstructures on Polymer Films*. In: IEEE 14th Electronics Packaging Technology Conference (EPTC), 2012: 5 - 7 Dec. 2012, Singapore. Piscataway, NJ: IEEE, 2012, S. 568–571

[SHEL68] Shelton, J. J.: *Lateral dynamics of a moving web*. Ph.D. Thesis, Oklahoma State University, 1968

[SHEL71a] Shelton, J. J.; Reid, K. N.: *Lateral Dynamics of an Idealized Moving Web*. In: *J. Dyn. Sys., Meas., Control* 93 (1971), Nr. 3, S. 187

[SHEL71b] Shelton, J. J.; Reid, K. N.: *Lateral Dynamics of a Real Moving Web*. In: *J. Dyn. Sys., Meas., Control* 93 (1971), Nr. 3, S. 180

[SHIN07] Shin, K.-H.; Kwon, S.-O.: *The effect of tension on the lateral dynamics and control of a moving web*. In: *IEEE Trans. on Ind. Applicat.* 43 (2007), Nr. 2, S. 403–411

[SIEV87] Sievers, L. A.: *Modeling and control of lateral web dynamics*. Ph. D. Dissertation, Rensselaer Polytechnic Institute, Troy, NY, 1987

[SØND12] Søndergaard, R.; Hösel, M.; Angmo, D.; Larsen-Olsen, T. T.; Krebs, F. C.: *Roll-to-roll fabrication of polymer solar cells.* In: *Materials Today* 15 (2012), 1-2, S. 36–49

[STAN16] Stanel, M.; Wanski, T.; Mogck, S.: *Present status of Roll-to-Roll fabrication for OLED lighting.* In: Web Coating & Handling Conference Europe, 2016

[TAN04] Tan, Y.-C.; Fisher, J. S.; Lee, A. I.; Cristini, V.; Lee, A. P.: *Design of microfluidic channel geometries for the control of droplet volume, chemical concentration, and sorting.* In: *Lab on a chip* 4 (2004), Nr. 4, S. 292–298

[TRÖN73] Tröndle, H.-P.: *Zum dynamischen Verhalten transportierter elastischer und visko-elastischer Stoffbahnen zwischen aufeinanderfolgenden Klemmstellen,* München, 1973

[TSAI12] Tsai, S.; Mukhopadhyay, S. C.; Yoksen, N.; Chang, J. Y.: *Design of lateral dynamics control for web Roll-to-Roll systems (*19th International Conference on Mechatronics and Machine Vision in Practice, M2VIP 2012, Article number 6484610, Pages 339-343). 2012

[WANG09] Wang, M.-W.; Tseng, C.-C.: *Analysis and fabrication of a prism film with roll-to-roll fabrication process.* In: *Opt. Express* 17 (2009), Nr. 6, S. 4718

[WANG13] Wang, M. W.; Lin, W. C.; Lee, M. H.: *Development of a Light Guide Film with Optimal Design and Roll to Roll Microfabrication Technology.* In: *AMM* 284-287 (2013), S. 2729–2734

[WANG15] Wang, Q.; Tsuda, H.; Xie, H.: *Developments and Applications of Moire Techniques for Deformation Measurement, Structure Characterization and Shape Analysis.* In: *MATS* 8 (2015), Nr. 3, S. 188–207

[WIMP03] Wimpenny, D. I.; Bryden, B.; Pashby, I. R.: *Rapid laminated tooling.* In: *Journal of Materials Processing Technology* 138 (2003), 1-3, S. 214–218

[WONG09] Wong, W. S.; Salleo, A.: *Flexible Electronics,* Boston, MA: Springer US, 2009 (11)

[YIN10] Yin, Z.; Huang, Y.; Bu, N.; Wang, X.; Xiong, Y.: *Inkjet printing for flexible electronics: Materials, processes and equipments.* In: *Chin. Sci. Bull.* 55 (2010), Nr. 30, S. 3383–3407

[YUN13] Yun, D.; Son, Y.; Park Heechang; Kim, B.; Kim, S.: *Study on the roll-to-roll hot embossing with a presurized belt.* In: 13th International Conference on Control, Automation and Systems (ICCAS), 2013: 20 - 23

Oct. 2013, Kimdaejung Convention Center, Gwangju, Korea. Piscataway, NJ: IEEE, 2013, S. 485–487

[ZHU13] Zhu, J.; Hu, S.; Yu, J.; Zhou, S.; Tang, Y.; Zhong, M.; Zhao, L.; Chen, M.; Li, L.; He, Y.; Jiang, W.: *Four-quadrant gratings moiré fringe alignment measurement in proximity lithography.* In: *Opt. Express* 21 (2013), Nr. 3, S. 3463–3473

In der Reihe **Ergebnisse aus der Produktionstechnik** zuletzt erschienen:

Priwisch, Martin:
Kontaktfreie Bahnlaufregelung zur Herstellung funktionaler Mehrlagensysteme in einem kontinuierlichen Laminierprozess
ISBN: 978-3-98555-139-2
Erscheinungsdatum: 27.02.2023

Cremer, Sven:
Controlling der Migration in Produktionsnetzwerken
ISBN: 978-3-98555-145-3
Erscheinungsdatum: 09.02.2023

Ohlert, Marius:
Contact between Abrasive Media and Workpiece in Robot-guided Centrifugal Finishing
ISBN: 978-3-98555- 144-6
Erscheinungsdatum: 07.02.2023

Graberg, Tim:
Operationalisierung von digitalen Schatten im Werkzeugbau
ISBN: 978-3-98555-141-5
Erscheinungsdatum: 06.02.2023

Müller, Tobias:
Modellbildung mittels Symbolischer Regression zur Messunsicherheits-bestimmung komplexer Messprozesse
ISBN: 978-3-98555-146-0
Erscheinungsdatum: 30.01.2023

Frye, Maik:
Recommending Data Preprocessing Pipelines for Machine Learning Applications in Production
ISBN: 978-3-98555-147-7
Erscheinungsdatum: 15.02.2023

Schmidhuber, Matthias:
Sozio-technische Problemlösungsfähigkeit von PPS-Systemen
ISBN: 978-3-98555- 143-9
Erscheinungsdatum: 07.02.2023

Schwarberg, Thomas:
Bestimmung der Logik von Innovationsideen für technische Systeme
ISBN: 978-3-98555- 142-2
Erscheinungsdatum: 07.02.2023

Nienheysen, Philipp:
Werkstattgerechte Schadensanalyse in CFK-Strukturbauteilen mit optisch georteter Ultraschallmesstechnik
ISBN: 978-3-98555-136-1
Erscheinungsdatum: 30.01.2023

Behrens, Jan:
Selbstkalibrierung von 5-Achs-Bearbeitungszentren mit Dreh-/Schwenktisch
ISBN: 978-3-98555-124-8
Erscheinungsdatum: 24.01.2023

Edition Wissenschaft
Apprimus

Kreß, Julian Maximilian:
Erbringung hybrider Leistungsangebote in Wertschöpfungsnetzwerken
ISBN: 978-3-98555-128-6
Erscheinungsdatum: 24.01.2023

Vierschillung, Sebastian Patrick:
Automatisierung der Standortauswahl in der Fabrikplanung
ISBN: 978-3-98555-134-7
Erscheinungsdatum: 09.01.2023

Wenning, Marius:
Kontextabhängige Anomaliedetektion zur visuellen Hinderniserkennung für automatisierte PKW im End-of-Line-Bereich
ISBN: 978-3-98555-121-7
Erscheinungsdatum: 19.12.2022

Kukla, Christian:
Prozesstemperaturregelung in der laserunterstützten Verarbeitung von faserverstärkten thermoplastischen Verbundkunststoffen
ISBN: 978-3-98555-116-3
Erscheinungsdatum: 19.10.2022

Hahn, Viviane:
Bewertung der Wandlungsfähigkeit in der automatisierten Fabrikplanung
ISBN: 978-3-98555-102-6
Erscheinungsdatum: 10.10.2022

Bickendorf, Philipp:
Tribologische und geometrische Auslegung von additiv hergestellten Werkzeug-einsätzen zur Feinblech-umformung
ISBN: 978-3-98555-133-0
Erscheinungsdatum: 24.01.2023

Helbig, Jens:
Typisierung und Auswahl von Referenzstrategien für den Werkzeugeinkauf
ISBN: 978-3-98555-122-4
Erscheinungsdatum: 19.12.2022

Schlegel, Peter:
Bewertung und Optimierung der Vollständigkeit von Betriebsdaten im Kontext der Fehlerprädiktion
ISBN: 978-3-98555-120-0
Erscheinungsdatum: 18.11.2022

Kiesel, Raphael:
Techno-Economic Evaluation of 5G Technology for Latency-Critical Applications in Production
ISBN: 978-3-98555-115-6
Erscheinungsdatum: 19.10.2022

Schäkel, Martin:
Adaptiver laserunterstützter Tapewickelprozess für die Herstellung von Druckbehältern aus endlosfaserverstärkten Thermoplasten
ISBN: 978-3-98555-107-1
Erscheinungsdatum: 12.08.2022

Edition Wissenschaft
Apprimus

FSC
www.fsc.org
MIX
Papier | Fördert gute Waldnutzung
FSC® C083411

Zeitfracht Medien GmbH
Ferdinand-Jühlke-Straße 7
99095 Erfurt, Deutschland
produktsicherheit@kolibri360.de